化学工业出版社"十四五"普通高等教育规划教材

吉林大学研究生精品教材项目资助

材料表征方法理论与实践

李乙 施展 主 编
焦世惠 张佳音 副主编

Theory and Practice
of Material
Characterization Methods

U0401658

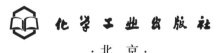
·北 京·

内容简介

《材料表征方法理论与实践》根据材料表征技术课程教学特点和实际科研工作的需求而编写，本书介绍了在科研工作中常用的材料表征分析方法，如热分析法、分子光谱分析法、电子显微分析法、X射线衍射分析法、元素分析法、质谱分析法、磁共振分析法等。书中每个章节围绕该分析方法相关理论知识、仪器结构与工作原理、具体测试操作规程、测试结果影响因素分析及应用实例解析展开详细阐述，帮助学生更好地理解材料的微观特性和功能，为材料创新和性能优化等科学研究提供重要指导，进一步提升人才培养质量从而推动材料领域创新发展。

《材料表征方法理论与实践》可用作化学、化工、材料等专业的高年级本科生和研究生教材，也可供相关专业和实验技术人员参考使用。

图书在版编目（CIP）数据

材料表征方法理论与实践 / 李乙，施展主编；焦世惠，张佳音副主编． — 北京：化学工业出版社，2024.6． — ISBN 978-7-122-45931-2

Ⅰ.TB3-34

中国国家版本馆CIP数据核字第202413MQ80号

责任编辑：汪　靓　宋林青　　　装帧设计：史利平
责任校对：刘　一

出版发行：化学工业出版社
　　　　（北京市东城区青年湖南街13号　邮政编码100011）
印　　装：高教社（天津）印务有限公司
787mm×1092mm　1/16　印张19¼　字数478千字
2024年10月北京第1版第1次印刷

购书咨询：010-64518888　　　售后服务：010-64518899
网　　址：http://www.cip.com.cn
凡购买本书，如有缺损质量问题，本社销售中心负责调换。

定　价：55.00元　　　　　　　　　版权所有　违者必究

《材料表征方法理论与实践》编写人员名单

主　编　李乙　施展

副主编　焦世惠　张佳音

编　委（以姓名汉语拼音为序）

曹军刚	陈　刚	郭亚楠	江　源
焦世惠	雷　殷	李春晖	李国栋
李　卉	李　霖	李　萌	李　想
陆　通	马小婷	任　浩	王　亮
王　岩	吴小峰	项晓璇	徐大任
徐吉静	薛　瑶	颜　岩	张佳音
张子微	邹　楠	邹永存	

前 言

材料作为人类社会进步的物质基础，其组成、结构、制备工艺与性能的研究都离不开材料表征技术。近年来，随着材料、化学等学科的迅猛发展，材料表征技术也得到了深入发展和广泛应用，其在现代科学研究中发挥着至关重要的作用。对于研究生的培养，材料表征技术更是必不可少的教学内容。掌握材料表征技术不仅可以帮助研究生更好地理解材料的微观特性和功能，还可以为材料创新和性能优化等科学研究提供重要指导，进一步提升人才培养质量从而推动材料领域创新发展。

为使学生全面掌握各种现代材料表征技术，吉林大学化学学院自2019年开始为研究生开设材料表征方法理论与实践必修课程，2023年为博士生开设材料表征方法高阶研讨课。目前，近2000名研究生参与课程学习，课程获批吉林省精品课程建设项目、吉林大学精品课程建设项目等，相关教改论文在《化学教育》等核心期刊上发表。课程授课使用的讲义深受研究生的肯定，为课程学习提供了坚实的基础理论，对于研究生科学素养提升起到了积极的推动作用。

基于上述理念和基础，为了更好地配合材料表征方法理论与实践课程开展，为全国相关学科研究生的学习提供参考书目，我们在授课讲义的基础上编写了这本教材。本书根据研究生材料表征技术课程教学特点和实际科研工作的需求，介绍了在科研工作中常用的材料表征分析方法及在这些分析方法中使用的仪器设备。书中每个章节都围绕该分析方法相关理论知识、仪器结构与工作原理、具体测试操作规程、测试结果影响因素分析及应用实例解析展开详细阐述。

对比以往相关教材，本教材在阐明基本科学原理的基础上，更强调表征方法的实际应用，创新性地引入了大量应用实例及解析过程。本书编者均来自教学与科研一线，为本教材的撰写提供了大量具体、详实的案例和数据，能够更好地帮助学生在理解仪器原理的同时快速提高实践能力，并在自身的研究课题中得到应用。

学术道德规范是科学研究的基本准则，而测试表征数据处理历来是学术不规范行为的高发地带。本教材的编写团队根据《教育部关于加强学术道德建设的若干意见》精神，创新学术道德教育形式，以章节小贴士的形式引入了学术规范的内容，帮助学生在学习过程中更好地理解并遵守学术道德规范，从而提高其科研水平和职业道德素养。

本书共分为九章，具体编写分工如下：第一章绪论（李卉、焦世惠）；第二章热分析法（马小婷、李萌、王岩）；第三章分子光谱分析法（郭亚楠、雷殷、陈刚、曹军刚）；第四章电子显微分析法（焦世惠、李霖、王亮、吴小峰）；第五章X射线衍射分析法（颜岩、陆通）；第六章元素分析法（江源、张佳音、徐大任）；第七章质谱分析法（项晓璇、邹楠）；第八章磁共振分析法（邹永存、李国栋、张子微、薛瑶）；第九章其他分析法（李春晖、徐吉静、任浩、李想）。全书由李乙、施展负责组织和策划，焦世惠、张佳音负责统稿。

本书在编写过程中，得到了吉林大学研究生精品教材项目资助，也得到了吉林大学研究生培养办公室、吉林大学化学学院、无机合成与制备化学国家重点实验室、超分子材料与结构国家重点实验室等单位以及丁兰、金恩泉、李光华、魏忠林等多位教师的大力支持和帮助，在此表示感谢！

由于编者学识水平和经验有限，书中难免存在不足和不当之处，恳请相关专家和广大读者批评指正。

李乙、施展

2024 年 3 月　长春

目 录

第一章 绪论 ... 1
第一节 ▶ 材料表征方法概述 ... 1
第二节 ▶ 材料表征相关学术道德规范建设 ... 2

第二章 热分析法 ... 5
第一节 ▶ 热重分析 ... 5
第二节 ▶ 差示扫描量热分析 ... 17
第三节 ▶ 动态热机械分析 ... 26

第三章 分子光谱分析法 ... 55
第一节 ▶ 红外光谱分析 ... 55
第二节 ▶ 紫外-可见光谱分析 ... 66
第三节 ▶ 拉曼光谱分析 ... 74
第四节 ▶ 稳态瞬态荧光光谱分析 ... 85

第四章 电子显微分析法 ... 99
第一节 ▶ 扫描电子显微分析 ... 99
第二节 ▶ 透射电子显微分析 ... 115
第三节 ▶ 聚焦离子束加工 ... 130

第五章 X射线衍射分析法 ... 138
第一节 ▶ 粉末X射线衍射分析 ... 138
第二节 ▶ 单晶X射线衍射分析 ... 155

第六章 元素分析法 ... 166
第一节 ▶ 电感耦合等离子体光谱分析 ... 166
第二节 ▶ 有机元素分析 ... 184

第三节 ▶ 光电子能谱分析 ·········· 191

第七章
质谱分析法　　　　　　　　　　203

第一节 ▶ 液相色谱-质谱联用分析 ·········· 203
第二节 ▶ 气相色谱-质谱联用分析 ·········· 213

第八章
磁共振分析法　　　　　　　　　227

第一节 ▶ 固体核磁共振波谱分析 ·········· 227
第二节 ▶ 电子顺磁共振波谱分析 ·········· 239
第三节 ▶ 低场核磁共振波谱及成像分析 ·········· 248

第九章
其他分析法　　　　　　　　　　258

第一节 ▶ 纳米红外分析法 ·········· 258
第二节 ▶ 电化学分析 ·········· 267
第三节 ▶ 多孔材料气体吸附分析 ·········· 276
第四节 ▶ 电子万能材料试验机力学分析 ·········· 289

第一章 绪论

第一节 材料表征方法概述

材料是人类进行生产活动所必需的物质基础，也是人类社会进步的重要标志，材料的发展促进了社会生产力和人们生活水平的不断提高。材料科学是研究材料的制备、组成与组织结构、性能和使用效能以及它们之间相互关系的一门学科。材料的性能取决于材料的组成与组织结构，而材料的组成与组织结构又受到材料的制备加工工艺影响，因此可以通过对材料制备加工过程的控制，改变材料的组成与组织结构，从而实现优化或控制材料性能的目的，并在材料实际使用过程中对其使用效能进行监测。

近些年来，随着科学技术的发展，单一学科的界限逐渐被打破，材料科学与化学、物理、生命科学以及工程技术等诸多学科不断交叉融合，综合多学科的方法论研究发现具有新颖结构、组成和性能的新型功能材料，共同解决科技进步对材料的更高需求问题，不断探索新的领域。材料的系统研究首先建立在充分了解材料的组成及其组织结构和性能关系的基础上，因此对材料的组成与组织结构和性能进行精准表征分析是材料研究的基本要求。通过对材料组成与组织结构的表征和研究，找出材料各种性能产生的机理和失效的原因，为研发新材料和研究构件失效提供有力的技术保障。为了深入理解材料的本质、提高材料的研究水平，必须熟悉相关的仪器设备和掌握材料表征分析方法。

材料表征是指通过各种实验手段，对材料的组成、组织结构、性能及其变化规律进行测量和分析的过程。它包括了材料整体的组分、组织结构，组成相的结构及其缺陷的组态，组成相的形貌、大小和分布以及各组成相之间的取向关系和界面状态等诸多内容。所有这些特征都对材料的性能有着重要的影响。材料科学的发展离不开材料表征分析技术的支持，只有通过各种表征分析手段才能控制材料的制备工艺，研制出更好更先进的材料。然而材料表征分析技术的发展也需要材料提供物质支持，材料科学的不断发展和新材料的不断涌现，对材料表征分析技术提出了更高的要求，因此材料科学与材料表征分析之间相辅相成，相互促进。

材料表征是重要的材料研究手段，其方法纷繁复杂，是人们在大量的科学研究和分析实践中总结、整理出来的分析测定方法。根据不同划分依据，其可以有不同分类，如根据表征分析目的可以划分为物相分析、成分与键价分析、分子结构分析、形貌分析等；根据表征分析方法可以划分为热分析法、分子光谱分析法、电子显微分析法、X射线衍射分析法、元素分析法、质谱分析法、磁共振分析法及其他分析法等。本书将根据后者对常用的材料表征分析方法进行分类，并对这些表征分析方法从相关基础理论知识、仪器具体操作方法及应用实例等方面展开详细介绍。

随着科学研究和生产实践的水平不断提高，材料表征分析也获得了突飞猛进的发展，材料表征分析手段和方法越来越向全面化和综合化的方向发展。例如对仪器设备配备各种附件和原位测试装置以及将多种仪器设备进行联用设计，都使得材料表征手段具备多模式、更全面的分析功能。同时，单一的表征分析方法已经不能满足对材料分析的要求，在一个完整的研究工作中，常常需要综合利用多种表征分析方法才能获得更丰富更全面的信息。总之，可以通过材料表征分析，全面了解材料的性能和特点，为新材料的研究和应用提供重要依据。

参考文献

[1] 罗清威，唐玲，艾桃桃. 现代材料分析方法 [M]. 重庆：重庆大学出版社，2020.
[2] 张明义，周雪娇，李璐. 材料分析测试技术与方法 [M]. 成都：电子科技大学出版社，2020.
[3] 杜希文，原续波. 材料分析方法 [M]. 2版. 天津：天津大学出版社，2014.

第二节　材料表征相关学术道德规范建设 ▶▶

学术道德规范是全球学术领域广泛关注的焦点议题，它有利于各国的学术创新、科技发展和人才培养。研究生作为学术研究工作的主力军，未来将成为学术界的中流砥柱。多年来，我国教育部门和研究生教育机构早已认识到研究生在我国学术研究中的重要地位，因此已将研究生学术道德规范教育工作融入研究生培养计划中，引导研究生树立学术规范意识，遵守学术道德规范要求，积极维护探索求真、实践创新的学术风气。我国研究生学术道德规范教育工作所取得的显著成效有目共睹、值得称赞，成功培养了无数德才兼备的高水平人才。一段时间以来，部分研究生仍存在学术失范现象，有些失范事件甚至对国内外学术界都产生了不好影响。这些事件也引起了我国教育部门、学术界、高校和公众的广泛关注，目前开展研究生学术道德规范教育并提高学术道德规范教育成效十分重要。

在科学研究及应用领域，材料表征分析是研究材料和制备工艺的关键步骤之一。材料表征目的是通过使用各种表征方法和仪器设备，对材料的结构、形貌、组成及性质等方面进行详细而系统的分析。但近些年来出现的一系列与表征分析相关的失范行为，如舍恩事件、黄禹锡事件、STAP细胞事件等，都被揭露存在伪造或篡改实验和表征数据问题。2021年我国科学技术部公布的有关论文涉嫌造假调查处理情况中也存在表征测试相关问题。这些行为违反了学术诚信原则，对科学研究的可信度和价值产生了负面影响。因此，对于刚步入科学研究工作的研究生，在进行材料表征知识学习的同时，加强表征相关学术道德规范建设意义重大。

材料表征相关的常见学术失范行为包括表征测试实验不当、篡改或伪造表征测试数据、故意隐瞒表征相关信息、论文抄袭等，具体如下：

1. 表征测试实验不当

在进行材料表征时，首先应选择适合的分析方法与仪器设备，其次应根据具体表征分析使用的仪器设备确定正确的测试方法和条件。测试实验设计不当包括使用不适当的仪器、未正确控制变量、未进行足够的重复测试实验和有意不使用完整数据回避测试中不理想数据等。这些行为都可能导致表征测试实验结果不能准确全面反映材料性质，造成研究成果缺乏客观性、科学性和准确性。

2. 篡改或伪造表征测试数据

某些人为了让研究成果达到预想目标或看起来更理想，会篡改甚至伪造材料表征测试数据。这些行为包括修改图谱、调整谱峰、篡改测试标尺、删除测试数据中的不良结果及测试数据张冠李戴等。篡改或伪造表征测试数据是一种严重的学术不端行为，损害了研究的可信度和诚实性。

3. 故意隐瞒表征相关信息

在发表研究论文时，应清晰地描述所使用的材料表征技术的相关信息如表征方法和测试条件，包括样品制备方法、仪器测试时选择参数等。如果故意省略或隐瞒了关键信息，也属于违反学术道德规范行为。

4. 论文抄袭

如果在发表论文时抄袭他人的研究成果、表征数据或有意在不同研究论文中重复使用同一数据，这都属于严重的学术不端行为。学术研究应遵循独立、原创和真实的原则，不侵犯他人的知识产权，不使用不真实数据。

5. 共享数据的问题

材料表征数据应该是可供其他研究者验证和重复的。如果研究人员拒绝共享实验数据或者在共享数据时选择性地删除或修改某些信息，这违反了学术共享和透明的原则。

加强研究生学术道德规范教育，对于建设研究生教育强国、推进学术风气和环境建设、引导研究生塑造德才兼备综合素质具有重要意义。学术不端事件是法规制度、教育引导、检测审核等多方面不健全、不完善共同作用的结果，需要进一步健全机制体系，明确责任义务；加强教育引导，培养底线思维；强化检测甄别，严格审核把关。

本书将探讨材料表征与学术道德之间的紧密联系，并分析在学术研究中如何保持科学诚信。我们首次将材料表征课程与学术道德规范相结合，致力于打造面向研究生的新型课程，让学生在收获知识，掌握科研技能的同时，注重学术道德的培养，从正确的道路出发，全面提高自身的科研素养，有效预防和根治学术失范顽疾，应进一步明确学术道德的内涵与外延，采取"国家—社会—高校—导师—研究生"五位一体战略布局，充分利用"大数据+互联网"技术，共建、共享、共管学术信息化平台，构建符合学术活动自身规律的综合治理体系。

研究生作为科学研究中的"主力军"，可将"小科学时代"的学术规范和"大科学时代"的科研伦理原则视为科研求真、造福人类的导航图，明确科研伦理的结构方位，了解科研伦理不仅仅是不能抄袭、剽窃他人成果等学术规范问题，而是贯穿科研活动全过程、全要素和全层次，熟悉并追踪了解国内国际有关科研伦理的规范要求并作为自身科研行动的指导。保护学术道德的方法包括强调数据的透明性、合理地设计实验、合作与共享以及对研究成果的真实、公正地呈现。

同行评审、研究伦理教育和科研机构的监督与管理都是确保学术道德的关键措施。通过遵循这些科学道德原则，科研人员可以确保其材料表征结果具有高度的可信度和科学的真实性。这有助于维护学术诚信，促进科学研究的可持续发展。在此基础之上，有针对性地提出相应的对策建议，包括充分发挥教育主体的积极作用，丰富教育内容，改进教育方式，净化学术风气，完善学术规范教育制度和提高研究生学术素养，以确保我国研究生学术道德规范教育工作能够顺利开展。

参考文献

［1］ 王珏．以科研伦理导航科学研究［J］．中国研究生，2023，（08）：21-24.
［2］ 王本贤．研究生学术诚信教育存在的问题及其解决策略［J］．高教论坛，2023，（03）：102-105.
［3］ 戴玉珊．我国研究生学术规范教育研究［D］．西安：陕西科技大学，2022.
［4］ 张峰峰，司马合强．研究生学术道德的本质、价值及养成策略［J］．黑龙江高教研究，2022，40（02）：99-103.

第二章
热分析法

热分析是在程序控制温度下,测量物质的物理性质与温度之间关系的一类技术,其中物理性质包括物质的质量、温度、热量、尺寸、力学性质及电学性质等。该技术自问世至今已有一百多年的历史,目前热分析仪器已经日趋成熟,其在地质、医药、石油、化工、食品等与材料相关领域的应用也日益扩大并向更深层次发展。本章将围绕常用的热分析方法,包括热重分析法、差示扫描量热法和动态热机械分析,从相关基础理论知识、仪器具体操作方法及实际应用实例等方面展开详细介绍。

第一节 热重分析 ▶▶

热重法(thermogravimetry,TG)也称为热重分析法(thermogravimetric analysis,TGA),是在程序控温和一定气氛下,测量样品的质量随温度或时间变化关系的一种热分析技术,用来研究材料的热稳定性、热分解情况和组分等信息。热重分析法是利用热重分析仪对样品进行分析表征的方法,其在实际的材料分析中经常与其他分析方法联用,进行综合分析。本节重点阐述热重分析相关内容,而对热重联用技术只作简单介绍,文中略去复杂的理论公式和推理,着重仪器操作与实际应用。

一、基础知识概述

1. 热重曲线(TG 曲线)

由热重法测得的曲线,以质量随温度或时间变化形式表示。曲线纵坐标为质量百分比,向下表示质量减少;横坐标为温度或时间,向右表示温度升高或时间延长。失重台阶的外推起始点用于表征失重开始温度,外推终止点用于表征失重结束温度。

2. 微商热重曲线(derivative thermogravimetric curve,DTG 曲线)

以质量变化速率随温度或时间变化形式表示的曲线,是 TG 曲线进行一次微商的曲线,代表失重速率的变化过程。曲线纵坐标为质量变化速率,单位为%/min;横坐标为温度或时间,向右表示温度升高或时间延长。当样品质量增加时,DTG 曲线峰向上;当样品质量减小时,DTG 曲线峰向下,DTG 曲线的峰值温度代表该失重台阶速率最大的温度点。

3. 热重/质谱联用技术

将热重分析仪与质谱分析仪(MS)联用,同步在线分析形成的气体产物成分。当 TGA 中样品逸出的气体被质谱的采样毛细管采集并传输到质谱的电离源进行电离,质谱通过测定不同质荷比的离子的强度进而表征物质。

二、仪器结构与工作原理

（一）热重分析仪的结构

热重分析仪测量部分的结构如图 2-1-1，包括加热炉体、天平室和恒温水浴等。其中加热炉体由发热体、保护套管与样品支架等构成。样品支架上半部分位于加热炉体内，并通过支架连接区插在天平室内的高精度天平上，样品支架周围的防辐射片隔离了高温环境下的热辐射，确保热重信号的稳定性。样品支架垂直托起样品坩埚，坩埚内样品在程序控温过程中的质量变化由高精度天平实时测量。天平室置于加热炉体下方，与加热炉体两部分被恒温水浴装置隔离分开，防止加热炉体高温时热量传递到天平室内，保证天平不受高温干扰。保护气经天平室、支架连接区而进入炉体，使天平处于干燥和稳定的工作环境，防止样品分解污染物对天平造成影响；吹扫气入口位于加热炉体底部，出口位于仪器顶部，出口气体通过管路可将载气与气

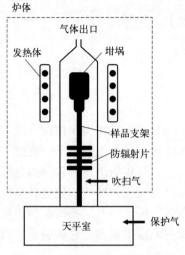

图 2-1-1　热重分析仪结构示意图

态产物排放到大气中，若出口气体管路进一步连接红外、质谱等系统，可将产物气体输送到这些仪器中进行成分检测。在 TG/MS 联用系统中，通过一根石英毛细管将 TG 与 MS 连接，吹扫气与逸出气体流经加热的毛细管进入质谱电离源。

（二）热重分析仪的工作原理

在一定的温度程序控制下，通过观察样品质量随温度或时间的变化过程，获得失重温度、失重比例和分解残留量等相关信息。当样品失去物质或与环境气氛发生反应时，质量出现变化，在 TG 曲线上出现台阶或在 DTG 曲线上出现峰。该方法可以测定样品的分解温度及分解速率，测定样品所含挥发性组分的含量，测定样品在不同气氛条件下的热稳定性和氧化稳定性，研究样品反应动力学。

三、热重分析仪测试操作规程

（一）样品前处理

热重分析法适用于固体及液体样品的分析。若待测样品不符合热重分析实验的样品要求，需在测试前对样品进行前处理，此过程不可改变样品的组成，不可引入杂质。例如，固体样品包含片状、块状、粉末状或纤维状，为确保样品与吹扫气充分接触获得最佳的实验结果，块状样品建议切割成薄片或研磨成粒径较小的颗粒，纤维状样品建议缠绕或剪切成合适的尺寸，粉末样品建议在坩埚底部铺平成一薄层。此外，金属挥发会对仪器造成无法清理的污染。金属样品测试前需查询蒸气压-温度表格，确保测试温度范围内金属样品不挥发。

（二）仪器操作规程（以 Netzsch STA449F3 型号仪器为例）

1. 开机

如图 2-1-2 所示，打开计算机电源、仪器主机电源和恒温水浴电源，确认吹扫气与保护气种类并接通，待热天平稳定 2~3h，恒温水浴稳定 25℃ 4h 方可测试。恒温水浴常开有利于保持天平室的温度稳定，保护气常开有利于保持天平室的持续干燥。

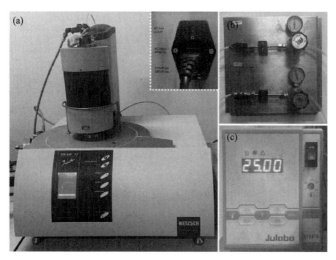

图 2-1-2 （a）仪器主机照片（插图为仪器机身后侧开关）；（b）吹扫气与保护气气路；（c）恒温水浴装置

2. 天平校正

打开 STA449F3 的测试软件，使用仪器内置的标准砝码，点击"诊断"菜单下的"天平校正"进行自动校正，如图 2-1-3。

3. 基线校正

在升温过程中，气氛对坩埚的作用力会发生变化，导致一定程度的"基线漂移"，即样品本身无质量变化的情况下随着温度上升 TG 信号的自然变化。为了得到更准确的热失重测试结果，需对作为系统误差的基线漂移因素进行修正。根据样品所需的测试条件（升温速率、气氛种类和气氛流速），使用空白坩埚进行测试，存储为空白基线文件。

图 2-1-3 "天平校正"窗口

（1）将空白坩埚放置于样品支架上方并关闭炉体。

（2）点击"文件"菜单下的"新建"，如图 2-1-4 所示，选择"修正"模式并输入编号、名称，设置合适的气体类型。

（3）编辑温度程序。

（4）设定存盘文件名。

（5）点击"诊断"菜单下的"查看信号"，查看温度、气体流量与天平信号，待其稳定后点击"开始"进行测试。

基线测试完成后，后续样品仅需打开相同实验条件的空白基线作为背景，选择"样品＋

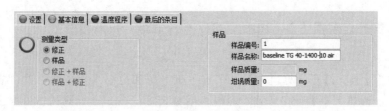

图 2-1-4 "基线设置"窗口

"修正"模式,在空白基线的基础上进行样品测试,则该基线作为背景自动加以扣除。

4. 样品制备与装样

将一个干净的空坩埚放置于样品支架上方,关闭炉体称重。待天平显示质量信号稳定后清零。随后打开炉体,取适量样品放入坩埚后关闭炉体,待热天平质量信号稳定后读取样品质量,如图 2-1-5。

5. 新建测量

(1) 根据样品的测试条件,选择并打开相应的空白基线文件。

(2) 在弹出的"测量设定"对话框"快速设定"页面,选择"修正+样品"模式测试,该模式下的热重数据会自动进行空白基线扣除。在样品编号、样品名称和样品质量处编辑样品信息。点击"文件名"右侧的"选择"按钮,设定存储路径与文件名,如图 2-1-6。

图 2-1-5 "查看信号"窗口

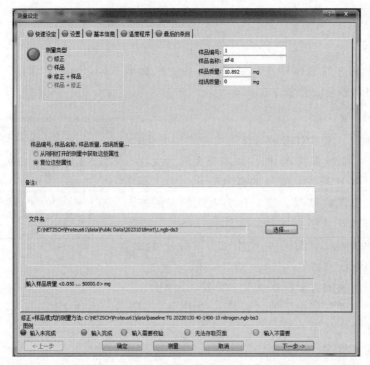

图 2-1-6 "测量设定"窗口的快速设定页面

(3) 点击"下一步"进入"设置"页面,确认仪器的相关硬件设置,如图 2-1-7。

(4) 点击"下一步"进入"基本信息"页面,输入实验室、项目、操作者等其他信息。对于"修正+样品"模式测试,温度校正、气体类型等其他设置均与基线文件一致,无需修

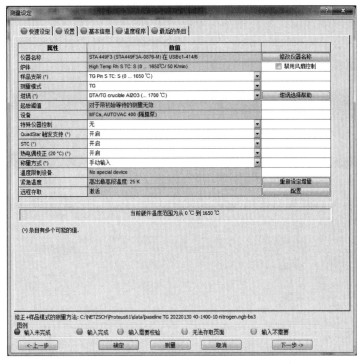

图 2-1-7 "测量设定"窗口的设置页面

改,如图 2-1-8。

图 2-1-8 "测量设定"窗口的基本信息页面

（5）点击"下一步"进入"温度程序"页面。左侧编辑温度段中所使用的气体与流量信息，中间编辑温度段的温度、升温速率与等待时间，右侧用于插入恒温段、插入动态段、删除当前段等，如图2-1-9。对于"修正＋样品"模式测试，温度程序均与基线相同，只需要更改终止温度或恒温时间，更改范围必须在基线文件所覆盖的温度范围内。

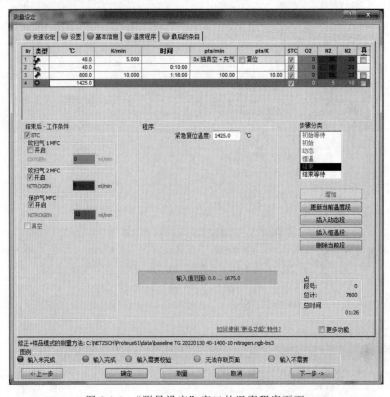

图 2-1-9 "测量设定"窗口的温度程序页面

（6）点击"下一步"进入"最后的条目"页面，确认存盘文件名。

（7）点击"下一步"，软件自动保存并退出上述实验设置对话框，同时弹出"调整"对话框，如图 2-1-10。点击"开始等待到"仪器即按照程序设定自动打开气体并调节到设定流量，自动升温到等待温度后进入等待状态，等待完成后自动进入测试。

四、数据处理及测试结果影响因素分析

（一）数据处理

测试完成后，点击"运行分析程序"，将测量数据载入分析软件中。谱图默认横坐标为时间，点击"设置"坐标下的"X-温度"可将横坐标切换成温度，如图 2-1-11。TG 曲线纵坐标为质量百分比，初始质量从 100% 开始，最多到完全失重 0% 结束。从该 TG 曲线可以获得失

图 2-1-10 "调整"窗口

重比例、失重台阶起始温度、结束温度、残余质量等相关信息。失重台阶的外推起始点可定性地作为样品起始分解温度的表征。

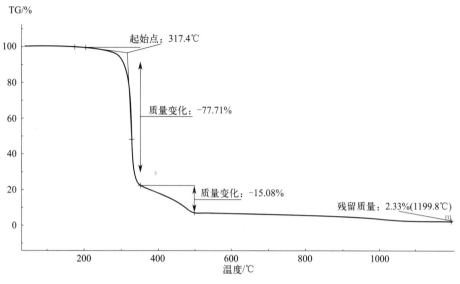

图 2-1-11　TG 谱图及相关信息

DTG 曲线为 TG 曲线的一阶微商曲线，代表失重速率的变化过程。其对不同失重阶段的区分、失重温度、失重速率最大点的标注均有重要意义。可点击"分析"菜单下的"一阶微分"，调出 TG 信号对应的 DTG 曲线（黑色点线），如图 2-1-12 所示。DTG 峰值温度反映的是失重台阶失重速率最快的温度点。

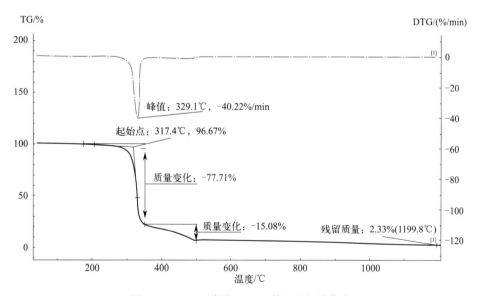

图 2-1-12　TG 谱图、DTG 谱图及相关信息

数据处理结束后，可将谱图导出为图片文件。如果需要将数据在其他软件中作图或进一步处理，可以把数据以文本格式导出。点击"附加功能"菜单下的"导出图形"和"导出数据"即可。

（二）测试结果影响因素分析

热分析的实验结果受多种因素影响，若不注意这些影响因素则很难获得理想的热分析实验结果，甚至会得到错误的结论。下面对各种主要影响因素进行讨论。

1. 温度程序

（1）温度范围

为了确保热效应基线的稳定，开始温度需低于第一个热效应温度升温速率数值的三倍。结束温度要确保实验结束前样品不与坩埚发生任何反应，以免得到错误的实验结果甚至样品将坩埚底部熔穿。聚合物的分解通常测试到800℃即可满足需求，无机物的分解通常需要测试到更高温度，未知样品的测试温度应尽量宽。

（2）升温速率

TGA实验常用的升温速率为10～20℃/min，爆炸等强放热的特殊热效应要使用较低的升温速率（1～5℃/min）。升温速率对化学反应存在影响，提高升温速率会使化学反应向高温方向偏移。升温速率对反应台阶分离存在影响，降低升温速率有利于相邻峰或相邻失重平台的分离，可通过降低升温速率将多阶段反应相互分离。

2. 样品

（1）样品量

TGA实验常用的样品量为10mg左右。有机样品5～10mg，无机样品10～50mg，易发生爆炸等强放热的特殊样品0.5～1mg，较弱的热效应需使用比较大的样品量，如有危害性气体产生时建议减少样品量。使用少量样品有利于气体产物的扩散及内部温度的均衡，结果接近样品真实热效应情况，但样品量过少可能导致对微弱热效应的检测灵敏度变差，影响测试结果。大量样品由于热传导会在样品内形成温度梯度，同时使热效应或反应温度向高温方向偏移，反应所需时间延长。

（2）样品粒径

样品粒径的大小与形状会对热传导和气体产物的扩散产生影响。样品粒径越小，比表面积越大，反应速率越快，分解温度向低温偏移，分解反应进行得越完全；样品粒径较大时会不利于热传导，样品内部受热不均易发生爆炸，导致热重曲线异常。同时，样品堆砌密度越大，越有利于热传导，但不利于气体产物的扩散，因此样品应填装得薄而均匀。

3. 坩埚

（1）坩埚的类型

氧化铝坩埚：TGA实验中最常用的坩埚，室温至1600℃范围内无热效应，对绝大多数样品比较稳定，清洗后可重复使用。氧化铝坩埚的熔点为1700℃。

铂坩埚：导热性好，灵敏度高，基线性能佳，能有效屏蔽热辐射。但铂坩埚价格昂贵，存在与样品形成低共熔合金的风险。

铝坩埚：热传导性能较好，坩埚壁及底部均较薄，是有机高分子类样品常用的坩埚类型。但铝坩埚仅能做低温热重分析实验，最高温度不能超过600℃。

压力坩埚：这类坩埚由钢、不锈钢或镀金钢制成，样品装入坩埚后由专用的密封压片机将盖子和坩埚密封，通常用于挥发性液体样品液相反应，含能材料或火药等剧烈化学反应的热分析实验。

(2) 坩埚加盖与否的选择

样品坩埚根据需求可以选择加盖完全密封、在盖子上钻孔或者完全自由交换的气氛。加盖有利于体系内部温度均衡，减少辐射效应，减少因为气氛对流所导致的热损耗，同时有效防止细微样品粉末飞扬。然而坩埚加盖抑制了反应气氛与样品的接触，产物气体也不易带走，在某些情况下可能会影响分解产物组成。

4. 气氛

(1) 气氛种类

空气：氧化性气氛，可用于燃烧测试或分析样品分解/燃烧后的惰性无机填料比例等。

氮气：最常使用的"惰性气体"，常用来进行无氧测试。但在高温下，氮气会与一些金属形成氮化物。

氩气：不与金属发生反应，常用于金属的高温测试，避免氮气与金属形成氮化物。在TG/MS联用技术中使用氩气作为吹扫气可研究一氧化碳的逸出，避免有相同摩尔质量的氮气与一氧化碳混淆。

氧气：氧化性气氛，比空气氧化性更强，用于研究样品的氧化或燃烧。

二氧化碳：惰性或反应性气氛。用于吸附二氧化碳研究或测定羧化反应。

(2) 气氛流量

热重分析实验中通常使用较小的气体流量，保护气的典型流速为 10~20mL/min，吹扫气的典型流速为 20~50mL/min。对于存在一定污染性或危害性的样品，建议使用较大气体流量，以减小污染的可能。

五、应用实例解析

（一）一水合草酸钙的热分解

图 2-1-13 为一水合草酸钙在氮气气氛下，以 10℃/min 的升温速率程序从室温升温到 1000℃ 的热失重分析曲线，吹扫气的流速为 50mL/min，保护气的流速为 20mL/min，坩埚选用氧化铝坩埚。黑色实线为 TG 曲线，黑色点线为 DTG 曲线。

如图所示，100℃ 以前一水合草酸钙没有失重现象，其热重曲线呈水平状。随着温度的升高，TG 曲线先后在 150~200℃、450~550℃、650~850℃ 范围内出现了三个质量减少的台阶，相应的 DTG 曲线也出现了三个失重方向的峰。第一失重台阶的失重量占样品总质量的 12.18%，失重起始温度（失重台阶的外推起始点）为 158.5℃，该温度点常作为失重起始温度用于表示样品的热稳定性。DTG 曲线的峰值温度（第一失重台阶失重速率最大的温度）为 189.5℃。第二失重台阶的失重量占样品总质量的 18.54%，失重起始温度为 482.9℃，失重速率最大的温度为 515.9℃。第三失重台阶的失重量占样品总质量的 29.84%，失重起始温度为 725.0℃，失重速率最大的温度为 776.9℃。

（二）聚丙烯（PP）的热分解

使用热重分析仪，可以进行材料的热分解过程测试，了解材料的热稳定性，获取使用温度上限等相关信息。图 2-1-14 和图 2-1-15 分别为聚丙烯在空气和氮气气氛下，以 10℃/min

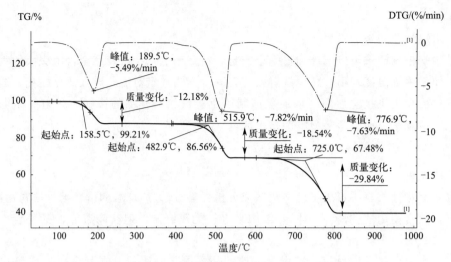

图 2-1-13 一水合草酸钙的 TG 曲线与 DTG 曲线

的升温速率程序升温到 800℃ 的热分析图谱，吹扫气的流速为 50mL/min，保护气的流速为 20mL/min，坩埚选用氧化铝坩埚。黑色实线为 TG 曲线，黑色点线为 DTG 曲线。

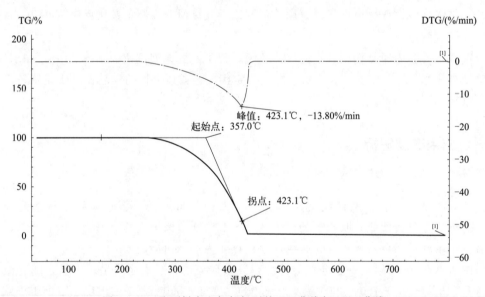

图 2-1-14 聚丙烯在空气气氛下的 TG 曲线与 DTG 曲线

对于材料热稳定性的温度标注，可以使用传统的外推起始点方法。聚丙烯在空气气氛下于 240~420℃ 存在一个较大的始终台阶，失重起始温度（图 2-1-15 中 TG 外切起始点）为 357.0℃，最大失重速率点（DTG 峰值）为 423.1℃。聚丙烯在氮气气氛下于 320~460℃ 存在一个较大的失重台阶，失重起始温度为 408.5℃，最大失重速率点为 443.4℃。两种吹扫气氛相比，空气气氛下样品分解温度向低温偏移。此外，聚丙烯在氮气气氛下为 100% 完全失重，不生成残炭，其在空气气氛下没有进一步失重可以验证这一点。

（三）不稳定样品的热分解

一些本身不稳定、易发生爆炸等强放热的特殊样品要求测试时减少样品量，但有时仍不

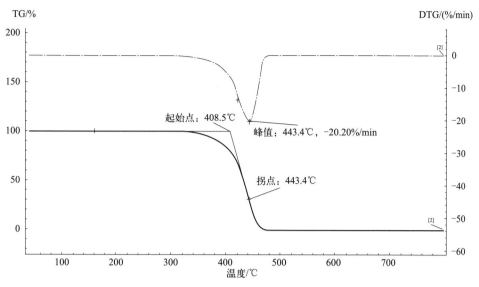

图 2-1-15　聚丙烯在氮气气氛下的 TG 曲线与 DTG 曲线

可避免在测试过程中样品爆炸甚至溅出坩埚。图 2-1-16 为氧化石墨烯样品在氮气气氛下，使用敞口氧化铝坩埚，以 10℃/min 的升温速率程序升温到 300℃ 的热失重分析图谱，吹扫气的流速为 50mL/min，保护气的流速为 20mL/min。实线为 TG 曲线，点线为 DTG 曲线。

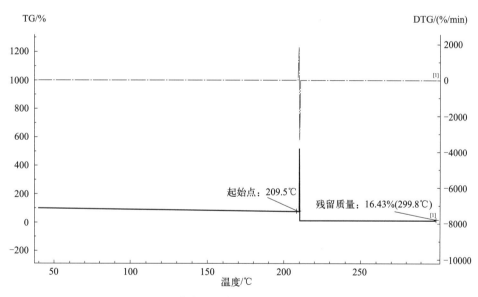

图 2-1-16　氧化石墨烯的 TG 曲线与 DTG 曲线

如图 2-1-16 所示，样品在 209.5℃ 前后的分解反应非常剧烈，样品质量瞬间波动后部分损失，这是样品发生爆炸，部分样品迸溅出坩埚导致的。这类样品测试时需非常小心并使用尽可能少的样品，坩埚敞口，避免爆炸对支架与天平造成冲击与损害。

（四）基线校正对热分析结果的影响

样品所处空间的气体密度随温度升高而降低，在垂直炉体热分析仪中，气体的浮力随温度升高而减小,因此升温会导致 TG 曲线出现增重现象。通过测试空白坩埚可得到空白曲线,样品测试时选取并扣除相同温度程序与气氛的空白曲线进行修正。

图 2-1-17 为氧化铝在空气气氛下分别选取"样品+修正"功能扣除空白曲线及选取"样品"功能未扣除空白曲线的热分析数据。样品以 10℃/min 的升温速率程序升温到 800℃,吹扫气的流速为 50mL/min,保护气的流速为 20mL/min,坩埚选用氧化铝坩埚。黑色实线为基线校正后的数据,黑色点线为未进行基线校正的数据,其中未进行基线校正的 TG 曲线由于气体的浮力的改变导致漂移。

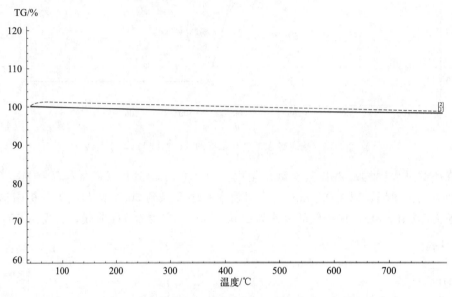

图 2-1-17　氧化铝(基线校正)和氧化铝(未基线校正)的 TG 曲线

(五)碳酸钙的 TG/MS 热分析表征

热重分析法在多数情况下仅能测量样品的质量变化,并不能充分地对分解物质进行鉴别。为了深入研究样品的性质、结构和组成,往往需要进一步探究挥发性产物的具体成分信息。由此将热重分析仪与质谱分析相结合,将 TG 段样品分解的气态产物,通过加热的连接管道引入质谱仪中,连续检测分解产物的成分,获取更全面的分析结果。

图 2-1-18 为碳酸钙的热重/质谱曲线,上半部分为 DTG 曲线和 TG 曲线,下部分为 MS 离子流曲线。TG/MS 测量采用氮气气氛,以 10℃/min 的升温速率程序升温到 1000℃,吹扫气的流速为 50mL/min,保护气的流速为 20mL/min,坩埚选用氧化铝坩埚。如图所示,600℃以前碳酸钙没有失重现象,其热重曲线呈水平状。随着温度的升高,TG 曲线在 650~850℃范围内出现了一个失重台阶,相应的 DTG 曲线也出现了一个失重方向的峰,失重台阶的外推起始点为 775.9℃,失重台阶失重速率最大的温度为 836.5℃。加热过程中质谱检测到质荷比(m/z)为 44 的分子离子峰,对应二氧化碳的逸出过程。

规范测试小贴士

在测试时为保证数据的真实有效性,应严格遵循表征测试规范要求。样品应选取整体部

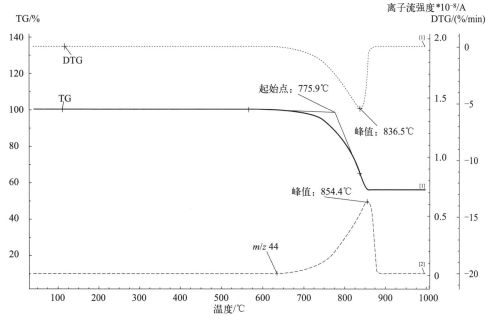

图 2-1-18　碳酸钙的 TG/MS 曲线

分，切勿以偏概全。样品形态影响样品内部的热传递以及产物的扩散，切勿通过改变样品尺寸或改变样品量的方式人为调控反应进程。

参考文献

[1]　刘振海，陆立民，唐远旺．热分析简明教程［M］．北京：科学出版社，2016．
[2]　丁延伟．热分析基础［M］．合肥：中国科学技术大学出版社，2020．
[3]　丁延伟，郑康，钱义祥．热分析实验方案设计与曲线解析概论［M］北京：化学工业出版社，2020．

第二节　差示扫描量热分析 ▶▶

　　差示扫描量热法（differential scanning calorimetry，DSC）是在程序控温和一定气氛下，测量试样和参比物之间的热流差与温度或时间的关系，从而定性或定量地表征材料物理或化学转变过程的一种热分析测试技术。测试时需要选择一种在测定条件下不会产生任何热效应的惰性物质作为参比物，并测量试样和参比物之间热流量的差值，这就是差示扫描量热法中"差示"的含义。"扫描"指的是试样在实验过程中经历的程序控制的温度变化。在加热或冷却的条件下，许多物质会发生物理或化学变化，这些过程均伴随着体系热效应的改变。差示扫描量热仪可以记录物质和参比物之间的热流差与温度的关系，测定物质的玻璃化转变、结晶、熔融等热物性参数，从而准确识别物质的种类及组分以及研究材料的热稳定性、相变行为和化学反应动力学等关键信息。目前差示扫描量热分析被广泛应用于塑料、橡胶、涂料、食品、医药、生物、无机材料、金属材料、复合材料等多个领域，是实现新材料研究、产品设计和质量控制的一种高灵敏度的测试技术。

一、仪器结构与工作原理

差示扫描量热法是在差热分析法（differential thermal analysis，DTA）基础之上所建立的测试单元。DTA 是一种定性测量技术，仅能用于检测试样和参比物之间的温度差（ΔT）。相较于 DTA，DSC 不仅可以定性检测热转变温度，而且可以定量测试热流量，曲线的峰面积可直接表示热效应的大小。差示扫描量热仪主要由加热系统、程序控温系统、气体控制系统、制冷设备等几部分组成。根据仪器加热炉的加热方法和测量原理的不同，DSC 可分为热流型 DSC 和功率补偿型 DSC 两类。

（一）热流型 DSC

热流型 DSC 是在程序控温和一定气氛下，测量试样和参比物之间的热流差与温度或时间关系的一种仪器。热流型 DSC 的试样和参比物处于同一炉体内（图 2-2-1），仪器从外部加热整个炉体，热电偶在坩埚位置下测量试样和参比物两端的温差（ΔT）。然后根据热流方程，将温差换算成热流 Φ [单位为瓦/克（W/g）] 作为信号输出。热流量可由式（2-2-1）得到

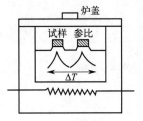

图 2-2-1 热流型 DSC 示意图

$$\Phi = \frac{\Delta T}{R_{th}} \quad (2\text{-}2\text{-}1)$$

式中，ΔT 为试样和参比物的温度差，R_{th} 为系统热阻。其中仪器的系统热阻对于特定的坩埚和方法等是确定的，从而可以定量测量热流，并通过热流对时间的积分得到热焓值 ΔH [单位为焦耳/克（J/g）]。

（二）功率补偿型 DSC

功率补偿型 DSC 是在程序控温和一定气氛下，始终保持试样和参比物之间的温度相等，测量输给试样和参比物的加热功率（差）与温度或时间关系的一种仪器。功率补偿型 DSC 的主要特点是有两个材质和结构完全相同的炉体，分别对试样和参比物进行加热，每个炉体都有独立的加热、冷却单元以及测温单元（图 2-2-2）。仪器采用动态零位平衡原理，在程序控温过程中，当试样与参比物之间产生温度差时，功率补偿放大器自动调节补偿加热丝的电流，使试样和参比端的温差趋近于零，然后直接将功率差作为能量信号输出，如式（2-2-2）所示

$$\Delta W = \frac{dQ_s}{dt} - \frac{dQ_r}{dt} = \frac{dH}{dt} \quad (2\text{-}2\text{-}2)$$

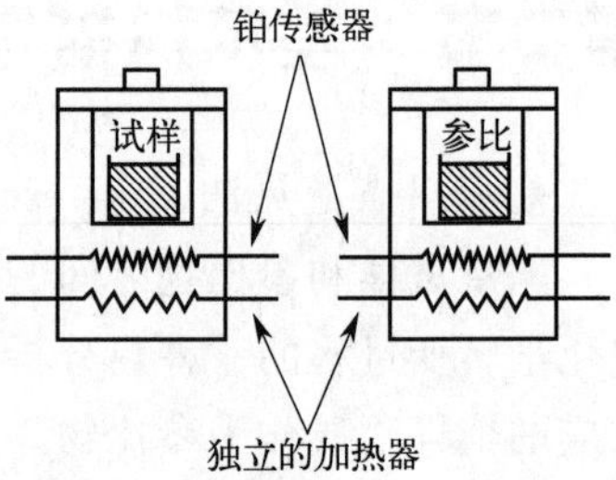

式中，ΔW 为所补偿的功率；Q_s 和 Q_r 分别为输给试样和参比物的热量；dH/dt 为热流率，单位为 J/s。

图 2-2-2 功率补偿型 DSC 示意图

相比于热流型 DSC，功率补偿型 DSC 由于具有两个小炉体，所以仪器升降温速率会更快。然而在使用过程中，两个炉体的环境会随着时间而发生改变，使两炉体的对称性降低，更容易导致基线漂移。

二、差示扫描量热仪测试操作规程

(一) 样品制备

DSC 可用于测定除气体外的所有固态、液态或浆状样品。测试时使用坩埚作为样品容器，避免样品直接接触炉体，污染传感器。坩埚的材质一般是惰性的，即不能和样品发生任何反应。通常选择 40μL 铝坩埚作为样品容器，样品坩埚和参比坩埚的质量相差应小于 0.1mg。为确保测试结果的精确性，测试时需要选择合适的参比物。参比物应当是在测试温度范围内无任何热效应的惰性物质，不与坩埚或气氛发生任何反应。样品量少或相变明显的样品一般以空坩埚作为参比物。

装样过程中，需确保样品与坩埚底部充分接触，以保证良好的热传导。粉末样品应平铺在坩埚底部并尽量压实。液体样品需借助注射器或移液枪小心地转移至坩埚中。纤维样品可以剪成小段或用铝箔包裹并压平后置于坩埚底部。对于形状不规则的样品，可以将与坩埚接触一面打磨平整，或研磨成细粉末，以增加样品和坩埚的接触面积。装样时样品体积不应超出坩埚体积的三分之二。

加好样品的坩埚需要使用压片机对坩埚底和坩埚盖进行冷焊接密封。在此之前，通常需要对坩埚盖进行开孔处理，开孔时用镊子取出坩埚盖放在橡胶垫上，并使用细针在盖子中间扎孔。这样的开孔处理可以形成一个自由交换的气氛，防止样品因体积膨胀掀翻盖子，导致样品溢出或溅出污染炉体和传感器。如果想阻止样品汽化，也可以选择使用不扎孔的密封坩埚。但在这种情况下，最高加热温度不能超过 200℃，以免高温下坩埚内部气压增加导致盖子被掀开。压制好的坩埚要保证底部是平整的，以确保坩埚和传感器之间的热传导效果良好。同时，要避免样品沾到坩埚外部，以防污染传感器，影响最终的实验结果。

(二) 操作规程

以梅特勒托利多 DSC3 型号差示扫描量热仪为例，进行仪器操作的介绍。仪器允许的测试温度范围：-90～500℃。

1. 开机操作

(1) 打开氮气瓶阀门，调节减压阀副表使压力值稳定在 0.1MPa 左右。调节炉体保护气流量计至 150mL/min。

(2) 开启 DSC3 主机电源。

(3) 启动计算机，双击桌面上的"STARe"图标进入测试软件。软件将自动与仪器建立连接，当下方的状态条变成绿色后代表仪器与软件连接成功。连接成功后，在仪器屏幕上点击"standby"，使其进入待机模式。

(4) 实验开始前打开机械制冷机开关，并等待冷端温度降至-70℃。

2. 测试步骤

(1) 点击"常规编辑器"进行实验方法的编辑：

① 点击"新建"以编辑新的实验方法。具体操作包括：点击"添加动态温度段"以设置升降温程序，或点击"添加等温段"以设置恒温程序。根据实际需求，设定测试的起始和结束温度、升降温速率、实验气氛等。在"程序段气体"中选择实验所需气体并输入气流量（例如：50mL/min）。点击"坩埚"以选择所用的坩埚类型。

②点击"打开"可以导入已经保存在软件中的实验方法。

③点击"修改"可以再次编辑已打开的方法。

(2) 编辑完实验方法后,在"样品信息"栏中输入样品名称、质量及在自动进样盘中的位置编号。确认无误后,点击"发送实验"。如果实验方法中设定了气体流量,此时应能听见电磁阀打开的声音,然后按照设定,调节仪器上对应气氛的流量计。实验运行时,可以使用相同的方式发送多个等待运行的实验。

(3) 当软件左下角的状态栏出现"等待装样"时,自动进样器抓手会将对应位置的样品坩埚放入炉体内,并自动合上炉盖。到达实验开始温度后自动开始测试。

(4) 测试结束后,自动进样器会将测试完成的样品坩埚放回自动进样盘,仪器随后自动运行下一个实验。

3. 关机操作

(1) 在不放置样品坩埚的情况下,发送一个 150℃ 等温 10min 的干燥实验。实验开始后,关闭机械制冷机开关。

(2) 干燥实验运行结束后,关闭测试软件和仪器总开关。

(3) 关闭气体流量计阀门和气瓶的总阀,实验结束。

三、数据处理及测试结果影响因素分析

(一)数据处理

(1) 点击"STARe"软件主窗口下的"分析窗口",打开数据分析界面。

(2) 在"文件"一栏选择"打开曲线",在弹出的对话框中选择要处理分析的数据,点击"打开"调出该曲线。

(3) 根据需要对 DSC 曲线进行处理,软件可以实现多种功能,包括归一化、标峰、积分、起始点、水平台阶以及分析玻璃化转变温度等。

(4) 在"文件"一栏选择"导入/导出"选项,将分析好的数据导出其他常用格式,包括文本格式和图片格式等。

(5) 不同生产厂家的 DSC 仪器,测试结果的吸热/放热方向可能不同,因此在绘制 DSC 曲线时需要标注吸热/放热的方向。吸热和放热信号的方向遵循两种规则,如图 2-2-3 所示:第一种根据 ICTA 规则,吸热信号朝下,放热信号朝上,一般在图片上标注"ˆexo";第二种为反-ICTA 规则,吸热信号朝上,放热信号朝下,一般在图片上标注"ˆendo"。

(二)测试结果影响因素分析

1. 样品质量和粒度

样品质量和粒度的选择应该根据热效应的情况综合考虑。少量的样品有利于气体产物的扩散和试样内部温度的均衡,可以提高信号的分辨率,但是过少的样品量会导致热效应信号微弱,检测灵敏度变差。因此使用较大的样品量有助于检测微弱的热效应,使用较小的样品量有助于分离邻近的热效应。通常有机物的样品量为 5～10mg;无机物的样品量为 10～30mg;具有强放热效应的样品(例如炸药),样品量为 0.5～1.0mg。此外,样品的粒度对测试结果也有一定的影响。一般情况下样品粒度越大,比表面积越小,越不利于传热和反应,导致热效应滞后,因此测试时要尽量保证试样粒度的一致性。

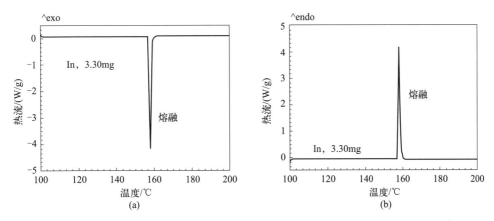

图 2-2-3 铟的 DSC 曲线：(a) ICTA 规则，吸热信号向下；(b) 反-ICTA 规则，吸热信号向上

2. 坩埚类型

为了适应不同的样品，DSC 测试可选择的坩埚类型有多种，包括铝坩埚、铂金坩埚、铜坩埚、玻璃坩埚、中压坩埚、高压坩埚等。坩埚在测试中不能和样品发生反应，且在测试的温度范围内不能发生熔融，其类型的选择取决于样品种类、温度范围、气氛、坩埚材料和坩埚体积等多种因素。其中，铝坩埚由于导热性良好且材质惰性，是目前 DSC 测试最常使用的样品容器。多数情况下，选择 40μL 的铝坩埚进行测试。20μL 的轻质铝坩埚由于测试分辨率比较高，常用于分离邻近的热效应。液体样品则应使用 100μL 的铝坩埚，以防止加盖后样品溢出。

3. 温度程序

DSC 实验的开始温度通常设定为比第一个热效应的温度低升温速率数值的 3 倍，结束温度则比最后一个热效应高升温速率数值的 2 倍，这样可以确保曲线在热效应发生的前后都有较稳定的基线。对于未知试样，测试温度范围应尽可能宽，确保能够对试样的热效应进行完整的记录。但是要注意的是，测试结束温度通常要低于样品的分解温度，以防样品分解污染 DSC 炉体和传感器。

升温速率对 DSC 结果也会产生影响，选择合适的升温速率才能得到理想的实验结果。提高升温速率可以提高信号的灵敏度，热效应表现更加明显，但同时热效应的峰会变宽从而导致信号分辨率降低。图 2-2-4 为聚对苯二甲酸乙二醇酯（PET）样品在不同升温速率下的 DSC 曲线，随着升温速率增加，玻璃化转变台阶增大，同时玻璃化转变温度向高温方向偏移。升温速率的改变对熔融信号也有明显的影响，图 2-2-5 为金属铟在不同升温速率下的 DSC 曲线，可见升温速率增加导致熔融信号变宽，同时熔融峰变高。为了兼顾热效应的灵敏度和分辨率，DSC 实验常用的升温速率为 10~20K/min。对于热效应比较微弱的样品，可以适当增加升温速率来提高信号的灵敏度。对于温度相差较小的热效应，可以通过降低升温速率来避免相邻峰的重叠。

4. 吹扫气氛

DSC 测试的吹扫气氛一般选择惰性气体，例如氮气、氩气和氦气等。其中，氮气是 DSC 测试常用的标准惰性气氛，其导热性比氩气好，但高温下会与金属反应。氩气高温下保护性比氮气好，多用于金属材料的高温测试。氦气因其导热性比氮气好，多用于超低温和

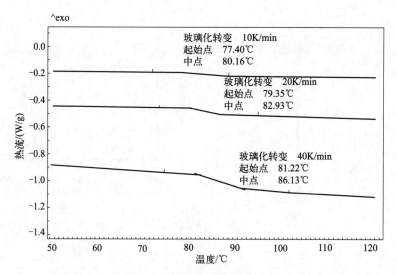

图 2-2-4　PET（6.82mg）在不同升温速率下的 DSC 曲线

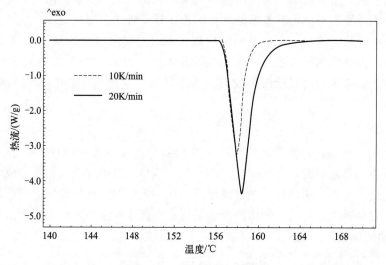

图 2-2-5　铟（6.30mg）在不同升温速率下的 DSC 曲线

超高温测试。氧化性气体通常用于与氧化行为有关的测试，如氧化诱导期的测试可以选择空气或氧气气氛。为了保证实验结果的重复性，实验时吹扫气体流量通常设置为 20～100mL/min。

四、应用实例解析

通过 DSC 实验，可以快速、准确地获取材料的热性能和热反应信息。在 DSC 曲线上，吸热和放热信号分别代表了物质的不同性质。吸热峰通常包括熔融、蒸发、分解等其他吸热过程，放热峰通常包括结晶、固化、氧化等其他放热过程。这些信息对于了解材料的热力学和动力学行为具有至关重要的意义。

（一）热转变温度

DSC 曲线可以用于测定样品的玻璃化转变温度（T_g）和熔点。玻璃化转变温度指聚合物由玻璃态转变为高弹态时所对应的温度。在 DSC 曲线中，T_g 通常呈现为一个吸热台阶（图 2-2-4）。当样品在低于 T_g 温度下存储较长时间后，得到的 T_g 信号会叠加一个吸热的焓松弛峰（图 2-2-6）。T_g 温度以下存储的时间越长，样品的物理老化越明显，测得的焓松弛峰越大。焓松弛峰的存在会对 T_g 的分析造成一定的影响，为了消除该峰，可以将样品加热至高于 T_g 的温度，然后迅速冷却再进行第二次升温测试，以达到消除样品热历史的目的。在分析玻璃化转变数据时，通常取转变台阶上下范围的中点温度作为玻璃化转变温度，即中点法。

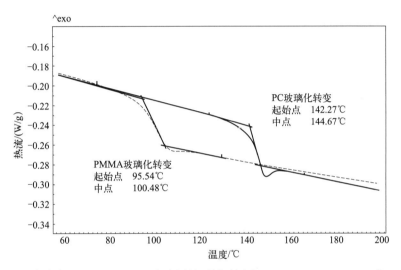

图 2-2-6　聚碳酸酯（PC，8.00mg）和聚甲基丙烯酸甲酯（PMMA，11.19mg）的 DSC 曲线

DSC 曲线在升温段出现的吸热峰通常为样品的熔融峰，通过熔融峰可以确定样品的熔点。图 2-2-7 所示为尼龙 6 和尼龙 66 样品的 DSC 曲线，通过其熔融峰可以确定各自的熔点。对于纯物质，其熔融峰在低温侧几乎为直线，一般会将熔融峰之前的基线作切线与峰左侧的拐点处作切线的交点定为起始温度，并以此作为熔点。然而，对于聚合物类具有较宽熔程的样品以及在低温侧具有凹陷的不纯样品，通常选择以峰温作为熔点。不纯的样品或混合物的熔融曲线，由于存在多个组分，因此会呈现出多个熔融峰。

（二）转变焓

DSC 曲线记录的是试样的热流 Φ（或 dH/dt）的变化，通过热流对时间的积分可以得到转化的热焓 ΔH，如试样的熔融焓、结晶焓和反应焓等。积分面积受积分的基线类型影响，选择合适的基线类型对计算结果来说至关重要。通过仪器的数据分析软件可以直接选择不同的基线类型，包括直线基线、左切基线、右切基线、左水平基线、右水平基线、样条基线、积分切线基线、积分水平基线和零位线基线。图 2-2-8 所示为通过计算机软件分析的 PET 样品的结晶焓和熔融焓，采用的基线类型为样条基线。

通过测试试样的熔融焓可以计算其结晶度。结晶度为室温下部分结晶的高分子材料内晶

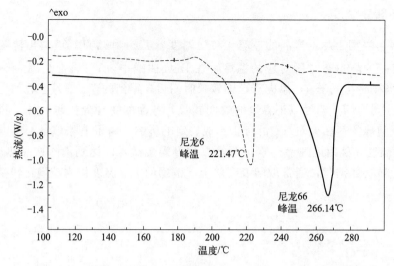

图 2-2-7　尼龙 6（9.62mg）和尼龙 66（11.58mg）的 DSC 曲线

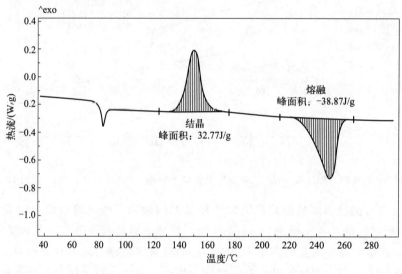

图 2-2-8　PET 的 DSC 曲线

体部分所占的比例，是表征聚合物物理性能和机械性能的重要参数。结晶度可以按下式进行计算：

$$结晶度 = \frac{\Delta H_f}{\Delta H_f^*} \tag{2-2-3}$$

式中，ΔH_f 为聚合物内结晶部分的熔融焓，即熔融峰曲线和基线所包围的面积；ΔH_f^* 为该聚合物 100% 结晶的熔融焓，通常可在文献中查找。

混合物组分含量的测定与结晶度的计算方法类似，混合物中某一组分的转变焓通常与该组分的含量成正比，因此通过测量未知含量样品和已知含量样品的转变焓，可以对混合物中组分的含量进行测定。

(三) 比热容

比热容指单位质量的物质升高或降低1℃时所需的热量，是表征物质热性质的重要参数，其单位为 J/(g·℃)。随着温度的上升，分子运动的自由度增大，比热容也会随之增加。

在 DSC 测试中，通常采用三步法测定比热容。该方法以一种已知比热容的标准物质作为基准，标准物通常选择蓝宝石。实验包括以下三个步骤，每个步骤都在相同的升温速率下进行：①在样品端和参比端各放置一个空坩埚进行基线测试，两个坩埚的质量偏差需要小于 0.1mg。②将蓝宝石标准样品放入样品坩埚，参比样品为空白坩埚，进行参比曲线测试。③将待测样品放入样品坩埚，参比样品仍为空白坩埚，进行样品曲线测试。图 2-2-9 为测试比热容的 DSC 示意图。通过下式可对任一温度下的比热容进行计算：

$$C_p = C_p' \times \frac{m'y}{my'} \qquad (2\text{-}2\text{-}4)$$

式中，m，C_p 和 y 分别代表试样的质量、比热容以及试样与空白曲线的 y 轴量程差；m'，C_p' 和 y' 则为蓝宝石的相应值。

在进行三步法测试比热容时，需要注意实验的起始温度要低于所需比热的温度至少30℃。同时，升温段前后应设置 4~10min 的恒温时间。样品坩埚和参比坩埚质量偏差应小于 0.1mg，测试前后样品质量变化应不超出 0.3%。为提高测试的准确度和精确度，可以采用相对高的升温速率（>10℃/min）及大样品量（>10mg）进行测试。

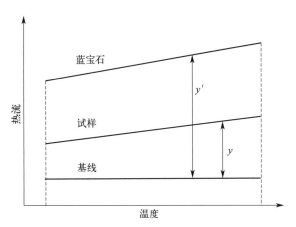

图 2-2-9 测定比热容的 DSC 示意图

(四) TG-DSC 的联用

单一的热分析技术在明确表征和解释材料的受热行为方面存在局限性，通过与其他设备联用则能同时从多个角度深入研究物质的组成、结构或热转变的内在机理，可以实现更强大的功能。作为典型的热分析表征方法，热重-差式扫描量热（TG-DSC）联用技术的应用最为广泛，在程序控制温度下，能同时得到物质在质量与热效应两方面的变化情况。相比于单独测试，联用测试能显著节约测试时间，减少因环境、热历史、时间、温度以及样品差异等因素引发的误差。更重要的是，通过不同表征技术的联合应用，能精确地确定事件发生的顺序，有助于消除对相变机制理解上的模糊性，从而更全面地解读材料的热行为。

> **规范测试小贴士**
>
> 为了保证差示扫描量热法测试数据真实可靠,必须定期对仪器进行温度和热流值校准,以确保其精度和稳定性。进行测试的样品应具有代表性,由于测试结果受样品质量、升温速率、热历史等多种测试条件影响,所以测试结果需明确标注详细的测试条件。在数据分析和处理时,应避免过度平滑,以确保结果的准确度和可信度。

参考文献

[1] Jean-Philippe H, Nooshin S, Guillaume D-V, et al. Experimental methods in chemical engineering:differential scanning calorimetry-DSC [J]. The Canadian Journal of Chemical Engineering. 2018, 96 (12):2518-2525.

[2] Kodre K V, Attarde S R, Yendhe P R, et al. Differential scanning calorimetry:a review. Research and Reviews,2014, 3 (3):11-22.

[3] 刘振海, 陆立明, 唐远旺. 热分析简明教程 [M]. 北京:科学出版社, 2012.

[4] 董炎明, 熊晓鹏, 郑薇, 等. 高分子研究方法 [M]. 北京:中国石化出版社, 2011.

[5] 李余增. 热分析 [M]. 北京:清华大学出版社, 1987.

[6] 陆立明. 热分析应用基础 [M]. 上海:东华大学出版社, 2011.

[7] 陈咏萱, 周东山, 胡文兵. 示差扫描量热法进展及其在高分子表征中的应用 [J]. 高分子学报, 2021, 52 (04):423-444.

[8] 李薇, 程志刚, 聂萍等. 差示扫描量热法 (DSC) 测定全密度聚乙烯结晶度 [J]. 中国建材科技, 2013, 22 (01):37-41.

第三节 动态热机械分析

广义上的热机械分析是在程序控制温度和一定荷载下研究材料的形变与温度或时间关系的分析技术,主要包括静态热机械分析、动态热机械分析和热膨胀法分析。动态热机械分析(dynamic mechanical analysis,DMA),又称动态力学热分析,是研究在程序控制温度和一定的振荡性荷载下,材料形变与温度或时间之间关系的分析技术。该分析技术主要以动态热机械分析仪作为分析测试工具。本节将围绕相关基础知识、动态热机械分析仪结构原理及实际应用展开介绍。

一、基础知识概述

(一)基础理论定律

1. 胡克定律

胡克定律是力学弹性理论中的一条基本定律,它指出在弹簧发生弹性形变时,弹簧的弹力 F 与弹簧的伸长量(或压缩量)x 成正比,即 $F=-kx$。k 是弹性系数,是由材料性质决定的,负号表示弹簧所产生的弹力与其伸长(或压缩)的方向相反,如图 2-3-1 所示。该定律适用于一切固体材料,也就是在材料的弹性限度内,形变与引起形变的外力成正比。

2. 牛顿黏壶定律

牛顿黏壶定律即牛顿流体定律,黏性流体在圆筒中与活塞发生相对运动,贴近活塞处与

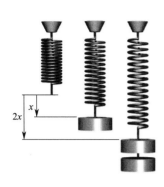 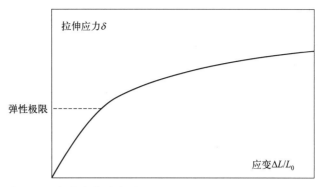

图 2-3-1 胡克定律示意图

远离活塞处的流体发生层流，各层流动速率不同，相邻两层间存在摩擦力，称为内摩擦力。片层受到剪切作用，其应变对时间的变化率为切变速率，切变速率等于层间的速度梯度，维持一定的速度梯度需要一定的切应力。切应力与切变速率的关系曲线称为流动曲线，如图 2-3-2 所示。对于纯黏性液体，切应力与切变速率成正比，比例系数即为黏度，是应力应变曲线的斜率，黏度＝应力/应变速率。黏度是材料阻止流动、消耗能量的能力，是描述材料黏性（韧性）的物理量。

 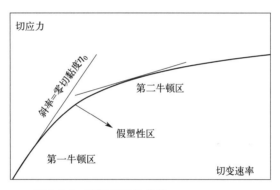

图 2-3-2 普适流动性曲线

3. 黏弹性

大多数材料在外力的作用下，其应变行为同时兼有弹性和黏性材料的特性。应力的大小依赖于应变和应变速率。应变既包含不可回复的永久形变，又包含可回复的弹性形变，可回复形变分为高弹形变和瞬时回复的普通形变。这种兼具黏性和弹性的性质为高分子的黏弹性。

（二）相关术语及概念

1. 应力与应变

材料在外力作用下会发生形变，单位面积上的作用力称为应力，应力＝力/横截面积；在受力方向（轴向）的长度增量与原始长度的比值为应变，应变＝形变/原长。

2. 模量

材料在受力状态下应力与应变之比称为模量，通常用 M 表示。弹性极限以下的部分，形变量较小,材料表现为纯弹性的行为,去除应力后,形变恢复,没有发生永久形变。在该范围内,材料的应力和应变具有恒定的比例(符合胡克定律),即应力/应变为常数,称为弹性模量,在拉伸力的作用下,又称为杨氏模量,模量＝应力/应变。模量反映了材料整体抗变形的能力,是反映材料弹性(刚性)的物理量。

(1) 复数模量。如图 2-3-3 所示,复数模量又称动态模量,是对黏弹性材料施加周期性振动的应力或应变,得到材料响应的应变或者应力滞后于所施加的力或应变,应力与应变之间存在相位差,可以用复数表示,这时的复数应力振幅与复数应变振幅之比即为复数模量。

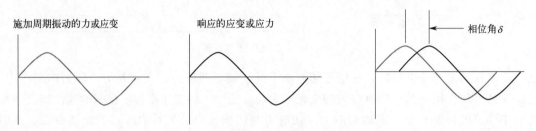

图 2-3-3 施加在样品上的力或应变及其响应的应变或应力

(2) 储能模量,也称弹性模量,是复数模量的实数部分,表示材料在形变过程中由于弹性形变而储存的能量,是材料变形后回复的指标,是材料储存能量、抵抗弹性变形的能力。

$$储能模量/\text{Pa} = \frac{应力/\text{Pa}}{应变} \times \cos\delta \tag{2-3-1}$$

(3) 损耗模量,也称黏性模量,是复数模量的虚数部分,是指材料在发生形变时,由于黏性形变(不可逆)而损耗的能量大小,反应材料的黏性大小,是材料产生形变时能量散失(转变为热)的现象。

$$损耗模量/\text{Pa} = \frac{应力/\text{Pa}}{应变} \times \sin\delta \tag{2-3-2}$$

3. 损耗因子 Tanδ

施加于样品上的周期振动的力或应变,得到材料响应的应变或者应力滞后于所施加的力或应变,称为相位差,即相位角 δ。储能模量与损耗模量的比值称为损耗因子(或阻尼因子)tanδ,它反映了材料阻尼的特性,如减震或消声。

$$\tan\delta = \frac{损耗模量}{储能模量} \tag{2-3-3}$$

损耗因子可以用来反映材料黏弹性的比例:
(1) 当储能模量大于损耗模量时,材料主要发生弹性形变,因此材料呈固态;
(2) 当损耗模量远大于储能模量时,材料主要发生黏性形变,因此材料呈液体;
(3) 当储能模量和损耗模量相当时,材料呈半固态,如凝胶状态。
三个模量和损耗角之间的关系如图 2-3-4 所示,可以用下面的三角形表示。

4. 时温等效

黏弹性具有时间依赖性,例如沥青在较长的时间尺度表现为高黏性液体,如图 2-3-5(a)所示,而在短时间尺度内表现为固体,如图 2-3-5(b)所示;高分子的黏弹性是材料在流动与变形中表现出来的依赖于时间尺度的性质,力学响应是其分子运动的宏观反映。

低温下长时间观测到的力学松弛现象也可以通过高温下在短时间内观测到,也就是说,

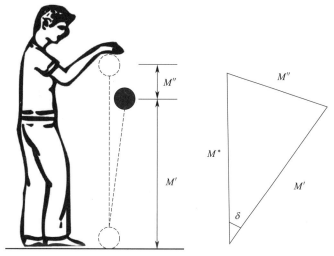

图 2-3-4　三个模量和损耗角之间的关系

M^* 复数模量，M' 储能模量，M'' 损耗模量，δ 损耗角

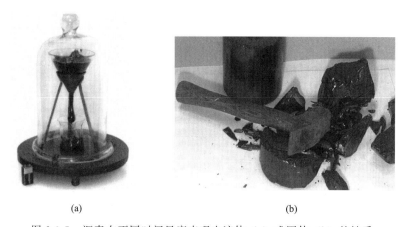

(a)　　　　　　　　　　(b)

图 2-3-5　沥青在不同时间尺度表现出液体（a）或固体（b）的性质

延长观测时间和升高温度，对材料力学状态的观测是等效的。升高温度可以缩短观测的时间，而在低温下延长观测时间则可以观测材料在高温下的力学状态。

5. 蠕变及回复

蠕变是材料在应力保持不变的条件下，应变随时间延长而增加的现象。

蠕变回复是对材料施加一定的载荷使其产生蠕变后，将此载荷去除，在蠕变延伸的相反方向上，材料的应变随时间延长而减小的现象。

6. 应力松弛

应力松弛是在应变保持不变的条件下，应力随时间的延长而逐渐减小的现象。

二、仪器结构与工作原理

（一）DMA 工作原理

动态热机械分析仪的工作原理是在程序控制温度下，对样品施加一个周期性变化的应力或者应变，来测量材料的响应（应变或应力）。如图 2-3-6 所示，以拉伸为例，仪器获取力和位移两个原始信号，可计算出储能模量、损耗模量、损耗因子随时间、力或频率的变化关系。

DMA 测量中施加的力或应变必须在线性黏弹区范围内，图 2-3-7 为典型热塑性塑料的 DMA 曲线。最基本的黏弹性现象有蠕变、应力松弛、滞后和力学损耗。DMA 通过对力或形变的测量，获得与材料黏弹性有关的参数，如应力、应变、模量、黏度、损耗因子等，随温度或时间的变化，获得材料的应力松弛、蠕变与回复。储能损耗模量、玻璃化转变温度等特征参数。

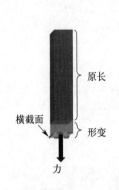

图 2-3-6　DMA 原始信号

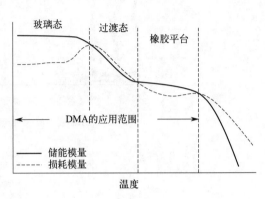

图 2-3-7　典型热塑性塑料 DMA 曲线

（二）RSA-G2 的结构

动态热机械分析仪主要由测量主机和电控箱两部分部件组成，主机上半部分是传感器，下半部分主要是驱动电机，外部是强制对流炉体（－160～600℃），如图 2-3-8 所示，同时主机外配有空气压缩机、储气罐、冷冻干燥机、油水过滤器、制冷系统和计算机。

（1）主机（RSA-G2）及电控箱用于黏弹性的测量。

（2）空气压缩机及储气罐为主机提供有一定压力的空气，用于炉体加热及传感器和马达的驱动。

（3）冷冻干燥机用来给空压机出的空气除水除油。

（4）油水过滤器进一步过滤压缩空气，保证进入 DMA 主机系统中的压缩空气是无水、无尘、无油的。

（5）制冷系统连接液氮罐及控制器（图 2-3-9），自动控温，可实现－160℃至室温的低温实验。

（6）计算机为整个测试提供自动化控制及数据的分析处理。

三、动态热机械分析仪测试操作规程

以 TA 公司的 RSA-G2 型号仪器为例。

（一）夹具选择

RSA-G2 测量夹具工作通用方程为：

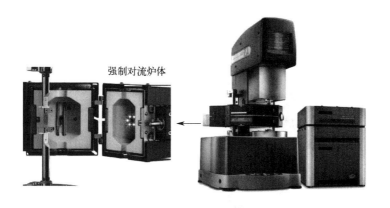

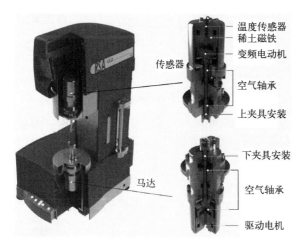

图 2-3-8　RSA-G2 主机结构

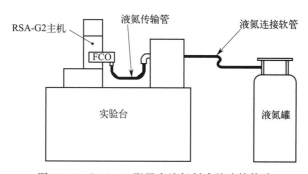

图 2-3-9　RSA-G2 配置有液氮制冷的连接构造

$$模量 = \frac{应力}{应变} = \frac{力 \times 应力因子}{位移 \times 应变因子} = 试样刚度(S) \times 试样几何因子(GF) \quad (2-3-4)$$

其中试样几何因子（GF）由试样的几何尺寸决定。因此，需要根据预估材料模量的范围来选用试样形状及尺寸以适应合适的夹具。

1. 拉伸夹具

拉伸夹具如图 2-3-10 所示，适用于高模量小尺寸的样品，模量范围为 $10^7 \sim 10^{12}$ Pa，几何因子 $GF = L/WH$（L 为样条净长度，WH 分别为样条的宽度和厚度）。样品可为长方形薄膜或纤维，尺寸要求长 10~20mm；厚度小于 2mm；也可为弹性体，要求宽度小于 5mm，厚度小于 2mm。

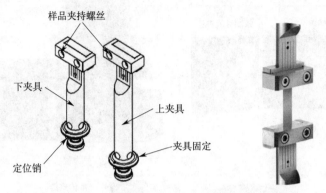

图 2-3-10　RSA-G2 拉伸夹具

2. 三点弯夹具

三点弯夹具如图 2-3-11 所示，适用于中到高模量的材料，如金属、陶瓷、高填充热固性聚合物、高填充和结晶型的热塑性聚合物，适合的模量范围为 $10^8 \sim 10^{12}$Pa，几何因子 $GF = 2L^3/WH^3$。样品形状可为长方条或者圆柱，尺寸要求跨厚比大于10。

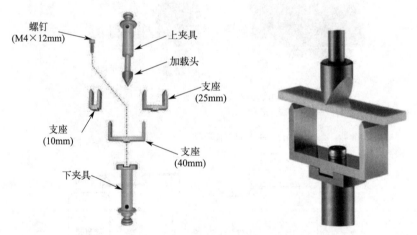

图 2-3-11　RSA-G2 三点弯夹具

3. 悬臂梁夹具

悬臂梁夹具如图 2-3-12 所示，模量范围为 $10^6 \sim 10^{12}$Pa。其中双悬臂适用于较弱到中模量的样品，可测高阻尼材料如弹性体，还可评价有支撑载体的热固性材料固化特性，几何因子 $GF = L^3/2WH^3$（双悬臂）。单悬臂可测热塑性材料，除弹性体外的大多数无增强塑料，几何因子 $GF = L^3/WH^3$（单悬臂）。样品形状为长方条或圆柱，尺寸要求跨厚比大于10，对于弹性体材料，T_g 以下双悬臂的跨厚比要大于20。

4. 压缩夹具

压缩夹具如图 2-3-13 所示，适用于低到中模量的材料，如凝胶、弱弹性体等，模量范围为 $10^4 \sim 10^8$Pa，几何因子 $GF = H/A$（A 为试样横截面积）。样品的厚度与直径比尽可能高。

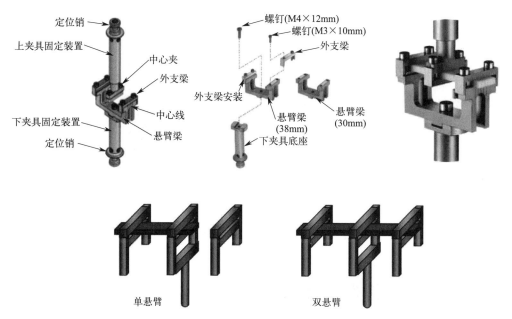

图 2-3-12 RSA-G2 悬臂梁夹具

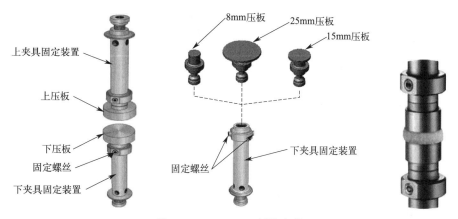

图 2-3-13 RSA-G2 压缩夹具

5. 三明治剪切夹具

三明治剪切夹具如图 2-3-14 所示,适用于高阻尼软固体如凝胶、黏合剂和高于 T_g 的弹性体,模量范围为 $10^4 \sim 10^8 \text{Pa}$,几何因子 $GF = 3H/5LW$,样品厚度为两侧样品厚度之和。

需要注意的是,根据夹具要求,样品要制备成具有一定大小尺寸的相应形状的样品,确保对其施加的力能够完全转化成应力,或形变能够完全转换为应变,从而获得精确的模量。因此,样品形状越均匀,误差越小,尺寸大的样品比尺寸小的样品误差小。

(二)样品制备

DMA 结果的好坏高度依赖于样品的制备,样品的平整度、平直程度及均匀度都对测试结果有显著的影响。拉伸样品应保证样品尺寸均匀规整,如图 2-3-15 所示,三点弯、压缩及悬臂梁试样如图 2-3-16、图 2-3-17 和图 2-3-18 所示,样品表面必须平整,以确保夹具能

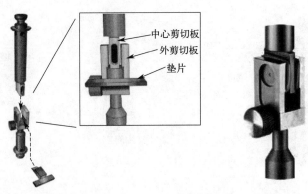

图 2-3-14　RSA-G2 三明治剪切夹具

够充分接触试样，必要时可以用砂纸打磨样品，注意应避免使用增大预应力的方法压迫样品变形来满足紧密接触。

图 2-3-15　拉伸夹具样品装载理想状态　　　　图 2-3-16　三点弯夹具样品装载理想状态

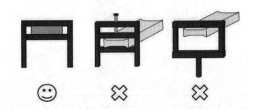

图 2-3-17　压缩夹具样品装载理想状态　　　　图 2-3-18　悬臂弯夹具样品装载理想状态

由于测量对样品刚度的限制，需要改变样品尺寸来增大或降低刚度，使测量信号更准确，制样对策如表 2-3-1。

表 2-3-1　测量刚度限制及制样对策

仪器测量刚度范围 $10^2 \sim 10^7 \mathrm{N/m}$		
测试模式	增大刚度措施	降低刚度措施
薄膜拉伸	减小长度 增大宽度 增大厚度	增大长度 减小宽度 减小厚度

续表

仪器测量刚度范围 $10^2 \sim 10^7 \mathrm{N/m}$		
测试模式	增大刚度措施	降低刚度措施
纤维拉伸	减小长度 增大直径	增大长度 减小直径
三点弯	减小长度 增大宽度/厚度	增大长度 减小宽度/厚度
压缩	增大横截面积 减小厚度	减小横截面积 增大厚度
臂梁弯	减小长度 增大宽度/厚度 长厚比＞10	增大长度 减小宽度/厚度 长厚比＞10
剪切	增大切面积 减小厚度	减小切面积 增大厚度

（三）RSA-GA2 的基本操作

1. 开机流程

（1）启动冷冻干燥机，预热 5 分钟。

（2）打开空气压缩机的气罐阀门，启动空压机。

（3）气罐储满后，打开气体管路阀门，检查油水过滤器上减压阀的压力稳定在 0.5MPa 以上（如图 2-3-19）。

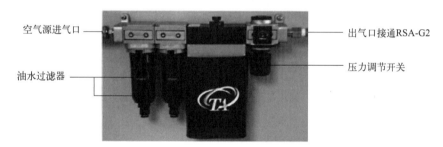

图 2-3-19 油水过滤器

（4）打开电控箱背部电源开关（电控箱显示"Power Off"且 RSA-G2 机台底部电源灯为红色）（图 2-3-20），打开主机电源开关 ⏻（图 2-3-21）。

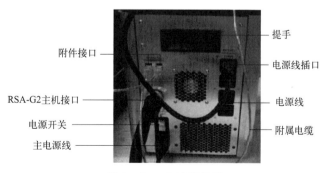

图 2-3-20 电控箱背部

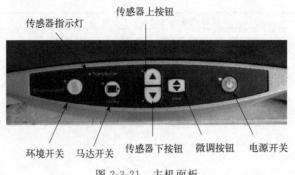

图 2-3-21 主机面板

（5）待仪器自检完成后，如图 2-3-22（自检时仪器上部屏幕上的"Motor Command"下绿色状态条上显示"DSP Init"，完成后"DSP Init"及绿色消失并显示"Idle"），启动计算机并打开"TRIOS"软件，选择处于激活状态的 RSA-G2 图标，点击"Connect"联机。

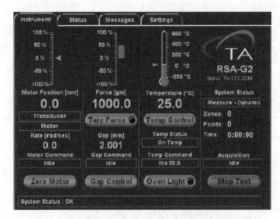

图 2-3-22 仪器上部屏幕显示

2. 夹具安装

夹具的安装以拉伸夹具为例，如图 2-3-23，按以下步骤进行。

（1）使用夹具盒中合适的六角扳手分别旋松固定螺丝，注意不要旋掉。

（2）插入上下夹具，注意对其定位销。

（3）使用六角扳手分别旋紧固定螺丝。

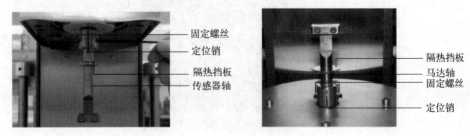

图 2-3-23 拉伸夹具安装

（4）夹具适配。点击"Experiment"窗口中夹具图标下的小矩形（如图2-3-24），在下拉菜单中选择相应的夹具类型及其配置文件。

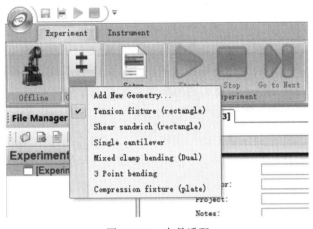

图 2-3-24　夹具适配

3. 间隙归零（仅拉伸和压缩夹具需要执行间隙归零）

通过调节主机底部按钮降低传感器位置，使上下夹具距离减小，且炉体可正常关闭的高度，小心合上FCO炉，并确认没有触碰到夹具轴杆，设置需要的温度，打开环境控制开关，待温度达到测量温度后再进行间隙归零操作，点击TRIOS控制面板上的间隙归零"Zero gap"按钮，归零结束后，打开炉门，将炉子完全打开再升高传感器。

4. 样品存储路径和尺寸的输入

在TRIOS的"Experiment"界面上点击样品"Sample"选项，如图2-3-25，输入样品名称和存储路径。

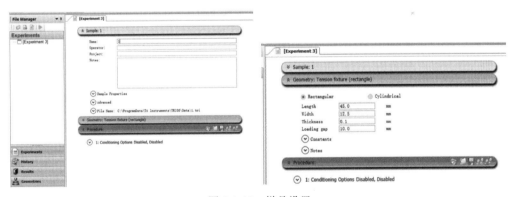

图 2-3-25　样品设置

点击夹具选项，选择样品形状，输入样品尺寸，"Lengh"为样条在上下夹具之间的长度，"Width"和"Thickness"分别为样条的宽度和厚度。"Loading gap"为上下夹具最终达到的距离，对于拉伸夹具，建议与"Lengh"长度一致，对于压缩夹具适当大于样品厚度即可，对于弯曲夹具，"Loading gap"没有实际意义。

5. 设置测试程序"Procedure"（具体程序设置见应用实例解析）

6. 样品装载

样品应避免倾斜或一边松等不理想状态，具体装载方式可参照制样对策。注意装载拉伸试样应交替依次旋紧上下夹具上四个夹持螺丝，避免先旋紧其中一个螺丝的情况，使用扭矩扳手紧固，旋紧螺丝的过程中需时刻关注传感器及马达的示数，避免过载。装载悬臂梁试样时要旋松上下夹具上的夹持固定螺丝，降低传感器位置使上下夹具样条位置处于水平状态，水平穿入样条，先将下夹具的夹持螺丝旋紧固定。微调传感器位置，旋紧上夹具螺丝，避免轴向力过大。三点弯及压缩夹具需降低传感器位置直至几乎碰触到试样为止。

7. 样品卸载与关机

测试完成后，待温度回到室温左右，关闭轴向力控制，并打开FCO炉，旋松夹持螺丝，抽掉样条。依次关闭软件，仪器电源、空压机电源及冷冻干燥机电源，排放气罐内的积水与残压。

四、测试结果影响因素分析

1. 频率

玻璃化转变是一种动力学转变，因此很大程度上受测试频率的影响。T_g是包含链段协同运动的分子松弛，由于链段运动的速率依赖于温度，随着频率的增加，与T_g相关的松弛只能在较高的温度下发生，通常增加频率会提高T_g，降低损耗模量，并且使峰型变宽，减小转变区储能模量曲线的斜率，如图2-3-26所示，为频率对PET玻璃化转变的影响。频率为0.1Hz时，PET的T_g为103℃，1Hz频率下PET的T_g为108℃，频率增加到10Hz时PET的T_g也相应升高至115℃。

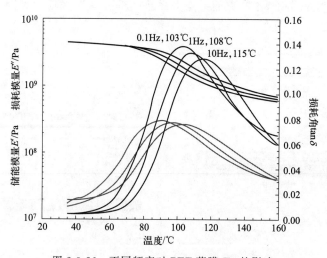

图2-3-26 不同频率对PET薄膜T_g的影响

2. 升温速率

升温速率对DMA的结果同样存在影响，升温速率越快，热滞后现象越明显，使测量结果向高温方向偏移。

3. 结晶度及交联度

从 DMA 的测试结果对比中可以分析高聚物的结构，T_g 温度越高则链段刚性越大，如 PS；T_g 越低则链段越柔顺，如 PE；DMA 曲线还可以反映材料的结晶度及交联度，如图 2-3-27 所示是结晶度对 T_g 的影响，低于 T_g 时，结晶度对模量的影响很小，当温度在 T_g 与 T_m 之间时，模量与结晶度成正比。图 2-3-28 反映了交联度对 T_g 的影响，交联度提高，密度变大，自由体积变小，导致分子运动受限，需要更多的能量来使分子链段运动，因此 T_g 更高。图 2-3-29 所示为无定形、结晶和交联型的聚合物典型的 DMA 曲线。

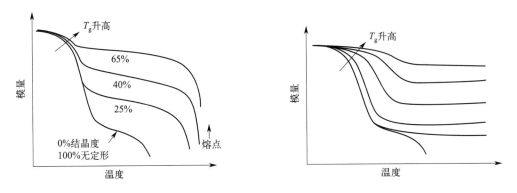

图 2-3-27　材料结晶度对模量的影响　　　图 2-3-28　材料交联度对模量的影响

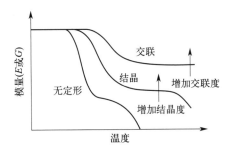

图 2-3-29　无定形、结晶和交联聚合物的模量曲线

冷结晶的存在使模量增加，如图 2-3-30 所示，PET 在 120℃ 以上发生了冷结晶现象，模量在 T_g 以上先降低，随着温度升高，分子链段发生了重排，产生了结晶，因此模量呈现先降低后又增加的趋势。

4. 各向异性材料在不同方向上的不同性质

对于各向异性的材料，在不同的方向上有不同的性质，例如纤维增强复合材料、有取向程度的无定形聚合物、结晶相有序的结晶聚合物，在不同的测量方向上得到的模量不同。图 2-3-31 为玻纤增强复合材料的 DMA 曲线，图中纤维方向垂直于轴向方向的材料模量低于纤维方向平行于轴向方向的材料。

5. 共混体系相容性

将具有不同玻璃化转变温度和模量的聚合物混合在一起，可能会得到具有更好物理性能的新材料。如果共混的聚合物能够完全相容，则混合物的特性与普通无定形聚合物相似，具有单一的转变区域和玻璃化转变温度，如图 2-3-32 所示。如果聚合物不相容，则混合物将

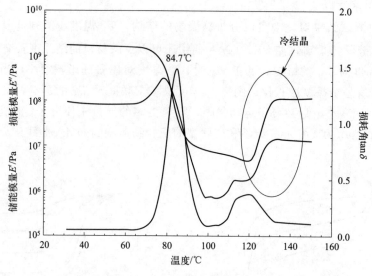

图 2-3-30 PET 的冷结晶曲线

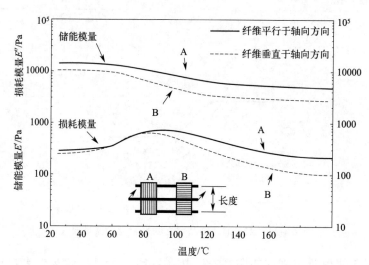

图 2-3-31 玻纤增强复合材料的 DMA 曲线

显示各自单独的玻璃化转变温度,如图 2-3-33。

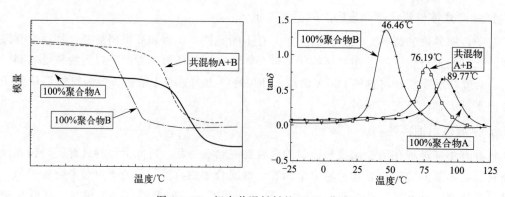

图 2-3-32 相容共混材料的 DMA 曲线

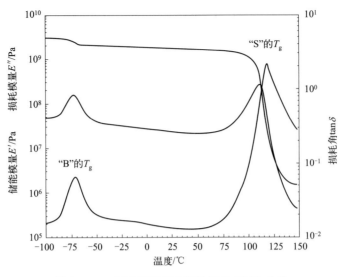

图 2-3-33　ABS 不相容共混体系的 DMA 曲线

五、应用实例解析

动态热机械分析仪的测量模式主要分为瞬态模式（步阶测量）和动态模式（振荡测量）和其他类型三大类，具体测试模式的细分、各模式参数设定、刺激特征及结果呈现如表 2-3-2 所示。

表 2-3-2　DMA 测试模式、参数设定、刺激特征与结果呈现

模式大类	模式	设定参数	刺激特征	常规结果呈现
振荡测量	振幅扫描	温度、频率、应变	恒频变应变	动态模量/应力对应变
	频率扫描	温度、线性黏弹区振幅、频率范围	小应变变频	动态模量对频率
	时间扫描	温度、线性黏弹区振幅、频率	小应变	动态模量对时间
	振荡变温	温度范围、变温速率、线性黏弹区振幅、频率	小应变变温	动态模量对温度
步阶测量	应力松弛	温度、应变和持续时间	步阶应变	松弛模量对时间
	蠕变及回复	温度、应力和持续时间	步阶应力	应变对时间
其他测量	恒应力/应变温度扫描	应力/应变和温度范围	步阶应力/应变	应力/应变对温度
	应力应变测量	温度、时间、力/应力/线性应变速率或 Hencky 应变速率	应变速率	应力对应变

（一）振荡测量

振荡测量通常是对样品施加正弦应变的刺激，此时应力波同样为正弦波，只是相对于应变波存在相位差，此时振荡为小振幅振荡，这种情况下得到线性黏弹参数。

1. 轴向力控制

振荡测量过程中需要加载静态载荷以避免样品在振荡"负"半周期内产生弯折（拉伸模式如图 2-3-34）或脱离夹具（压缩、三点弯模式）。

静态载荷主要有如下两种加载方式。

（1）在整个测量过程中始终维持大于动态载荷的恒定静态载荷（适用于高结晶、高交联体系）。

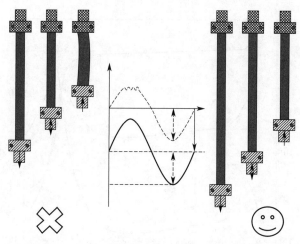

图 2-3-34　拉伸模式下样品轴向力控制

（2）静态载荷在测量过程中始终维持在动态载荷一倍以上，当样品模量降低时，可自动降低静态载荷以避免样品过度变形而导致屈服。动态追踪轴向力控制通过条件步骤实现，设置示例如图 2-3-35 所示。需注意力的方向为拉伸方向或压缩方向。

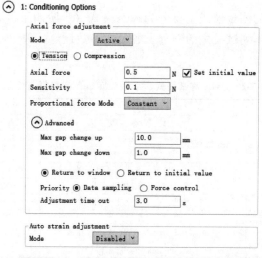

图 2-3-35　动态追踪轴向力控制条件步骤

针对不同的样品，推荐的轴向力控制列于表 2-3-3。需注意单/双臂梁弯轴向力控制建议使用恒载荷方法并将轴向力设置为 0。

表 2-3-3　针对不同样品推荐的轴向力控制

样品及测量模式	预加载静态力	动态追踪（轴向力大于动态力）
薄膜拉伸	0.01N	20%～50%
纤维拉伸	0.001N	20%
压缩	0.01～0.1N	25%
热塑性样品三点弯	1N	25%～50%
刚性热固性样品三点弯	1N	50%～100%

2. 振幅（应变）扫描

应变扫描刺激施加模式为恒频变应变，如图 2-3-36 所示。

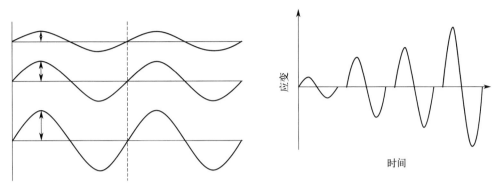

图 2-3-36　应变扫描刺激施加模式

参数设置温度、频率和应变，设置示例如图 2-3-37 所示。

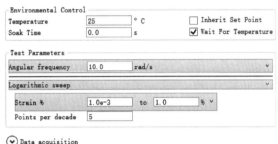

图 2-3-37　应变扫描设置示例

温度：设置为恒定值，且要等待达到设置温度（勾选 Wait for Temperature），等待时间（Soak Time）可根据样品是否容易热平衡酌情设置。

频率：通常采用 1Hz 或 10rad/s。

应变分布：一般按对数（Logarithmic sweep）刻度设置扫描，以保证采集点数在各个数量级内均等；若采用线性刻度设置，则采集的数据点很多会集中在大应变区（适用于应变范围跨度不大的情况），若要使用非常具体的应变进行测量，则应该选用离散扫描（Discrete sweep）逐个手动输入需要的应变值。

应变范围：硬质固体建议 0.001%～1%。

采集频度：一般每个数量级的点数（Points per decade）设置为 5～10 即可。

刺激振幅对响应的影响如图 2-3-38 所示，（a）为小振幅振荡响应特征，属于正弦响应特征，（b）为大振幅振荡响应特征，属于非正弦响应特征。应变（振幅）扫描主要用于获取被测样品的线性黏弹区，结果呈现通常为动态模量/应力对应变，如图 2-3-39 所示。

3. 频率扫描

频率是一秒钟振荡的次数，频率扫描刺激施加模式为小应变变频，如图 2-3-40 所示。

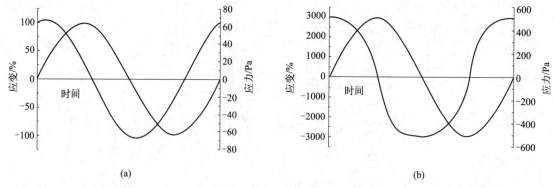

图 2-3-38 刺激应变对响应的影响

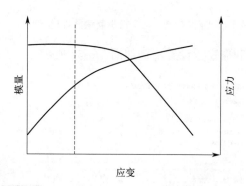

图 2-3-39 应变（振幅）扫描结果呈现形式

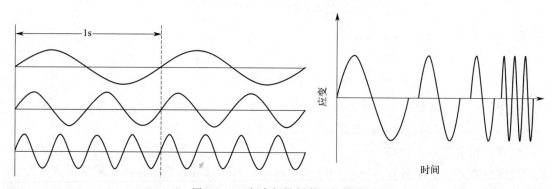

图 2-3-40 频率扫描刺激施加模式

参数设置温度、线性黏弹区的振幅和频率范围（0.1～100rad/s），设置示例如图 2-3-41 所示。

温度：设置为恒定值，且要等待达到设置温度（勾选 Wait for Temperature）；等待时间（Soak Time）可根据样品是否容易达到热平衡酌情设置。

应变：必须保证样品在测量全程都处于线性黏弹区内，设置应变可通过对被测样品执行应变扫描来探索其线性黏弹区。

频率分布：一般按对数（Logarithmic）刻度设置扫描，保证点数在各个数量级都均等；若采用线性刻度设置，则采集的数据点多会集中在高频区（仅适用于频率范围不跨数量级的情况）；若要使用非常具体的频率进行测量，则应该选用离散扫描（Discrete sweep），逐个手动输入拟使用的频率值。

频率范围：建议 0.1～100rad/s；频率过高会因系统惯性、夹具柔性等因素导致数据可信度较低，而频率过低会导致测量时间大幅延长；若样品在测量温度下很稳定不存在氧化、降解、吸潮和溶剂挥发等情况，则最低频率可以考虑设置到 0.01rad/s。采集频度：一般每数量级点数（Points per decade）设置为 5～10 即可。

频率扫描主要用于探测样品结构信息，还可评估材料长期特性，常规结果呈现为动态模量对频率，如图 2-3-42 所示。

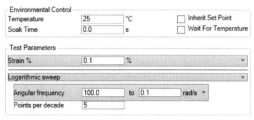

图 2-3-41　频率扫描设置示例

4. 时间扫描

小振幅振荡时间扫描施加的刺激信号如图 2-3-43 所示。设定参数有温度、线性黏弹区应变、频率和持续时间，参数设置示例如图 2-3-44 所示。

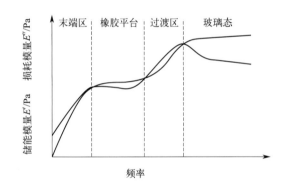

图 2-3-42　频率扫描结果呈现形式

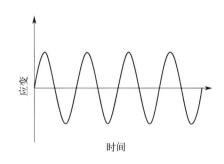

图 2-3-43　时间扫描刺激施加模式

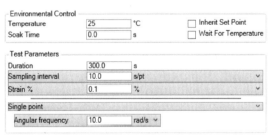

图 2-3-44　时间扫描设置示例

温度：设置为恒定值；若过程很快且不太关注温度因素，可以不等待达到设置温度（不勾选 Wait for Temperature）且将等待时间（Soak time）设置为 0s。

过程持续时间（Duration）：建议设置时间比过程预估时间稍长，避免设置时间过短而不能覆盖整个过程。

采集频度：可默认最多采集，也可自行设置；但实际采集间隔时间不会短于预振荡和采集振荡的总时间。

频率：通常采用单频，1Hz 或 10rad/s（约 1.5Hz），若采用多频，则最低频率不建议低于 1Hz，采用多频相当于不断对样品进行频率扫描。

应变：必须保证测量全程在线性黏弹区内。设置的应变应通过对被测样品在各阶段的应变扫描来探索其线性黏弹区。建议的振荡振幅列于表 2-3-4。

表 2-3-4　建议的振荡振幅

夹具(clamp)	振荡应变(strain)/%	振荡振幅(amplitude)/μm
薄膜、纤维拉伸	0.02～1	15～25
压缩	0.02～1	10～20
三点弯	0.02～1	25～40
单、双悬臂	0.02～1	20～30
剪切	0.02～1	10～20

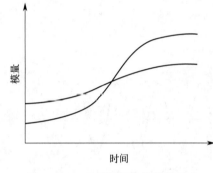

图 2-3-45　时间扫描结果呈现形式

时间扫描主要用于由热诱发的氧化、固化、交联、降解等动态过程的示踪与探测，常规结果呈现为动态模量对时间，如图 2-3-45 所示。图 2-3-46 为玻璃织物上的环氧树脂固化，测试温度 35℃，频率 1Hz，振幅 10mm，图中可以看出，随时间的增加，环氧树脂逐渐固化，储能模量及损耗模量在 10min 后趋于稳定，固化完全。

5. 振荡变温

小振幅振荡变温施加的刺激信号模式为小应变变温，时间模式如图 2-3-47 所示。

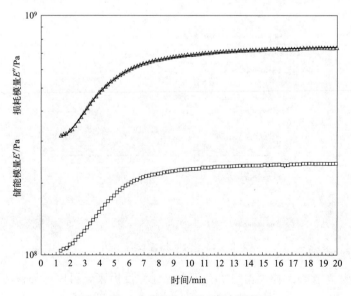

图 2-3-46　玻璃织物上的环氧树脂固化

测量参数设置温度范围、变温速率（≤5℃/min）、线性黏弹区振幅、频率（1Hz），参数设置示例如图 2-3-48 所示。

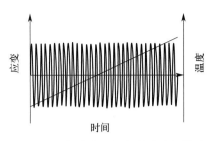

图 2-3-47　振荡变温扫描刺激施加模式

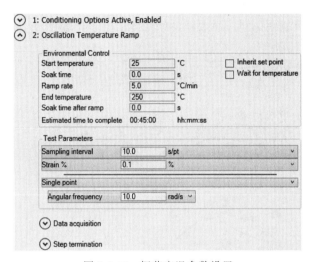

图 2-3-48　振荡变温参数设置

升温速率：建议不超过 5℃/min。

采集频度：可默认最多采集，也可自行设置，但实际采集间隔时间不会短于预振荡和采集振荡的总时间。

频率：通常采用单频，1Hz 或 10rad/s（约 1.5Hz），若采用多频，则最低频率建议不低于 1Hz；若升温速率过高，则不建议同时使用多个频率。

应变：必须保证样品全程在线性黏弹区内，设置应变可通过对被测样品在各阶段执行应变扫描来探索其线性黏弹区，推荐值列于表 2-3-4。

在测量过程中模量变化会出现跨越 4 个数量级以上的情况，可以通过自动应变调整来保证得到理想的测量结果，如在 RSA-G2 上，自动应变调整通过条件（Condition＞Options）步骤实现（图 2-3-49 所示）

最常见的 DMA 测量就是动态线性升温，实验结果包含模量、阻尼因子和相转变温度，为聚合物的结构与性能关系提供了有力的支持。

随温度升高，非晶聚合物的状态由玻璃态向高弹态转变，从分子运动看，是聚合物链段由冻结到自由的转变，也称为 α 转变。聚合物在玻璃态，虽然链段不易运动，但随着温度升高，比链段更小的运动单元如键长键角等，可以发生从冻结到运动或从运动到冻结的变化过程，此过程也是松弛过程，称为次级转变。这些小单元的运动在 DMA 谱图上有着明显的反

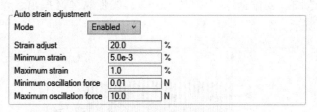

图 2-3-49　自动应变调整的设置

馈，图 2-3-50 所示为 PET 的温度扫描 DMA 曲线，测试温度范围-150～180℃，升温速率 3℃/min，频率 1Hz，振幅 15μm。图中可以明显看出 PET 在-72℃和 85℃分别有两个转变，在 85℃时是玻璃化转变温度，材料内部大量链段协同运动，包括相邻大分子链的链段运动，储能模量有很大程度的降低；而-72℃则属于材料的次级转变，是局部主链的运动，主链段内发生了分子内旋转运动，储能模量仅有较小程度的降低，tanδ 有较为明显的出峰。

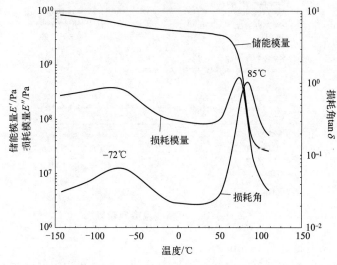

图 2-3-50　PET 的温度扫描结果

（二）步阶测量

1. 应力松弛

应力松弛是在温度恒定，应变保持不变的情况下，材料的应力随时间的延续而逐渐下降的现象。仪器刺激信号施加模式为步阶应变（Step Strain），如图 2-3-51。设定参数为温度、应变和持续时间，测量示例设置参数如图 2-3-52 所示。

图 2-3-51　步阶应变施加模式

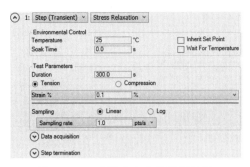

图 2-3-52　步阶应变参数设置示例

温度：设置为恒定值，且要等待达到设定温度（勾选 Wait for Temperature），等待时间（Soak Time）可根据样品是否容易热平衡酌情设置。

过程持续时间（Duration）建议设置稍长于过程估计时间，避免设置时间过短而不能覆盖整个过程。

应变：需要测量的是应力松弛，则意味着执行的是线性黏弹测量，那么应变须小于线性黏弹区的临界应变（可通过振荡振幅扫描获取）。

应力松弛常规结果呈现为松弛模量对时间，如图 2-3-53 所示为应力松弛的特征响应。

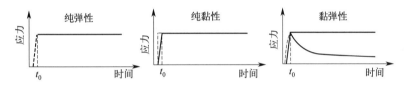

图 2-3-53　应力松弛结果呈现形式

2. 蠕变及回复

蠕变是在一定温度和一定外力作用下，材料的形变随时间的推移而逐渐发展的现象。在 t_0 时刻给材料施加一定的载荷，应变随时间的延长而增加，在 t_1 时刻去掉载荷后应变又逐渐减小，后一过程称为蠕变回复。施加的刺激为步阶应力，如图 2-3-54 所示。

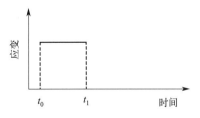

图 2-3-54　步阶应力施加模式

由于 RSA-G2 在结构设计上属于应变控制型，原则上不适用执行应力控制的测量，而蠕变及回复恰恰属于应力控制测量，RSA-G2 可以有限地支持线性区的蠕变及回复测量，但需要通过条件步骤来获取线性回馈控制因子，这意味着在 RSA-G2 上执行蠕变及回复测量会比应力控制型多一个条件步骤。蠕变及回复测量示例设置参数如图 2-3-55 所示。

条件步骤：该步骤用来获取 RSA-G2 控应力的回馈因子，应变是样品在温度下的线性区内，若后续不再执行该样品在该温度下的重复测量可以不勾选保存回馈因子。

第二章　热分析法　49

图 2-3-55　蠕变及回复参数设置示例

温度：条件步骤中设置为恒定值，且要等待达到设定温度（勾选 Wait for Temperature），等待时间（Soak Time）可根据样品是否容易热平衡酌情设置。需注意蠕变与回复步骤中的温度设置为继承。

过程持续时间（Duration）：一般需要持续到稳态（即应变对时间呈线性关系或基本不变），建议设置的时间要稍长于过程预估时间，避免设置时间过短而不能覆盖整个过程，到达稳态即可提前终止程序。

蠕变步骤应力：需要测量的是柔量，则意味着执行的是线性黏弹测量，那么应力须小于线性黏弹区的临界应力（可通过振荡振幅扫描获取）。

RSA-G2 仅有限地支持对线性区的测量，并不支持线性区以外的蠕变及回复测量。如果有条件请选用应力控制型的仪器进行蠕变及回复的测量，如 TA 公司的 Q850 或 Q800。

蠕变与回复常规结果呈现为应变对时间，图 2-3-56 所示为蠕变与回复的特征响应。图 2-3-57 为 PET 薄膜在拉伸模式下的蠕变回复实验，温度为 75℃，应力为 5MPa，保持 300s 后去除载荷，应变随时间增加迅速下降，表现出可逆的普弹性形变。

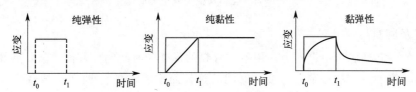

图 2-3-56　蠕变与回复结果呈现形式

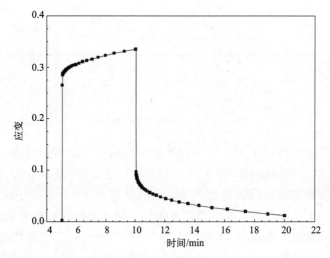

图 2-3-57　PET 薄膜的蠕变回复

(三)其他测量

1. 恒应变/应力温度扫描

恒应变/应力温度扫描是应变或应力保持在恒定值,并施加线性升温速率,用于评估在固定变形条件下的机械性能。仪器刺激信号施加模式为恒定应变或应力,设定参数为温度范围、应变或应力,测量示例设置参数如图 2-3-58 所示。图 2-3-59 为 PET 恒应变温度扫描结果实例,设置应变值为 0.05%,测量在 25~115℃ 范围内 PET 的收缩力。图 2-3-60 为 PET 的恒应力温度扫描结果,保持力为 0.05N,温度范围为 25~115℃,测量 PET 在此温度范围内的尺寸收缩。

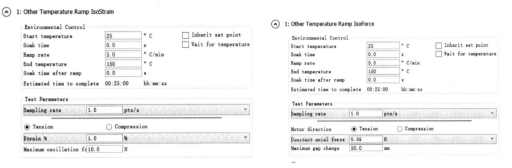

图 2-3-58 恒应变温度扫描参数设置示例

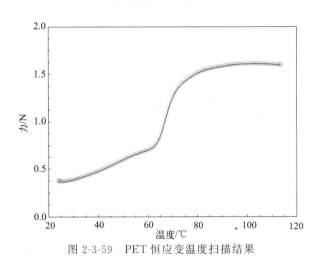

图 2-3-59 PET 恒应变温度扫描结果

2. 应力应变测量

试样在恒定的线性应变速率、Hencky 应变速率、力或应力下变形,测量材料的杨氏模量、屈服应力等,可视为小型的拉力机,设定参数为温度、时间、力/应力/线性应变速率或 Hencky 应变速率,设置参数如图 2-3-61 所示。结果呈现形式为应力应变曲线。图 2-3-62 为多糖膜的应力应变测量,温度为 37℃,应变速率为 $10\mu m/s$,杨氏模量为 $2.08 \times 10^7 Pa$,屈服应力 $2.58 \times 10^7 Pa$,屈服应变 2.1%,断裂应力 $3.80 \times 10^7 Pa$,断裂应变 35.8%。需注意测量要在仪器量程范围内,否则需要通过调控样品尺寸的方式来减小样品刚度,使其满足仪器的上限。

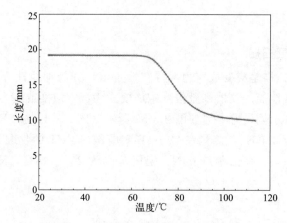

图 2-3-60　PET 恒应力温度扫描结果

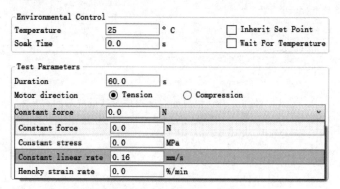

图 2-3-61　应力应变测量参数设置示例

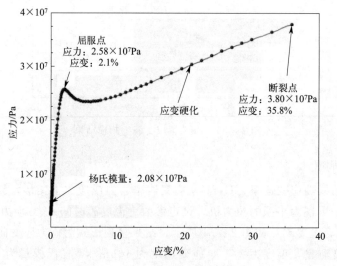

图 2-3-62　多糖膜应力应变测量结果

（四）时温等效（TTS）

有些材料的时间依赖性与温度依赖性成正比，降低温度对黏弹性的影响与提高频率的影响相同，反之亦然。对于这些材料，温度的变化可以用来"重新调整"时间，并预测不容易测量的时间尺度的行为。但 TTS 不适用于复合材料和共混物，也不适用于样品性质在测试温度范围内发生变化的样品，如发生结晶、熔融、固化或分解。

TTS 可用于将频率扩展到仪器的范围之外。低频数据预测材料在较长时间尺度上的行为，这在仪器上是无法实际测量的。高频数据可以预测材料在短时间尺度下的行为，如高速冲击、机械振动等，这些数据亦难以通过仪器测量。

TTS 通过水平移动模量来实现，如图 2-3-63 所示。测试不同温度下的频率扫描数据，确定参考温度（如155℃），低温数据移动到更高频率，高温数据移动到更低的频率，拓宽了频率的测试范围，实现了多时间尺度的测量。

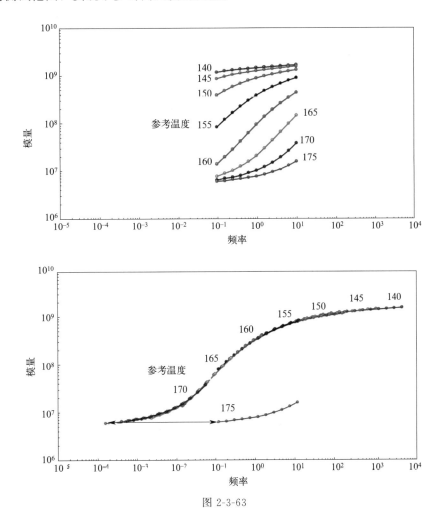

图 2-3-63

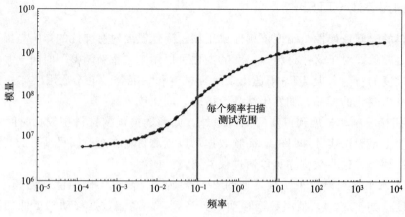

图 2-3-63　TTS 应用实例

📋 规范测试小贴士

使用动态热机械分析时，应注意以下三点：

（1）测试结果需标明测试条件。

（2）测试结果受升温速率、频率影响，在测试时同一系列样品应选用相同的升温速率、频率。

（3）样品形态、平整度和均匀度都对测试结果有显著的影响，为了确保数据真实性和准确性，样品要能反映材料整体性能，切勿以偏概全。

参考文献

[1]　刘凤岐，汤心颐. 高分子物理［M］. 2 版. 北京：高等教育出版社，2004.
[2]　陆立明. 热分析应用基础［M］. 上海：东华大学出版社，2010.
[3]　胡谷平，曾春莲，黄滨. 现代化学研究技术与实践——仪器篇［M］. 北京：化学工业出版社，2011.
[4]　丁延伟. 热分析基础［M］. 合肥：中国科学技术大学出版社，2020.

第三章
分子光谱分析法

自19世纪中后期至20世纪初,分子光谱学逐步发展起来,如紫外-可见光谱、红外吸收光谱、拉曼光谱等,这些光谱特征反映了物质分子的光学特性。当分子在与电磁辐射作用时,分子内部发生了量子化的能级之间的跃迁,从而在光谱上产生反射、吸收或散射辐射的波长和强度的变化。紫外-可见光谱、红外吸收光谱、荧光光谱、拉曼光谱等诸多分子光谱仪的问世与发展,让人们对材料分子的认识和理解发生了根本性的变化。科学家们利用这些光谱仪实现了对分子的光学性质分析,从而给新材料的合成提供了新的途径,进一步改善材料分子的光学性能。因此分子光谱学类的仪器使用与开发,已成为材料、物理、化学、生物、医学、能源等领域重要的科研和分析手段。

本章将围绕用于表征分子光学性质的分析方法,如红外光谱分析、紫外光谱分析、拉曼光谱分析以及稳态瞬态荧光光谱分析,简单介绍其相关基础理论知识、仪器的具体操作方法、数据分析方法及部分实际应用实例。

第一节 红外光谱分析 ▶▶

红外光谱分析法是一种根据分子振动及转动能级的跃迁产生的特征光谱来确定化合物的分子结构的分析方法。该分析方法是将分子吸收红外光的情况用仪器记录下来,得到红外光谱图,通过对红外光谱图中特征峰的分析来进行定性、定量和结构分析,是表征和鉴别化合物的一种重要方法。

一、基础知识概述

红外光谱是利用分子的振动或转动能级对特定波长的红外光的吸收作为特征来鉴别化合物,并可用于定量分析。红外光谱图通常用波长(λ)或波数(σ)作为横坐标,表示吸收峰的位置;用透射率($T\%$)或者吸光度(A)为纵坐标,表示对红外光的吸收强度。分子中邻近基团的相互作用导致同 基团在不同分子中的特征波数有一定的变化范围。红外光谱具有高度的特征性,可以采用与标准化合物的红外光谱进行对比的方法来对未知化合物做分析鉴定。目前,市面上已有几种汇集成册的标准红外光谱集出版,为方便测试与解析,可将这些图谱贮存在计算机中,用以快速对比和检索,更便捷地进行分析鉴定。红外光谱仪一般可分为色散型红外光谱仪和傅里叶变换红外光谱仪。

二、仪器结构与工作原理

（一）傅里叶变换红外光谱仪的基本工作原理

傅里叶变换红外光谱仪（FT-IR）是基于光相干性原理而设计的干涉型红外光谱仪。由光源发出的光经过干涉仪转变成干涉光，样品经过干涉光的照射后吸收部分能量，光成为含有样品信息的干涉光，经检测器后由计算机采集得到样品干涉图，经过计算机快速傅里叶变换后得到吸光度或透射率随频率或波长变化的红外光谱图。傅里叶变换红外光谱仪由于其光源强度高、扫描速度快、扫描精度高等一系列优点已经基本取代了色散型红外光谱仪。

（二）傅里叶变换红外光谱仪的基本构造

傅里叶变换红外光谱仪一般由红外光源、迈克尔逊干涉仪、样品池、检测器、计算机组成，如图 3-1-1 所示。

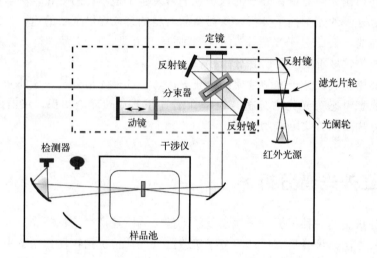

图 3-1-1　VERTEX 80v 傅里叶变换红外光谱仪结构示意图

（1）红外光源：一般采用激光光源，准直度好，强度高。

（2）迈克尔逊干涉仪：傅里叶红外光谱仪的核心部件，光源射出的红外光经分束器分成两束，一束透射到定镜后反射入样品池后到达检测器，另一束通过分束器到达动镜后反射，穿过分束器后与定镜而来的光束形成干涉光束进入样品池和检测器。由于动镜在不断地做周期性运动，这两束光的光程差随动镜移动距离的变化呈现周期变化，产生干涉。

（3）样品池：红外光谱仪的常规样品池分三种，分别是气体吸收池、液体吸收池和固体吸收池。气体吸收池使用时先抽真空然后再吸入待测气体。液体吸收池可用来检测挥发性较大的液体，液膜厚度一般为 0.01~1mm。固体吸收池是最常用的，将固体样品与溴化钾混合用压片机制成片状就可以夹在固体池中进行检测。

（4）检测器：一般分为热检测器、光电导检测器两种。常用的有氘代硫酸三甘肽（DTGS）检测器、碲镉汞（MCT）检测器（需要注入液氮才可以工作）等。

三、傅里叶变换红外光谱仪测试操作规程

（一）样品制备前准备工作

红外光谱测定固体样品时最常用的试样制备方法就是溴化钾（KBr）压片法，即将溴化钾粉末与所需测定的化合物混合进行压片。为了减少对测定的影响，所用 KBr 最好应为光学试剂级，至少也要分析纯级。使用前应适当研细（200 目以下），并在 120℃ 以上烘 4h 以上，之后置干燥器中备用。如发现结块，则应重新干燥。制备好的纯 KBr 片应透明，与空气相比，透光率应在 75% 以上。因玻璃研钵内表面比较粗糙，易粘附样品，红外实验中应使用玛瑙研钵进行研磨。研磨时应按同一方向（顺时针或逆时针）均匀用力，如不按同一方向研磨，有可能在研磨过程中使供试品产生转晶，从而影响测定结果。研磨力度不宜过大，研磨至试样中不再有肉眼可见的小颗粒即可。试样研磨好后，应通过一小的漏斗倒入压片模具中（因模具口较小，直接倒入较难），并尽量把试样铺均匀，否则压片后试样少的地方的透明度要比试样多的地方的高，并因此对测定产生影响。

（二）样品制备步骤

(1) 准备少量干燥的 KBr 放入玛瑙研钵中，研细。
(2) 加入少量样品（约为 KBr 量的 1%），研细。
(3) 将研磨细的混有样品的 KBr 粉末放入压片模具中，用不锈钢块覆盖上。
(4) 将带有样品的模具放入油压机中，压制成薄片。有一些样品不能研磨成粉末状，可以把它们溶于挥发性溶剂中，再滴在纯的 KBr 薄片上，待溶剂挥发干净后进行测试。
(5) 压好后将含有样品的 KBr 薄片放入红外灯烘干 10min 以上，以去除水分，待测。

（三）样品制备注意事项

(1) 样品中的水分尽量去除。
(2) 样品的用量随模具容量大小而异，样品与 KBr 的混合比例一般为 $(0.5:100) \sim (2:100)$。
(3) KBr 粉末要尽量研磨至粒度小于 $2\mu m$。
(4) 每次制样前以及制样后都要用酒精将压片模具清洗干净，不用时最好放入干燥器中保存，以免模具表面被腐蚀。
(5) 如果整个片子不透明，可能是压力不够或分散不好所致。可重新研磨或压制，使其分散均匀，并加大压力，但不要超载。
(6) 如果刚压好时片子很透明，一分钟或更长时间后出现不规则云雾状浑浊，可能是抽真空不够所致。检查真空度并延长抽真空时间可消除此现象。
(7) 如果片子中心出现云雾状，可能是砧座或压舌面不平整所致。应调换或重新抛光。
(8) 片子出现许多白色斑点，其余部分清晰透明，可能是研磨不均，含有少量粗粒所致。应重新研磨。
(9) 片子中有不规则块状物或全部呈云雾状浑浊，可能是样品或 KBr 受潮所致。可干燥或延长抽真空时间。
(10) 透过片子看远距离物体，透光性差，有光散射，可能是 KBr 不纯所致，所用的 KBr 中至少混有 5% 以上碱金属卤化物。应选用纯 KBr。

（四）傅里叶变换红外仪操作规程

1. 仪器操作规程（以 VERTEX 80v 为例）

（1）打开主机电源开关，为了保持仪器的稳定性，每次做完实验后，请不要关上主机电源。如图 3-1-2 所示。

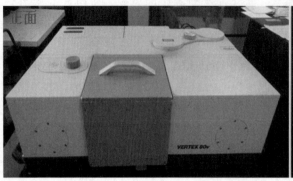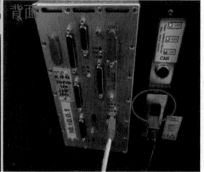

图 3-1-2 操作图示例

（2）打开空气压缩机电源和阀门。

（3）打开真空泵。

（4）打开电脑。

（5）在 IE 浏览器上输入 10.10.0.1 进入主页，进入"Direct Control Panel"，点击"Evacuate instrument"，如图 3-1-3 所示。

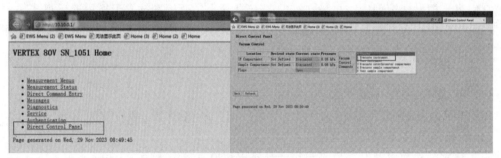

图 3-1-3 操作图示例

（6）双击 OPUS 软件快捷键进入软件。

（7）观察主机左上角 6 个指示灯，若均为绿色，则仪器可以正常工作。

2. 软件测试过程

（1）进入软件后，点击菜单栏左边第一个图标或者选择"测量"—"高级测量"选项进入高级数据采集模式，如图 3-1-4 所示。

（2）在测量界面的高级设置中进行实验测试参数设置，比如文件名、保存路径、分辨率、扫描范围、结果谱图等。如图 3-1-5 所示。

（3）背景扫描：将纯 KBr 压片放入样品腔后，在测量界面的基本设置选项中，进行光学腔及样品腔抽真空。当压力示数处于 0MPa 时，点击测量背景单通道光谱采集背景。扫描完成后，选择"背景"—"保存背景"选项，界面内出现光谱，即完成背景扣除过程。如图 3-1-6 所示。

图 3-1-4 操作图示例

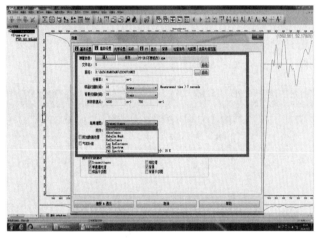

图 3-1-5 操作图示例

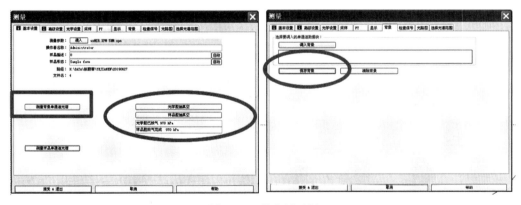

图 3-1-6 操作图示例

（4）样品光谱采集：完成样品腔放气操作，取出纯 KBr 压片，将制备的含有样品的 KBr 压片放入样品腔中，盖上盖子，重新进行抽真空操作之后，点击测量样品单通道光谱进行采集，如图 3-1-7 所示。扫描完成后，界面出现样品的红外光谱（注意更换样品后修正对应文件名）。

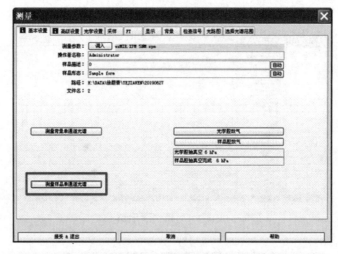

图 3-1-7 操作图示例

(5) 文件存储：选择"文件"—"文件另存为"，弹出图 3-1-8 对话框，选择"数据点表"模式及对应存储路径，点击保存即可。

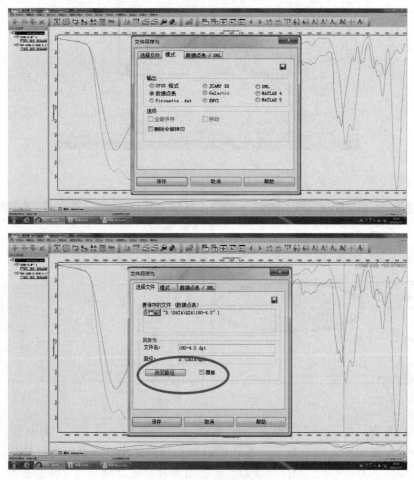

图 3-1-8 操作图示例

3. 关机操作

在 IE 浏览器上输入 10.10.0.1 进入主页，进入 "Direct Control Panel"，点击 "Evacuate instrument"，如图 3-1-9 所示。当真空压力为个位数时，稳定一会儿，然后点击 "Standby"，关闭真空泵（拔掉电源插头），关闭空气压缩机，退出 OPUS 软件，关闭电脑。

图 3-1-9　操作图示例

四、红外光谱图的数据处理

图 3-1-10 是一幅红外光谱图，该图的纵坐标为吸光度，横坐标为波长 λ（mm）和波数 $1/\lambda$（cm^{-1}）。图中的曲线信息可以用峰数、峰位、峰形、峰强来描述。红外光谱图是有机化合物结构解析的依据，可以通过观察不同基团的特征吸收频率来对化合物进行定性分析，而针对特征峰的强度计算也可以得出化合物的含量，红外光谱一定程度上既可以定性分析也可以定量分析。

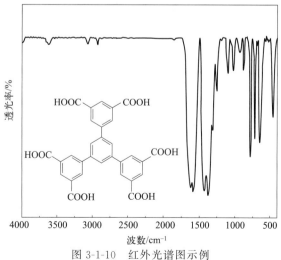

图 3-1-10　红外光谱图示例

峰位：化学键的力常数 K 越大，原子折合质量越小，键的振动频率越大，吸收峰将出现在高波数区（短波长区）；反之，出现在低波数区（高波长区）。

峰数：峰数与分子的自由度有关。无瞬间偶极距变化时，则无红外吸收。

瞬间偶极矩越大，吸收峰越强，键两端原子电负性相差越大（极性越大），则吸收峰越强。由振动的基态跃迁到振动的第一激发态，产生一个强的吸收峰，称为基频峰；由振动的基态直接跃迁到振动的第二激发态，产生一个弱的吸收峰，称为倍频峰。

红外光谱的特点是仅涉及振动加转动的分子跃迁类型，能量比较低，但其应用范围比较广，除单原子分子和单核分子外的所有有机物都有红外吸收，都可测试。红外光谱可以实现对分子结构更为精细的表征，通过红外吸收峰的波数（位置）、峰数目及强度能确定分子基团及结构。而且固体、液体或气体的红外光谱都可收集，不破坏样品，需要的样品用量也比较少，具备分析速度快、能定量又能定性分析的优势。

五、应用实例解析

傅里叶变换红外光谱仪既可以作为一种单一用途的测试仪器，也是具有高度灵活性的研究设备。若将 FTIR 配置为使用专用采样附件（例如透射、漫反射或多次衰减全反射配件）后，光谱仪可提供各种信息。

（一）透射原位附件

透射原位附件如图 3-1-11 所示，适合于利用高真空进行探针分子的吸附而获得小分子在样品表面的吸附活化过程或是研究催化反应机理。适用于固体粉末、薄膜等样品。

图 3-1-11 透射原位附件图

以研究苯乙炔选择性加氢至苯乙烯的反应机理为例，研究人员针对 PdCx@S-1 和 Pd@S-1 这两种催化剂进行了苯乙炔和苯乙烯的原位红外光谱研究。如图 3-1-12 所示，在不同温度（298K、323K、373K、423K 和 473K）下采集了苯乙炔和苯乙烯的 FT-IR 光谱。其中，图 3-1-12(a) 2108cm^{-1} 和（b）1630cm^{-1} 处的信号可分别归于 C≡C 基团和 C=C 基团的伸缩振动。苯乙炔的 FT-IR 谱图 3-1-12(c) 中 1444cm^{-1} 和 1489cm^{-1} 处的峰以及苯乙烯的 FT-IR 谱图 3-1-12(d) 中 1449cm^{-1} 和 1495cm^{-1} 处的峰归因于苯环的振动。以苯乙烯为例，PdCx@S-1 样品在温度为 423K 时便几乎观测不到 C=C 的振动峰（1630cm^{-1}），而 Pd@S-1 样品在 473K 时仍可观测到归属于苯乙烯分子的 C=C 振动峰。这一结果表明，苯乙烯分子在 PdCx@S-1 催化剂上的解吸温度更低，该催化剂与烯烃化合物之间的相互作用力较弱。这种减弱的相互作用对于催化过程是有益的，因为它能够促进烯烃分子在催化剂表面的快速脱附，避免了烯烃过度氢化成烷烃的副反应。因此，PdCx@S-1 催化剂在保持苯乙烯选择性方面展示了显著的性能优势。

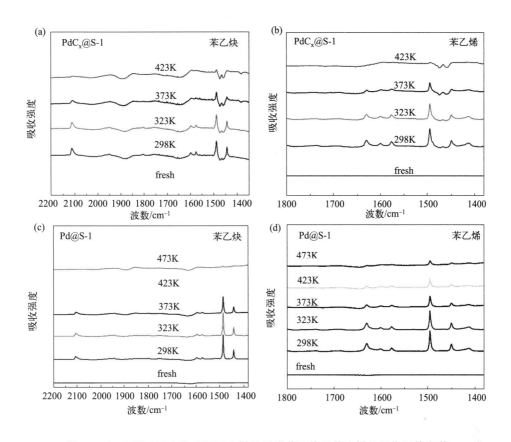

图 3-1-12　PdCx@S-1 和 Pd@S-1 样品吸附苯乙炔和苯乙烯的原位红外光谱

（二）衰减全反射附件（ATR-IR）

图 3-1-13 为衰减全反射（ATR-IR）附件实物照片，该附件适用于固体粉末，液体和薄膜（柔性薄膜样品，如：碳布、高分子聚合薄膜等），禁止测试长在刚性基底上的样品，如硅片、贴片等。通常以空气为背底，液体滴于晶体片的凹槽板上，上面压锤夹无需放下，无需抽真空；测固体或薄膜时，同样以无样品为背底，需放下夹子，清理多余样品，测试可以抽真空。需要注意的是：用真空红外测液体时，样品仓不要抽真空；只适用于无腐蚀性样品；薄膜样品不能具有刚性。

以测试催化剂表面的化学性质为例：首先将催化剂置于样品的凹槽里，接着压锤放下，获取光谱；随后滴上 $10\mu L$ 待测底物，用滤纸吸去边缘多余的液体后收集光谱；最后将前后获取的红外光谱进行差谱计算，进而获得底物分子在催化剂表面的结构信息。这一方法与原位漫反射红外光谱法相比，不仅减少了将液体底物雾化后吹扫到催化剂表面的这一烦琐步骤，同时也能更直观地观察到固液界面的底物结构信息。

图 3-1-13　衰减全反射（ATR-IR）附件图

通过图 3-1-14 可以看出，相比其他催化剂，HEO-300 催化剂导致了糠醛（FAL）底物分子中 C═O 的红外吸收峰产生了最大的红移，说明二者之间有强的相互作用。另外，糠醛中 C═C 的红外吸收峰波数没有明显的改变，说明催化剂只作用于 C═O。

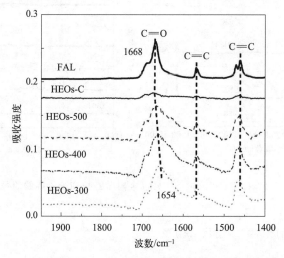

图 3-1-14　HEO 催化剂的 ATR-IR 吸收谱图

（三）原位漫反射附件（in situ DRIFT）

漫反射傅里叶变换红外光谱是近年来发展起来的一项原位技术，通过对催化剂上实时反应的吸附态的跟踪表征以获得一些很有价值的表面反应信息，进而对反应机理进行剖析，已在催化表征中受到高度重视。该表征技术适合于固体粉末样品的直接测定以及材料的表面分析。将漫反射方法、红外光谱与原位红外技术结合，试样处理简单，无需压片，并且不改变样品原有形态，所以较其他原位红外方法更容易实现在各种温度、压力和气氛下的原位分析。该方法目前在多相催化的表征和催化反应的研究中得到广泛应用，在金属和氧化物表面吸附态研究、表面酸碱性的表征、金属与载体的相互作用研究、反应过程的动态监控等方面极大丰富了催化表面的科学知识。

原位漫反射红外光谱的实验系统一般由漫反射附件、原位池、真空系统、气源、净化与压力装置、加热与温度控制装置、FT-IR 光谱仪组成，如图 3-1-15 所示。以催化剂对氨气和甲酸的酸碱吸附反应的表征为例：将催化剂粉末放置在配备有 ZnSe 窗口的原位池中。在吸附之前，将原位池中的催化剂在 150℃ 的 N_2 流动中纯化 0.5h。然后将原位池冷却至 50℃。接下来，将 NH_3 气体引入原位池中，之后在 50℃ 下以 N_2 清除吸附不稳定的氨气。0.5h 后，收集红外光谱。同样，HCOOH 的红外光谱也用相同的方法进行了收集。

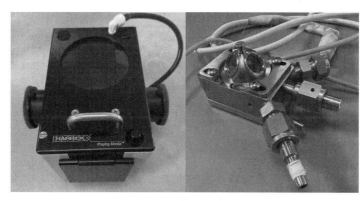

图 3-1-15　原位漫反射附件图

通过 NH_3 和 HCOOH 在催化剂表面吸附的红外光谱（图 3-1-16）可以获得所研究的三个催化剂表面的酸碱信息。对于 NH_3 的 IR 光谱[图 3-1-16(a)和(b)]，文献报道指出 1620cm^{-1} 和 3332cm^{-1} 处的峰代表 Lewis 酸位点，而 1460cm^{-1} 处的峰代表 Brønsted 酸位。由于图 3-1-16(a)和(b)中 1460cm^{-1} 处没有峰，证明这三种催化剂中不存在 Brønsted 酸位。对于 Lewis 酸位的峰，BZC 的峰强度大于 $Zr(OH)_4$ 和 ZrO_2 的峰强度，表明 BZC 具有更多的 Lewis 酸位点。从 HCOOH 的 IR 光谱[图 3-1-16(c)]来看，1368cm^{-1} 处的峰归因于 COO— 的对称伸缩振动。而 1562cm^{-1} 处及其肩部的峰则被分峰拟合成多个峰，如图 3-1-16(d) 所示。在这些峰中，1565cm^{-1} 和 1653cm^{-1} 处的峰分别归因于 C—H 的伸缩振动和弯曲振动，而 1615cm^{-1} 和 1713cm^{-1} 处的峰分别分配给催化剂表面的强碱性和弱碱性位点。而图 3-1-16(d) 中 BZC 的峰强度大于 $Zr(OH)_4$ 和 ZrO_2 的峰强度，这表明 BZC 样品的碱性位点是三个样品中最强的。因此，得出结论：BZC 催化剂比 $Zr(OH)_4$ 和 ZrO_2 具有最多的酸碱位点，这使得它具有最好的催化活性。

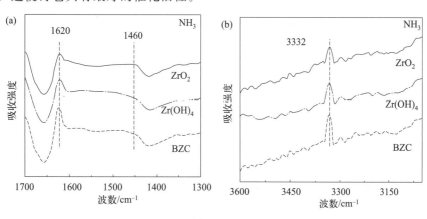

图 3-1-16

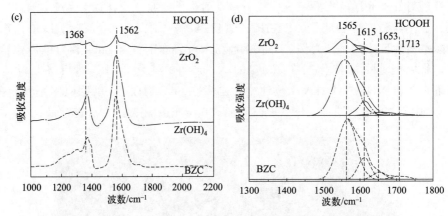

图 3-1-16 NH_3 和 HCOOH 在不同 Zr 基催化剂上的红外吸收光谱

📋 规范测试小贴士

为了保证红外光谱仪测试结果数据真实可靠，在常规测试中要扣除背景，因此纯溴化钾压片和样品压片的透明度直接影响结果的好坏；在进行漫反射原位测试和其他配件的使用时必须检查光路中的信号振幅和对应的测试方法。其测试结果受样品的吸光度、熔点、样品形态（是否加溴化钾压片）等多种测试条件影响，所以测试结果需明确标注详细的测试条件（升温速率、所通气体的流量等）。在数据分析和处理时，应避免过度平滑，以确保结果的准确度和可信度。

参考文献

[1] 万一千，苏成勇，童叶翔，等. 现代化学研究技术与实践：方法篇 [M]. 北京：化学工业出版社，2011.
[2] 张叔良，易大年，吴天明. 红外光谱分析与新技术 [M]. 中国医药科技出版社，1993.
[3] 翁诗甫，徐怡庄. 傅里叶变换红外光谱分析 [M]. 3版. 北京：化学工业出版社，2016.

第二节 紫外-可见光谱分析 ▸▸

紫外-可见光谱（ultraviolet and visible spectroscopy，UV-Vis），又称为电子光谱，产生于分子的价电子或外层电子在能级间的跃迁，能量大小一般用波长（nm）表示。波长范围包括 200~380nm 的近紫外光区和 380~780nm 的可见光区，反映有机化合物部分结构的发色团特征及无机化合物外层电子信息，可以为这些化合物的结构鉴定提供部分骨架信息。该法仪器设备简单，应用广泛，如化合物结构判定、定量分析、平衡常数的测定等，是一种有力的分析测试手段。

一、基础知识概述

（一）电子能级和跃迁

在紫外-可见光的照射下，待测化合物的价电子产生跃迁。有机化合物的电子跃迁类型有：

(1) σ→σ* 跃迁：处于成键轨道上的σ电子吸收光子后跃迁至反键σ*轨道上。

(2) n→σ* 跃迁：分子中处于非键轨道上的n电子吸收光子后向σ*反键轨道的跃迁。

(3) π→π* 跃迁：不饱和键中的π电子吸收光子后跃迁至π*反键轨道。

(4) n→π* 跃迁：分子中处于非键轨道上的n电子吸收光子后向π*反键轨道的跃迁。

（二）相关术语

1. 紫外-可见吸收光谱

当用紫外或可见光照射被测物时，待测物吸收光能由基态跃迁到激发态所产生的吸收光谱。以波长为横坐标，吸光度为纵坐标作图，也称紫外-可见吸收曲线。

2. 朗伯-比尔定律

当平行单色光通过均匀的、非散射的吸光物质溶液时，溶液的吸光度（A）与溶液浓度（c）和溶液厚度（L）的乘积成正比，其数学表达式为 $A=\lg(I_0/I)=KcL$。

3. 最大吸收波长

紫外-可见光谱中最大吸收峰对应的波长，以 λ_{max} 表示。

4. 透射率

透过光强度 I 与入射光强度 I_0 的比值称为透射率或透光率，以 T 表示，可用小数或百分数表示它的值。

5. 吸收带

物质基团的吸收峰在紫外-可见吸收光谱中的波带位置称为吸收带（如R带、K带、B带和E带等）。

6. 发色团

发色团又称生色团，指能吸收紫外-可见光而由一个轨道跃迁至另一个轨道的基团，如 π→π* 或 n→π* 跃迁的基团。

7. 助色团

助色团含有未成键n电子，本身不产生吸收峰，但与发色团相连时，能使发色团吸收峰向长波方向移动或吸收强度增强的杂原子基团。

8. 摩尔吸收系数

吸光质点的浓度为mol/L，溶液的厚度为1cm时，溶液对光的吸收能力，也称摩尔吸光系数。用 ε 表示，单位为 L/(mol·cm)。

9. 红移

吸收峰向长波长（深色）方向移动的现象。

10. 蓝移

蓝移又称紫移，吸收峰向短波长（浅色）方向移动的现象。

11. 助色效应

当助色团与发色团相连时，助色团的n电子与发色团的电子产生共轭，使得吸收峰红移并产生深色效应的现象称为助色效应。

12. 溶剂效应

由于溶剂的极性不同而引起某些化合物的吸收峰发生红移或蓝移的现象称为溶剂效应、增强溶剂的极性，通常使 $\pi \rightarrow \pi^*$ 跃迁红移，使 $n \rightarrow \pi^*$ 蓝移。

二、仪器结构与工作原理

（一）紫外-可见光谱仪的工作原理

紫外-可见光谱是基于分子的价电子吸收紫外和可见光区辐射能产生电子能级跃迁来研究物质的组成和结构的方法。紫外-可见光谱仪的工作原理就是经过分光后的不同波长的平行光依次照射样品，检测不同波长下样品的吸收情况，根据吸收光的强度与吸收波长，绘制出紫外-可见吸收光谱。

（二）紫外-可见光谱仪的结构

紫外-可见光谱仪由光源、分光系统、样品仓、检测系统和记录系统五部分组成。

1. 光源

紫外光源通常需要在宽的光谱区内发射足够强度的连续光谱，有较好的稳定性和较长的使用寿命，并且辐射强度随着波长无明显变化。常用的紫外光源有氘灯和钨灯，氘灯为紫外区光源（190～400nm），钨灯为可见及近红外区光源（320～2500nm），两者之间有切换点，一般设置切换点在320nm左右，可在适当范围内调整。

2. 分光系统

分光系统的主要部件为单色器，是由入射狭缝、准直镜、色散元件和出射狭缝组成，其中色散元件一般为光栅。现在的分光系统多数都是双光束分光系统，就是将从单色器出来的光分成能量和波长都完全相同的两束光，一束光照射空白样品，一束光照射样品。单光束系统的仪器只有一束光，先测空白再测样品。

3. 样品仓

样品仓是放液体样品的位置。盛放液体样品的器皿为比色皿，分为石英比色皿和玻璃比色皿两种。比色皿有两面透光用于测试，另外两面磨砂不透光，用于手持，区别于四面透光的荧光比色皿。常规比色皿为1cm光程的吸收池。

4. 检测系统

利用光电效应将吸收池的光信号变成可测的电信号。常用的检测器有光电池检测器、光电管检测器及光电倍增管检测器。大多数仪器使用的是双检测器：光电倍增管（PMT）和硫化铅检测器（PbS）。从近红外到可见区，检测器需进行切换，切换点的波长可根据实际情况设置。

5. 记录系统

记录系统主要是用于数据的记录存储和处理。

三、紫外-可见近红外光谱仪测试操作规程

（一）样品处理

在进行紫外-可见光谱仪测量的时候，不同的样品需要使用不同的处理方法。常见的样品处理方法包括：溶液法和压片法。

1. 溶液法

无机样品通常可用合适的酸溶解或碱熔融，有机样品可用有机溶剂溶解或提取，有时还需要先用湿法或者干法将样品消化，然后再转化为适合于光谱测定的溶液。

在测量光谱时，需要在合适的溶剂中进行，溶剂须符合必要的条件。紫外-可见光谱分析所用溶剂的要求是：对被测组分有良好的溶解能力；在测定波长范围内没有明显的吸收；被测组分在溶剂中有良好的吸收峰形；挥发性小、不易燃、无毒性、价格便宜等。

选择好合适的溶剂后，将被测样品溶解于溶剂中，形成均一、稳定、清澈透明并且无气泡或悬浮物质的溶液，根据文献和样品性质选择适合的浓度进行测试。

2. 压片法

多用于固体样品的测试，固体测试一般使用积分球测定，常用的三种标准参考物质是：硫酸钡、氧化镁和聚四氟乙烯（积分球内部也相应地涂上同种材料），本实验所用基准物为硫酸钡。片状或膜状材料制样时，只需要将合适大小的样品放在积分球的样品窗口处夹住，确定覆盖窗口不漏光即可。粉末及块状样品需要将样品磨成粉末或切成较小的块，压在硫酸钡片上，压实以防脱落。由于积分球一旦污染，非常难清洁干净，甚至会彻底报废，所以测粉末时须小心。

在进行固体紫外样品的制备时，需要遵循一些基本的要求：

（1）样品表面应光洁，避免有杂质或瑕疵，否则可能会对结果产生影响。

（2）样品应均匀地铺在样品台上，避免有空隙或堆积，以保证光路稳定与均匀。

（3）制备样品时，最好保持在干燥的室内环境中。

（二）操作规程

以 Lambda950 型号仪器为例。

1. 仪器准备

（1）打开仪器电源，仪器预热稳定自检 5～10min。

（2）打开样品仓盖，确定测试光路及窗口无污物，光路及样品仓内无其他多余物体。

（3）打开电脑，待仪器自检完成后，运行软件（Perkin Elemer UV WinLab），用户登录"Login"，出现使用者信息，输入用户名及密码，点击"OK"。

2. 测试操作

以扫描模式为例介绍参数设置及测试过程。

（1）UV Winlab 测试软件启动后，在主菜单"Window"的下拉菜单中单击"Methods"选项，在弹出的"Methods"窗口中，选择相应的测试文件，双击打开进行测试。本仪器扫描波长范围为 190～3300nm，其中 190～319.2nm 由氘灯提供光源，319.2～3300nm 由钨灯提供光源（319.2nm 为默认值，可在适当范围内调整灯的切换点）。在关闭紫外灯之后，应

冷却至少5min再启动，这样能延长紫外灯的寿命。

（2）参数设置：打开测试文件后，在参数设置窗口（见图3-2-1）中单击"Scan"，在参数"Ordinate Mode"下拉框中选"A""T"或"%R"，进行透射或漫反射模式选择，并在波长范围框中设置参数，其他参数不变。

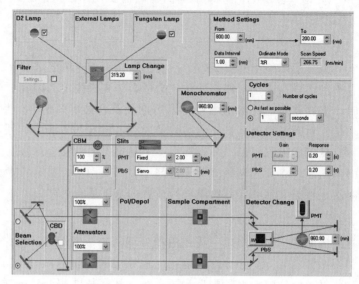

图3-2-1　参数设置界面

（3）背景校正：参数设置完毕后，打开样品仓，在两个样品支架上放空白样进行基线校正，盖上样品仓盖，单击"Autozero"工具条进行校正（见图3-2-2）。

图3-2-2　测试按钮界面

（4）样品测试：校正完后，打开样品仓取出外侧支架上空白样，放入待测样品，合上样品仓盖。单击"Start"工具条开始测试，待测试完毕后，变回绿色"Start"工具条。测试下一个样品时，需要在谱图上方的"Sample"页中的样品序列上增加一个数值再进行测试。

（5）数据保存：右击图谱曲线，选择"Save as asc"，选择保存路径名后确定即可。测出的谱图直接从"File"下拉菜单中可以保存原始文件，鼠标置于谱线上点击右键保存"Asc"文件。反射R模式测出的谱图是样品漫反射的曲线，可进行Kubelka-Munk转换，在软件中测试下方"Process"页面，增加一个对Y处理的过程，在下方"Result"页面中就会得到转换后的谱图，右击谱线可以保存"Asc"文件。

3. 关机

（1）退出UV Winlab测试软件。

（2）取出样品仓中的测试品，盖好样品仓盖，清洁配件。

(3)关闭光谱仪,关闭计算机及电源。

四、数据处理及测试结果影响因素分析

(一)数据处理

在Origin软件中导入测试的数据(波长和强度,分别作X、Y轴),选择绘制折线图。具体操作步骤如下:

(1)运行Origin软件,进入Origin主页面。

(2)打开需要处理的紫外数据,找到需要绘图Asc的文件,拖入Origin的数据表格中。

(3)全选要进行绘图的横纵坐标数据,点击Origin左下角的"直线"绘图类型。

(4)在工具栏,进行横纵坐标粗细、数值大小、横纵坐标名称的修改,或是双击坐标轴进入更详细的信息设置页面,可以进行更详细具体的设置。

归一化是常用的数据处理方法,通过对光谱数据进行归一化,以消除样品之间的浓度差异和仪器响应差异,提高数据的可比性和可靠性。归一化处理的情况如下:

(1)基线校正

由于仪器的响应信号存在波动和漂移,样品的初始光谱可能存在基线偏移。在归一化处理之前,将谱图进行基线校正,即通过拟合和修正基线,使谱线的基线平坦且接近于零。

(2)强度归一化

样品之间的浓度差异会导致紫外-可见光谱中的吸收峰强度不同,为消除这种差异,可将获得的光谱数据进行强度归一化,即将吸收峰的强度调整到相同的范围或强度。

(3)波长校正

不同仪器和实验条件下得到的光谱数据可能存在微小的波长偏移。可以通过波长校正,将光谱数据的波长调整到一致的范围。

(二)测试结果影响因素分析

1. 样品因素

(1)纯度:在进行紫外-可见光谱分析时,须确保样品的纯度,以避免干扰或误判。

(2)样品制备:对于液体样品,选择合适的溶剂、pH值、掩蔽剂等;对于固体样品,压片时尽量完整、光滑、无瑕疵;根据样品选择合适的测试模式;粉末、大的块体、不透明薄膜一般选择漫反射模式。测试波长范围可根据样品的吸收、漫反射情况决定,如若不清楚样品情况,可选择全波长扫描。

2. 仪器因素

仪器需要在测量前进行校正,以确保测量结果的准确性。在光路方面,应该优化光线的角度和入射点的位置,以提高测量的效率和稳定性。

测试过程中,存在光源以及检测器的切换,造成谱图上表现出信号跳跃。光源切换时,从可见到紫外,因光源强度的差异导致信号波动。检测器切换时,从近红外到可见,因检测器信号水平的差异导致信号波动。这样的波动对于强吸收和弱吸收样品的影响都比较明显。具体波动的波长位置因仪器设置不同而略有差异,实际的波动情况也与样品及制样情况有关。一般测试紫外-可见区选择间隔1nm,扫描范围宽至近红外区测试时,步长间隔会适当大些,可以选择2nm,特殊需求会另外调整。上述情况下,数据仍可能存在曲线毛糙、不

光滑的情况，为了使曲线更美观，可将曲线适当做平滑处理。但平滑处理必须合理适度，过度平滑后的曲线可能失真，偏离实际情况。一般测试时都默认保存原始数据而不做任何数据上的处理，确有需要平滑处理再另用 Origin 处理。

3. 杂散光的影响

从单色器出口狭缝出来的单色光，除了所需要的单色光外，其他波长的光都叫杂散光。杂散光对测定结果的影响程度取决于光源的能量分布、试样的吸收特性以及检测器的波长灵敏特性。

4. 定量分析偏离的影响因素

实际工作中，由出射狭缝投射到被测物上的光，并非理论上所要求的单色光，而是一个有限宽度的谱带。

（1）散射的影响

当被测试样中含有悬浮物或胶粒等散射质点时，入射光通过试样就会由于光的散射而损失，使透射率减小，吸光度增大，导致偏离朗伯比尔定律。质点的散射强度与入射光的波长 4 次方成反比，因此散射对紫外区的测定影响更大。

（2）化学因素

试样中被测组分发生离解、光化及互变异构等作用，或与溶剂发生相互作用，会使被测组分的吸收曲线发生明显改变，导致有偏离朗伯-比尔定律的情况发生。

（3）荧光的影响

某些物质吸收光后，会辐射出与入射光波长相同或波长更长的光，荧光的存在会导致朗伯-比尔定律失效。

五、应用实例解析

（一）定性分析

1. 分子结构的推定

对于分子结构推定的定性分析，通常采用对比法或根据特征吸收判断一些结构的存在。把未知试样的紫外吸收光谱同标准物质的光谱图进行比较，即可得出结论。为消除溶剂效应，试样和标准品应用相同溶剂进行溶解，并配制成相同浓度。以苯的紫外吸收光谱为例，苯的紫外吸收光谱是由 $\pi \to \pi^*$ 跃迁组成三个谱带，在 230～270nm 有比较弱的一系列吸收带，具有精细结构，中心在 254nm，称为 B 带（图 3-2-3）。

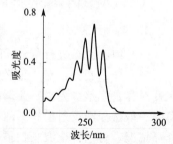

图 3-2-3 苯环紫外光谱中的 B 带

B 带又称为苯的吸收带，由于该带存在于苯及其衍生物中，因此利用此带可以非常容易地鉴别苯环。在实际应用中，利用此带可以对环境、食品、日用品等实际样品中含有苯环的化合物进行分析和检测，例如对食品中防腐剂的主要成分苯甲酸钠和山梨酸钾进行检测。

2. 有机异构体的判别

对于顺反异构体，顺式异构体的位阻效应影响了平面性，使共轭程度降低。以乙酰乙酸乙酯的烯醇-酮式互变异构为例，乙酰乙酸乙酯的酮式和烯醇式互变异构体中，酮式异构体的两个羰基没有共轭，其 n-π^* 跃迁最大吸收波长 λ_{max}=272nm，但在烯醇式异构体中羰基和乙烯的双键发生共轭，其 π-π* 跃迁最大吸收波长 λ_{max}=243nm。在极性溶剂中，由于酮式异构体可以和溶剂分子缔合形成分子间氢键而增加其稳定性，所以，极性溶剂中以酮式异构体为主。在药物及食品等实际样品分析中，紫外-可见光谱对异构体的判断也有非常重要的作用，如在番茄红素及 α-胡萝卜素异构体分析的紫外分析中，发现 α-胡萝卜素、β-胡萝卜素、γ-胡萝卜素异构体之间存在紫外吸收的区别。

3. 固体样品的表征

固体紫外研究主要利用光在物质表面的反射来获取物质的信息。一般用于研究固体材料、过渡金属离子及其配合物的结构、氧化状态、配位状态、配位对称性等。

以纳米二氧化钛为例，其在紫外光波段具有吸收能力（图3-2-4），由图可知纳米二氧化钛在 300~400nm 有紫外吸收，凭借这一特性，二氧化钛广泛应用于具有防晒功能的化妆品中。通过研究二氧化钛的紫外吸收光谱，可以深入了解影响二氧化钛光吸收能力的因素、光催化反应机理并优化光催化性能。

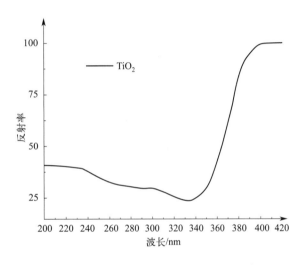

图 3-2-4　纳米二氧化钛紫外漫反射光谱

此外，对于一些膜材料，可以根据样品性质，如透光效果选择合适的测试方式：漫反射或者透射模式。以聚乙烯膜为例，由图3-2-5和图3-2-6可知，聚乙烯膜在277nm处的透射率最低，紫外吸收最强。

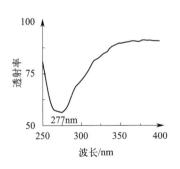

图 3-2-5　聚乙烯膜透射率谱图

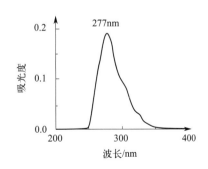

图 3-2-6　聚乙烯膜紫外吸收光谱

（二）定量分析

一般使用标准曲线法进行定量分析，这是实际工作中用得最多的一种定量方法。通过绘制不同浓度下的待测物标准溶液在紫外-可见吸收光谱范围内最大吸收波长处的吸光度对浓度作图而得到定量分析标准曲线（图 3-2-7）。通过测定未知样品溶液的吸光度，即可从标准曲线上查到其相对应的浓度。实验中，首先配制标准溶液进行测试，得到浓度与吸光度的曲线，并且利用线性拟合得到回归方程。直接利用 Origin 的线性拟合功能得到的方程往往截距不等于零，即方程的形式为 $y=A+Bx$。如果用样品空白溶液作参比，一般可以设置强制过零点；如果用蒸馏水做参比，一般不能强制过零点。

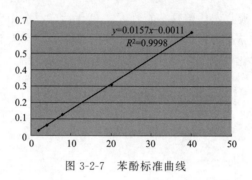

图 3-2-7 苯酚标准曲线

规范测试小贴士

为了保证测试数据真实可靠，必须定期对仪器进行校正，以确保其精度和稳定性。进行测试的液体样品应符合测试浓度要求。在数据分析和处理时，应避免过度平滑，以确保结果的准确度和可信度。

参考文献

[1] 黄承志，陈缵光，陈子林，等. 基础仪器分析. [M]. 北京：科学出版社，2017.
[2] 张寒琦，等. 仪器分析. [M]. 2版. 北京：高等教育出版社，2013.
[3] Wang M, Zhang J C, Zhang Z J, et al. Simultaneous ultraviolet spectrophotometric determination of sodium benzoate and potassium sorbate by BP-neural network algorithm and partial leastsquares [J]. Optik, 2020, 201：163529.
[4] Enrique Murillo. Far UV peaks contribute for identification of carotenoids E/Z isomers [J]. Journal of Food Compositiion and Analysis, 2018 (67)：159-162

第三节 拉曼光谱分析

拉曼光谱分析是一种可提供物质的化学结构、结晶度及分子相互作用等信息的分析方法。拉曼光谱图由拉曼散射波长和强度形成一定数量的特征峰形图，每个峰对应于特定的振动模式，峰位的单位通常以波数（cm^{-1}）来表示。拉曼峰可代表单一的化学键产生的振动，如 C—C、C═C、N—O、C—H 等，也可以代表多个化学键组成的特定振动，例如苯环的呼吸振动、多聚物长链的振动以及晶格振动等。该技术具有诸多优点，如可以进行无损检测、微区检测、原位分析；拉曼分析无需复杂的样品处理过程；适用于水体系中检测；激发不受波长的限制等。这些优势进一步拓展了拉曼光谱在物理、化学、生物、安检等领域的应用。

拉曼光谱还有诸多丰富的技术形式，如表面增强拉曼、共振拉曼、受激拉曼、相干反斯托克斯拉曼、超拉曼等。本节重点阐述了拉曼和表面增强拉曼的相关知识、仪器操作和拉曼与表面增强拉曼应用实例解析。

一、基础知识概述

（一）拉曼光谱相关发展

光照射在物质分子上时会产生多种效应，比如物质分子对光的散射、吸收、反射、透射等，对这些效应进行记录就可以分别得到散射、吸收、反射以及透射光谱。这些光谱可以用来研究物质分子的结构与运动等，同时也可以用于探讨光与物质分子的相互作用。拉曼光谱属于一种散射光谱，是印度物理学家拉曼（C. V. Raman）于1928年在研究光通过苯溶液的散射情况时发现的。实验中发现除了与入射光频率相同的瑞利散射外还有一种与入射光频率不同的、强度非常微弱的分子特征谱线。这种光的频率在散射后发生改变且与散射物质的本身特性有关的散射现象后来被命名为拉曼散射。

最早的拉曼光谱采集是使用弧汞灯作为激发光源，通过照相干板记录，得到的拉曼信号极其微弱。得益于1953开始使用光电倍增管来记录光谱以及20世纪60年代红宝石激光器的发明，拉曼光谱技术得到了巨大的提升。1974年，英国南安普顿大学的弗莱舍曼（M. Fleischmann）发现了表面增强拉曼光谱（surface-enhanced Raman spectroscopy，简称SERS）现象，使拉曼检测的灵敏度得到数百万倍的提升。这些突破使得拉曼光谱在生物、材料等方面的应用成为可能。

（二）拉曼光谱相关原理

1. 拉曼光谱原理

拉曼效应来源于分子振动与转动。光照射在物质分子上时，物质分子吸收一个光子后再发射出一个光子。如图3-3-1所示，分子处于电子能级和振动能级的基态。物质分子吸收光子后到达一种准激发状态，又称为"虚能态"。物质分子由准激发态回到基态。若分子在回到基态的过程中没有与原子核相互作用进行能量交换，则散射出的光子能量未发生改变，这个过程就是瑞利散射。如果物质分子回到基态中的较高振动能级，这时电子与原子核进行相互作用存在能量交换，散射的光子能量小于入射光子的能量，即发射波长大于入射光，称为斯托克斯（Stokes）线，即频率$\nu-\Delta\nu$。如果样品分子在与入射光子作用时是处于电子能级基态中的某个振动能级激发态，跃迁后回到电子能级基态的振动能级基态，此时散射光能量大于入射光子能量，即光子从高振动能级分子处获得能量的拉曼散射，称为反斯托克斯（antiStokes）线，频率$\nu+\Delta\nu$。拉曼散射光的强度约占总散射光强度的$10^{-6}\sim10^{-10}$。

斯托克斯与反斯托克斯散射光对称地分布在入射光的两侧，其频率与激发光源频率之差$\Delta\nu$称为拉曼位移（Raman shift）。其计算公式为

$$\Delta\nu = \frac{1}{\lambda} - \frac{1}{\lambda_0} \tag{3-3-1}$$

式中，λ 和 λ_0 分别为散射光和入射光的波长。$\Delta\nu$ 的单位为 cm^{-1}。

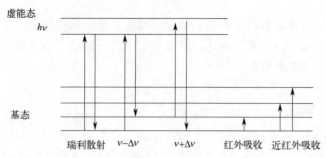

图 3-3-1　能级跃迁产生拉曼光谱演示图

峰位是样品分子电子能级基态的振动态性质的反映，与激发光的频率无关。分子在外加能量下可以使分子电荷分布的形状发生畸变，产生诱导偶极矩，而极化率是分子在外加交变电磁场作用下产生诱导偶极矩大小的一种度量。极化率高，表明分子电荷分布容易发生变化。如果分子的振动过程中分子极化率也发生变化，则分子在外加能量下产生拉曼散射，称分子有拉曼活性。

2. 表面增强拉曼散射（SERS）光谱

1974 年，弗莱舍曼（M. Fleischmann）等人研究吸附在粗糙银电极表面的吡啶分子时发现，吡啶分子的拉曼信号要比没有在粗糙银电极表面的吡啶分子信号强许多倍，初步解释这种增强是因为分析物在银表面集中浓缩的结果。1977 年，凡杜恩（Van Duyne）观察到吡啶在粗糙银电极上拉曼信号增强 $10^5 \sim 10^6$ 倍。他们分析认为拉曼信号增强不仅仅是因为分析物在表面上的聚集，而是由于粗糙银电极表面电场的提高增强了拉曼信号强度，就将这种现象定义为"SERS"。从众多的实验观察中得出的结论是，SERS 引发的增强作用可以从两方面进行解释，一种是电磁场机理，另一种是化学机理。现在，人们已经完全接受了电磁场机制是在入射激光和金属纳米结构表面等离激元之间引起共振的主要模型，具有长程影响。化学机理是源于分子在表面吸附作用的影响，是一种短程效应。

二、仪器结构与工作原理

已有不少商品化的仪器和装置用于获取拉曼光谱，例如微型（光纤型）拉曼光谱仪、共聚焦显微拉曼光谱仪、空间位移拉曼光谱仪、针尖增强拉曼光谱仪、相干拉曼散射成像仪、透射拉曼光谱仪、傅里叶变换拉曼光谱仪、时间门控拉曼光谱仪等。常见的显微拉曼光谱仪是基于一个标准的光学显微镜搭建的拉曼光谱系统，采用高放大倍数物镜观察样品形貌，同时用显微的激光光斑进行拉曼光谱激发和受激，如图 3-3-2 所示。这种显微拉曼光谱仪操作简便，只需将样品置于显微镜物镜下，聚焦后即可进行测量。

显微拉曼光谱仪需要做到两点：阻挡瑞利散射光和其他杂散光进入探测器，及将拉曼散射光分散成组成它的各个频率并使其入射于探测器。对于拉曼光谱仪的一般要求是最大程度地探测到来自样品的拉曼散射光，有较高或合适的光谱分辨率和频移精度、合适的光谱范围，操作简单。显微拉曼光谱仪一般都必须配置激发光源、样品装置、显微系统、光学系统、光探测器，常用部件如下：

（1）激发光源：常用的有 He-Ne 激光器、Ar 离子激光器、Nd-YAG 激光器，固体激光

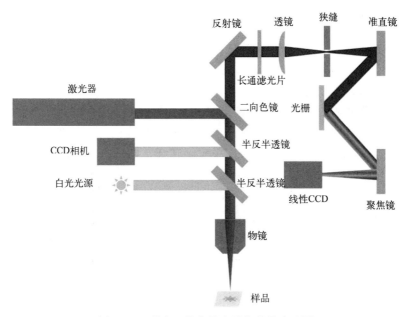

图 3-3-2 激光显微拉曼光谱仪简易光路图

器等,可提供的拉曼激发光源波长:325nm(UV)、457.9nm(蓝绿)、488nm(蓝绿)、514.5nm(绿)、532nm(绿)、632.8nm(红)、785nm(近红外)、1064nm(红外)。

(2)样品装置:包括直接的光学界面,显微镜,光纤维探针和样品。

(3)显微系统:显微系统可使激光聚集在微米级的区域内,便于观察样品微区形貌,也有利于样品拉曼信号的激发和收集。

(4)光学系统:①滤光系统,使激光波长的散射光(瑞利光)在进入检测器前被滤除掉,避免进入光谱仪中损坏探测器。②分光系统,有单光栅、双光栅或三光栅等光学部件。

(5)光探测器:传统的光探测器采用光电倍增管,目前多采用电荷耦合器件(CCD)检测器、铟镓砷(InGaAs)光电探测器。

三、拉曼光谱仪测试操作规程

(一)制样

拉曼光谱可以对块状固体、固体粉末、液体样品、气体样品、薄膜样品进行测试。块状固体样品无需前处理,只要选择合适大小的样品安置固定在拉曼光谱仪的载物台上或者普通拉曼的测试探头前就可以测试;如果是粉末固体样品需要放置在载玻片上压平,使样品表面平整,避免出现凹凸不平情况;如果是易漂浮样品需盖上一层盖玻片或者其他薄膜类物品,避免沾染物镜造成污染;对于液体样品来说,易挥发或者有毒的样品需要放置到合适的毛细管中,并将两端进行封口处理再进行测试,而不易挥发无毒的样品可以放置在铝制小坩埚或者毛细管中进行测试,也可选择特定的高通量样品测进行测试;而气体样品一般置于密封的玻璃管或者细毛细管中,由于气体样品的拉曼散射光强度很弱,通常采用压缩处理进行测试。薄膜样品可直接置于显微镜下聚焦检测。如样品为多层膜结构,可以通过聚集在不同层来获得信息。

（二）仪器操作规程

仪器操作方法以本实验室使用的 HORIBA Jobin-Yvon T64000 光栅型拉曼光谱为示例。

（1）打开计算机，打开主机电源，打开 CCD 控制器。

（2）打开 LabSpec 6 软件。

（3）打开激光器电源，将钥匙顺时针旋转 90°到 on 位置。

（4）打开显微镜白光光源，根据样品情况亮度调节白光到适当程度。

（5）在软件底部面快捷栏"Detector"位置，选择"Cool to operating temperature"对 CCD 进行降温，使其达到－70℃。选择合适的光栅和物镜，准备进行校准和测试。

（6）在软件右侧"Acquisition"-"Instrument setup"内的"T64000 Mode"选择"Single"模式，并将仪器主机上的转轮转到单模模式位置，测试样品之前首先在单模模式下利用硅片的拉曼特征峰 520.7 cm^{-1} 进行仪器校准，先将切换拉杆拉至最外面使白光照射在硅片上，点选"video"按钮，进入成像显示模式，通过调整显微镜载物台前后左右以及上下移动，使其处于物镜焦点位置，成像清楚。点击"stop"停止采集白光，再将切换拉杆推至最里面使激光照射在硅片上。在"Acquisition"-"Acquisition parameters"光栅位置"Spectrometer（cm^{-1}）"设置波数 520.7，回车使光栅转动到 520.7 波数位置，在 RTD 采集时间位置设置为 1 秒，关闭室内灯光，点击 RTD 采集按钮，进行连续采谱，点选"Analysis"-"Peaks"-"Find"寻峰按钮，记下此时峰的数值，在设置光栅处设置此数值，回车后使光栅转到此位置，再点击"Spectrometer（cm^{-1}）"，在出现设置真实值对话窗口，在设置真实值位置输入 520.7，或者通过"Maintenance"-"Instrument calibration"-"Offset shift"的左右箭头，重复上述测试，直至寻峰看到硅的特征峰为 520.7 cm^{-1}。

（7）在显微镜载物台上更换样品后，先将切换拉杆拉至最外面使白光照射在样品上，点选"video"按钮，进入成像显示模式，通过调整显微镜载物台前后左右以及上下移动，使其处于物镜焦点位置，成像清楚，确认采集样品位置。再将切换拉杆推至最里面使激光照射在样品上。在"Acquisition"-"Acquisition parameters"-"Range"设置采集范围，并点击右侧使其激活，如不激活则为以当前光栅位置进行单窗口采集模式，在"Acquisition"-"Acquisition parameters"-"Spectrum"设置采集时间和循环次数，关闭室内灯光后，点击采集按钮进行样品测试。

（8）通过谱图窗口右侧按钮选择所测试的光谱图，再点击谱图上部快捷栏保存数据按钮选择数据文件格式进行保存数据。

（9）测试完成后，再重复测试 Si 的特征峰，确认当前仪器工作状态后，点击软件底部面快捷栏"Detector"位置，选择"Warm to operating temperature"，使 CCD 回到室温后，关闭软件。

（10）关闭白灯电源开关、逆时针旋转钥匙关闭激光，再关闭激光器电源开关。

（11）关闭 CDD 开关，关闭控制器开关，再关闭计算机。

（三）操作注意事项

（1）Raman 光谱仪为精密仪器，不得随意打开机盖，触摸及试图调节反光镜、透镜及光栅，光谱仪主机和外接激光上不得堆砌重物，光学器件表面如果有灰尘不允许接触擦拭。

（2）房间温度应保持在 25℃ 左右、湿度应保持在 70% 以下。

(3) 室内空调的气流应避开仪器主机。

(4) 仪器上的风扇口附近不能放置物品，保持通风良好，使仪器能够正常散热，保持仪器稳定工作状态。

(5) 样品在白光成像寻找测试点时可以先用十倍镜头找到聚焦点，再换回100×或50×，注意物镜的焦距，避免样品接触物镜造成污染。

(6) 实际所用的物镜与软件设置的显微镜头要匹配，保持成像照片刻度尺准确。

(7) 注意Video/Raman激光/白光切换拉杆位置，测试时要关闭室内灯光。

(8) 注意测试时横坐标单位的设置nm/cm^{-1}。

(9) 聚焦好样品后再通过对Raman信号最大化微调聚焦Z轴位置，测试时不要触碰仪器，避免测试过程中人为造成基线的漂移。

四、数据处理及测试结果影响因素分析

（一）LabSpec 6软件常用的数据处理

1. 删除噪声、宇宙射线等杂峰

用鼠标点选左侧工具栏里擦除键，再点在需要去除的噪声、宇宙射线等杂峰上方，点击左键进行去除；

2. 减基线扣背底

在测试过程中，时常会遇到样品发射的荧光或者受到激光热效应的影响，造成基线很高的情况，就需要进行减基线扣背底。在LabSpec 6软件中可以选用二种方式进行处理。

（1）背底拟合法：打开需要扣除的光谱，点击右边工具栏的"Processing"-"Baseline correction"，选择合适的背底线类型，如线性适合背底较平的谱图，而多项式适合用于背底是曲线的谱图。多次点击"Fit"并修改其他参数进行拟合，直至找到合适的背底线，最后点击"Sub"扣除背底，并保存数据。

（2）手动添加背底线：打开需要扣除的光谱，在左边工具栏中选择"Add/remove baseline points"，首先在"Processing"-"Baseline correction"里勾选"Attach to curve"，用鼠标在谱线上添加背底线，如果添加的点不合适，可以将鼠标放置该点上进行移除，添加完毕后在"Processing"-"Baseline correction"里点击"sub"进行扣除，并保存数据。

3. 标峰位

打开光谱图，点选右侧工具栏"Analysis"-"Peaks"，设置合适参数数值。强度阈值（Ampl）：小于此文本框的百分比的峰将不会被标峰位。间隔阈值（Size）：当两个峰之间的间隔小于此文本框的像素时，该峰将不会被标峰位。设置好后点击"Find"进行标峰，如果谱图中所标为正常的峰位，则完成标峰。如果还有其他峰没有标注，可以通过"Analysis"-"Peaks"-"Display options"里参数进行设置，进行标峰，直至完成。也可以手动标峰位，点击左侧快捷栏的"Add/remove/edit peaks"，在所要标峰的位置添加峰位。

4. 谱峰拟合

为了获得精确的峰位、峰强、半高宽和峰面积，可以对测试谱图进行谱峰拟合。点击右边工具栏"Processing"-"Data range"，在"From"和"To"里输入谱峰范围，点击"Extract"截取需要拟合的峰，对其进行扣除背底，点击左侧快捷栏的"Add/remove/edit peaks",添加峰位。在峰位拟合时,我们需要勾选"Analysis"-"Peaks"-"Display options"下的"Peaks"和"Sum"选项,其中"Peaks"用来显示每个拟合的小峰,"Sum"显示小峰所叠加的总谱。接下来选择峰形函数,如果我们知道物质的峰是哪个对称函数,可以直接选用对应的高斯和洛伦兹函数;如果不知道,可选用高斯-洛伦兹混合函数。此外,当有些峰不对称时,可选用不对称形状,函数设置后再设置拟合选项,在"Fit options"里设置迭代次数、初始峰宽等参数,最后点击"Fit"进行拟合,可以多次点击拟合,直至拟合的谱线接近实测曲线。拟合好后可以通过"Analysis"-"Peaks"下的"Peak table"获得各个峰的详细信息,其中 p、a、w 和 ar 分别代表峰位、峰强、半高宽和峰面积。

（二）测试结果影响因素分析

在测试样品过程中必须要重视激光对样品的可能引起的损伤。损伤主要是由激光的热效应引起的。通常可以通过降低激光功率或以散焦方式降低样品单位面积的激光照射强度,从而降低样品局部过热,达到减小样品损伤的目的,但是这样会降低拉曼信号强度。

由于拉曼光谱是与其他几种光学效应一同出现,因此我们在记录研究拉曼光谱时要去除其他光谱的干扰。在测试过程中如果样品有荧光,可以选择通过降低激光功率或者更换低密度光栅进行测试,同时选择激发波长时尽量避开样品的荧光激发波长,可选红光633nm、785nm、1064nm等波长来激发。

五、拉曼应用实例解析

（一）拉曼在有机分子不同压强下的检测分析

很多有机材料在受到静水压力等外部刺激时,自身的光学性质会发生变化,其本质是高压诱导分子聚集态结构或者分子构象发生改变,进而会造成材料的电子吸收、发射等谱峰形状和位置发生改变,通过拉曼光谱测试可以将这一过程反映出来。螺烯是一类邻位稠合的非平面芳香化合物,具有优异的光学和电学性质。在常压下[6]-螺烯晶体 $1051cm^{-1}$ 处的拉曼峰归属于芳香环的环呼吸振动,$1194cm^{-1}$ 处的拉曼峰主要归属于芳香环的 C=C 伸缩振动,$1603cm^{-1}$ 与 $1616cm^{-1}$ 处的拉曼峰归属于芳环骨架的伸缩振动。使用金刚石对顶砧对[6]-螺烯晶体进行加压,从图3-3-3中可以看出,随着压力的逐渐增大,主要的拉曼峰均发生了红移,这表明在静水压作用下[6]-螺烯分子逐渐出现紧密的堆积,是由于在压力的作用下,螺烯分子间的距离变小,化学键逐渐缩短,因此振动能量减小,振动频率升高,使得拉曼测到的峰位的波数增大。整个加压过程中,拉曼峰并未产生或消失,表示静水压下[6]-螺烯晶体只发生了结构变化而没有发生相变,即新峰的产生不是相变所导致的。

（二）拉曼光谱技术在微生物细胞生长中的应用

蛋白质、核酸、磷脂等成分在拉曼光谱中表现出特定的振动峰位,可以通过这些峰位来确定微生物细胞中不同成分的存在情况,实现微生物细胞的定性分析。除了定性分析,拉曼光谱技术还可以用于微生物细胞中化合物的定量分析。通过建立标准曲线或利用化学计量学方法,可以将特定峰位的强度与化合物的浓度之间建立定量关系,从而实现微生物细胞中化合物的定量分析。例如,通过分析特定蛋白质或代谢产物的峰位强度,可以推断微生物细胞

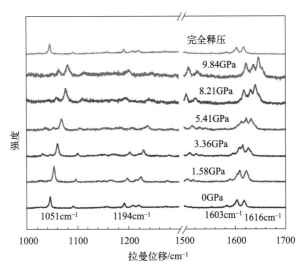

图 3-3-3 ［6］-螺烯晶体不同压力下的拉曼光谱

中这些化合物的浓度变化。

以大肠杆菌细胞生长研究为例，首先通过平滑滤波和去基线校准等方法进行光谱预处理，排除特征峰的噪声和荧光背景干扰，预处理效果如图 3-3-4 所示；其次，根据生物信息对照表，提取蛋白质、核酸等主要特征峰位；根据所提取的特征峰位，如图 3-3-5 所示，计算特征峰的净峰面积表示特征峰强，并对不同生长时间的大肠杆菌峰强以热图形式进行原位成像，观测浓度变化，如图 3-3-6 所示，来判断大肠杆菌的实时状态。

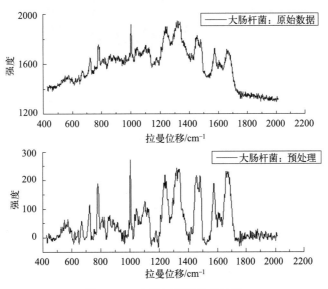

图 3-3-4 大肠杆菌预处理效果

通过拉曼光谱技术实时监测微生物细胞中的生物过程，如细胞生长、代谢活性和药物响应等，对微生物细胞进行定性分析、定量分析和生物过程监测，可以深入了解微生物细胞的化学成分、代谢状态和生物活性，能为微生物学、生物工程和药物研发等领域带来突破和创新。

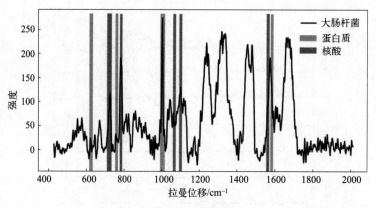

图 3-3-5　主要特征峰位

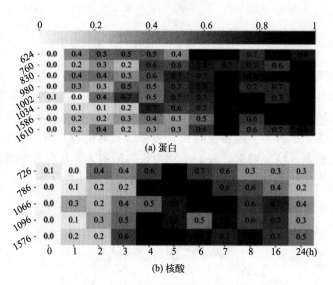

图 3-3-6　蛋白（a）和核酸（b）浓度变化

（三）拉曼光谱在电化学原位检测上的应用

在电化学反应领域，催化剂活性是一个重要的研究方向，在实时反应过程中，拉曼光谱的原位检测是其中一项重要的表征手段。二氧化碳电还原为增值燃料被认为是实现"碳中和"的一种很有前途的策略，这一过程中离不开高性能、高选择性的催化剂的合成与制备。在众多催化剂中，锡基电催化剂显示出较高的 HER 过电位，具有较好的电催化活性，可优先催化 CO_2 转化为甲酸盐而被广泛研究，但是其真正的催化活性位点尚不明确。通过静电纺丝和热处理的策略制备的多孔 SnO_2/Ag 纳米纤维催化剂具有优异的电催化二氧化碳还原制备甲酸的性能，适合用于研究催化活性位点。为了探明 SnO_2/Ag 纳米纤维是否在电刺激作用下发生结构重构，对其进行了原位电化学拉曼测试。如图 3-3-7 所示，在开路电位（ocp）下能清晰地看到位于 $632cm^{-1}$ 归属于二氧化锡（SnO_2）的特征峰。随着电位降低到 $-0.175V$（相对于标准氢电极电势），$632cm^{-1}$ 处的特征峰明显降低；同时，在 $248cm^{-1}$、$288cm^{-1}$ 和 $606cm^{-1}$ 处出现 3 个明显的新峰，分别归属于四氧化三锡（Sn_3O_4）和三氧化二锡（Sn_2O_3）的特征峰。当电位进一步降低，锡氧化物的特征峰快速降低，并在

-0.375V几乎消失，意味着锡氧化物的完全还原。原位拉曼光谱揭示Sn(0)而非Sn(Ⅱ)和Sn(Ⅳ)更有可能是电催化二氧化碳还原的真正活性位点。通过原位电化学拉曼技术可以探索非贵金属电催化材料的催化路线和机理，进而可以了解材料催化活性和机理之间的内在联系，这样就可以对电催化剂的合成给出理论预测。

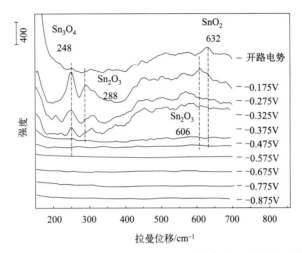

图3-3-7　多孔SnO_2/Ag纳米纤维（P-SnO_2/Ag）在电极表面随电压变化的SERS光谱

（四）表面增强拉曼光谱在研究蛋白质不同氧化还原态上的应用

表面增强拉曼光谱具有指纹特征，能够提供蛋白质或脂类精细的结构信息，研究分子在不同环境下，不同程度的结构重排。细胞色素c(cytochrome c，Cyt c)是线粒体呼吸链中的一种携带电子的血红素蛋白。Cyt c具有六配位血红素（Met80/His18）辅基，并通过硫醚键共价连接到蛋白多肽链上。细胞色素c存在于可相互转化的还原（血红素Fe^{2+}）和氧化（血红素Fe^{3+}）形式。这两种形式的结构类似但存在着显著差异，导致压缩性、稳定性、物理性质、溶剂可及性、回转半径和最大线性尺寸的不同。Cyt c是一个高度保守的α螺旋球状蛋白，由104个氨基酸组成，净正电荷为+9.2～+9.6。拉曼光谱可以提供关于血红素蛋白的详细结构信息，Cyt c主要在波长为410nm和530nm的Soret和Q波段区域吸收紫外-可见光，因此可以使用紫外和绿光激发，可通过共振拉曼（RR）光谱研究Cyt c的构象。利用Q带（532nm）激发的RRS对不同氧化还原态的Cyt c进行区分。如图3-3-8中可以看出，氧化态细胞色素Cyt c(ox)和还原态细胞色素Cyt c(red)在高频区（1000～1800cm^{-1}）的拉曼位移和相对强度上都有着明显差别。这个波段范围主要归属于Cyt c血红素基团特征振动模式，能够反映Cyt c的氧化还原态和自旋态。Cyt c(ox)和Cyt c(red)在高频区（1000～1800cm^{-1}）的血红素基团的振动模式包括吡咯环的伸缩振动模式[ν(pry half-ring)sym、ν(pry quarter-ring)]以及一些键的伸缩振动模式[ν(Cα-N)、ν(Cα-Cm)asym]。这样就可以通过表面增强拉曼光谱监测不同氧化还原态Cyt c的过氧化物酶活性差异。

（五）表面增强拉曼光谱在酶催化研究上的应用

在研究类氧化物酶的活性时，一般的紫外-可见光谱技术检测到均相溶液中的反应速率，

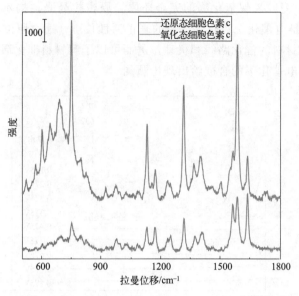

图 3-3-8 Cyt c(ox) 和 Cyt c(red) SERS 光谱图

并不能真实地反映催化反应速率。为了验证氧化物酶的活性，需要对催化剂表界面催化反应的速率进行测试，而催化反应发生在催化剂的表界面，因此表面增强拉曼技术正好弥补了紫外-可见光谱技术的不足，可以实时监测催化剂表界面处的反应。运用一步还原法合成的三维网状多孔自支撑的 Ag 气凝胶结构，在 Hg^{2+} 存在的条件下具有优异的类氧化物酶的性质，自发形成的银汞齐能够氧化显色底物 3,3′,5,5′-四甲基联苯胺（TMB）同时使其变蓝。利用表面增强拉曼技术测试包含有一定浓度 Hg^{2+} 和 Ag 气凝胶的类氧化物酶的 SERS 光谱，如图 3-3-9 所示，当 Hg^{2+} 和 Ag 气凝胶同时存在于含有 TMB 的 pH＝4 的醋酸-醋酸钠缓冲溶液中时，可以明显地观察到变蓝后的氧化 TMB(oxTMB) 溶液在 $1609cm^{-1}$、$1337cm^{-1}$ 和 $1187cm^{-1}$ 处三个明显的特征峰，其分别对应于 oxTMB 溶液中苯环的 C—H 弯曲振动，环间 C—C 拉伸振动以及—CH_3 的弯曲振动，并且其随时间的变化峰值逐渐变强，到反应终点（13min）后，峰强不再上升保持平稳，这就实现了对催化体系原位的反应时间监控。表面

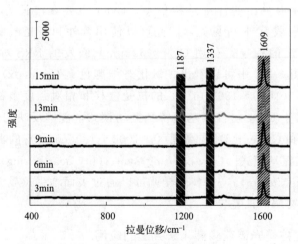

图 3-3-9 3，3′，5，5′-四甲基联苯胺不同反应时间下的 SERS 光谱

增强拉曼光谱能够揭示发生在表界面处的化学反应进程，相对于紫外-可见光谱而言，能够捕获到丰富的指纹图谱，能够实现发生在催化剂表面的原位实时监测，并且测试时间短，测试范围宽，测试用量少，十分有利于催化机理的研究。因此，表面增强拉曼光谱广泛地应用于催化、生物检测、反应机理，以及基本材料表征中。

> **规范测试小贴士**
>
> 　　拉曼光谱仪在测试过程中要严格遵循标准方法要求，进行多点测试，保证测试的重复性、重现性，切勿人为调控测试结果，要保存原始数据以备查验。为了保证测试的数据科学性，利用数据处理软件进行去除杂峰、去除基线、平滑、分峰等功能时要进行严格的科学分析，选择适当的方法进行处理，在这一过程中不能无中生有，也不能去除真实的数据，更改原始数据，时刻保持科研人员应有的道德素养。

参考文献

[1] RAMAN C V, KRISHNAN K S. A new type of secondary radiation [J]. Nature, 1928, 121, 501-502.
[2] 吴国桢. 拉曼谱学 [M]. 2版. 北京：科学出版社. 2013.
[3] FLEISCHMANN M, HENDRA P J, MCQUILLAN A. Raman spectra of pyridine adsorbed at a silver electrode [J]. Chemical Physics Letters, 1974, 26, 63-166.
[4] JEANMAIRE D L, VAN DUYNE R P. Surface Raman spectroelectrochemistry: Part I. Heterocyclic, aromatic, and aliphatic amines adsorbed on the anodized silver electrode [J]. Journal of Electroanalytical Chemistry and Interfacial Electrochemistry, 1977, 84, 1-20.
[5] VAN DUYNE R, MOORE C. Chemical and biochemical applications of lasers [J]. Academic, 1979, 4, 101-184.
[6] SCHATZ G C. Theoretical studies of surface enhanced Raman scattering [J]. Accounts of Chemical Research, 1984, 17, 370-376.
[7] ADRIAN F J. Charge transfer effects in surface-enhanced Raman scatteringa [J]. The Journal of Chemical Physics, 1982, 77, 5302-5314.
[8] Smith E, Geoffrey D. Modern Raman spectroscopy: a practical approach [M]. John Wiley & Sons, 2019.
[9] Boldyreva E V. High-pressure diffraction studies of molecular organic solids. A personal view. [J]. Acta Crystallographica Section A: Foundations of Crystallography, 2008, 64 (1): 218-231.
[10] Wang J, Meng S, Lin K et al. Leveraging single-cell Raman spectroscopy and single-cell sorting for the detection and identification of yeast infections. [J]. Anal Chim Acta. 2023 Jan 25; 1239: 340658.
[11] Chen J J, Ma B H, Xie Z B, et al. Bifunctional porous SnO_2/Ag nanofibers for efficient electroreduction of carbon dioxide to formate and its mechanism elucidation by in-situ surface-enhanced Raman scattering, [J]. Applied Catalysis B: Environmental, 2023, 325, 122350.
[12] 张海静. 镍纳米线和拉曼光谱联用研究细胞色素 c 介导的细胞凋亡 [D]. 长春：吉林大学，2019.
[13] Liu D, Gao H, Jiang W, et al. Ag aerogel-supported single-atom Hg nanozyme enables efficient sers monitoring of enhanced oxidase-like catalysis [J]. Anal. Chem. 2023. 95 (9), 4335-4343.

第四节　稳态瞬态荧光光谱分析

　　荧光光谱属于发射光谱，是物质的一种特性。稳态瞬态荧光光谱仪功能强大，几乎可以实现表征荧光的所有性质。它不仅可以测试常规稳态光谱如激发光谱、发射光谱，还可以测试同步光谱、三维光谱、变温光谱和动力学扫描等。除了测试光谱特性，它还可以利用脉冲光源测试荧光寿命，包括荧光寿命、磷光寿命、时间分辨光谱和变温寿命，配备积分球附件可以测试荧光量子产率，配备门控附件可以测试延迟光谱（磷光光谱），配备近红外检测器可以检测近红外光谱等。本节简单介绍稳态瞬态荧光光谱分析相关基础知识，着重介绍相关基本操作和实例解析。

一、基础知识概述

样品（物质）吸收能量以后，其基态电子受到激发，受激发的原子或分子中的电子不能保持在激发态，需要返回到基态维持稳定，在返回基态的过程中如果以光的形式释放能量，这种发射出来的光泛称为荧光（fluorescence）。根据吸收能量类型，分为光致发光、化学发光和热致发光等。我们常见的是光致发光（photoluminescence，PL），光源发出照射样品的光称为激发光（excitation wavelength）。根据分子释放能量光辐射途径不同，由激发态单线态（反磁性）的最低振动能级返回到基态时释放能量发射的光称为荧光（狭义），由激发态三线态（顺磁性）的最低振动能级返回到基态时释放能量发射的光称为磷光（phosphorencence）。

固定物质的发射波长，设置激发光的起始波长和终止波长，得到光强与不同激发波长的曲线称为激发光谱。通过这个激发光谱可以找到最大激发波长，一般最大激发波长就是最佳激发波长，有时最佳激发波长也根据发射光谱和激发光谱共同来确定。找到最佳激发波长以后，固定激发波长，测试荧光发射光强度与发射光波长关系的曲线即为发射光谱，又称为荧光光谱（emmission）。

由于振动弛豫或内转化过程，能量有部分损失，荧光的发射波长总比激发波长要长，这种现象被称为Stokes位移。由激发单线态转化为激发三线态，发生了系间窜跃，磷光的发射波长比荧光波长更长。

荧光物质被一束光照射后停止照射，荧光现象不会立即消失，会存在一段时间，且存在的这段时间荧光会逐渐变弱直至消失。当激发停止后，荧光强度降到激发照射时最大强度的$1/e$所需的时间定义为荧光寿命（τ）。它表示的是荧光存在的平均时间。

荧光量子产率（quantum yield，QY）亦称荧光量子效率，是指荧光物质发射荧光的光子数与其吸收的光子数的百分比。荧光量子产率测试分为相对法和绝对法。相对法需要使用标样，同时测标样和样品的吸收和发射来确定样品的量子效率。绝对法使用积分球测试。在相同激发条件下，测试样品和空白样品的发射，通过积分来计算量子产率。

二、仪器结构和工作原理

（一）稳态瞬态荧光光谱仪结构

稳态瞬态荧光光谱仪主要由激发光源（脉冲光源）、激发单色器、样品室、发射单色器、检测器和控制系统组成。光源通常与检测器成直角。结构如图3-4-1所示。

（二）稳态瞬态荧光光谱仪工作原理

光源发出具有稳定强度的光，经过激发单色器，得到单一波长的光，照射到样品上产生荧光，荧光会向四面八方发射。为了消除光源激发光的影响，仪器通常在与激发光成90°的方向设置检测器来检测荧光。样品发出的光经过发射狭缝和发射单色器，进入到检测器，而

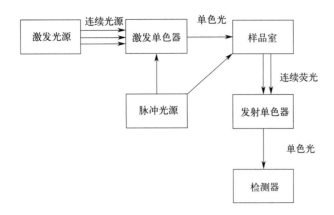

图 3-4-1 荧光光谱仪基本结构图

检测器记录光子数（荧光强度），从而形成光谱谱图。

三、稳态瞬态荧光光谱仪测试操作规程

以 FLS1000 型稳态瞬态荧光光谱仪为例。

（一）开机步骤

(1) 打开总电源 PH1（打开之前保证仪器所有开关关闭）。

(2) 开启 PMT 制冷电源 CO1，将检测器 PMT 降温到 $-20\,℃$ 以下。

(3) 根据需要的光源开启氙灯或是其他光源电源。

① 氙灯：打开灯箱后面的电源开关，当面板上显示"ready to start"后，再按下点灯按钮，稳定几分钟即可使用。氙灯关闭后不能立即打开，必须冷却到室温（一般 15min）才能再次打开。

② 微秒灯：直接打开开关，在软件中设置频率。

③ EPL 光源（含 EPLED）：选择合适的激发波长 EPL，正确安装后，打开 EPL 尾部钥匙，EPL 上方有两个灯亮起，等第三个灯亮起不再闪烁，表示稳定，再点上方红色按钮，打开 EPL 光源。EPL 上方有旋钮，根据样品寿命长短选择合适量程。

(4) 开启电脑，同时将光谱仪样品室上方盖子移开。待进入操作系统后进入软件，等待装入样品测试。

（二）装入样品

(1) 液体样品的装入

测试液体样品先将液体架放入样品仓中，并且旋转一下，如果旋转不了，表明放入卡槽位置，再将装有溶液的比色皿放进液体架中。比色皿要选择四面透光的石英材质比色皿。同一批样品尽量使用同一个比色皿，或者使用同一批次同一型号的比色皿。

(2) 固体样品的装入

固体样品含粉末、薄膜等。首先将液体架换成固体前表面架，同样旋转一下，保证装入卡槽位置，再将装有样品的石英片用夹子夹好，再放至前表面架上。除了位置旋转外，固体

支架可以前后移动。先将前表面架与仪器前方旋钮连接，盖好盖子，旋转前方旋钮至信号最强即是固体支架最佳位置。需要注意的是一旦调好位置，换其他样品时不能再调节位置，在同一位置测试可保证数据的可比性。

（三）基本参数设置

在放置好样品后，测试荧光所有实验均需先在"Signal Rate"界面设置基本参数，调节荧光信号"Emission"达到适合的强度，峰值不超过1×10^6cps(1cps=1Hz)。

（1）首先根据测试种类在"Source Light Path"中选择光源，测试发射光谱、激发光谱和量子效率选择氙灯，测试荧光寿命选择 EPL 或纳秒灯，测试磷光寿命选择微秒灯，其他情况根据实际选择合适光源。

（2）在"Detector of Light Path"中选择检测器，稳态、瞬态紫外-可见（常规测试）选择 R928V 型检测器，名称为 visible PMT，测试范围 200～900nm；测试近红外波段需选择带 NIR 的检测器（暗噪声在 3～5W，需提前液氮制冷，在−80℃下冷却两个小时方可打开高压使用），配备其他检测器要根据实际选择合适检测器。

（3）输入样品的 Ex 波长和 Em 波长，调节 Ex 狭缝和 Em 狭缝，将"Emission"的信号调到合适值。激发波长需要输入最佳激发波长。激发和发射狭缝要从小向大的方向调节，保证信号值适中，最大值不要超过仪器量程。

（4）"Reference"为参比检测器的信号值。

（四）稳态实验操作步骤

（1）打开氙灯，放置样品。

（2）打开软件，在"signal rate"窗口中光源选择"Xe Lamp"，检测器根据需要选择。输入最佳激发波长和最大发射波长，调节激发狭缝和发射狭缝，保证"Emission"信号不能超过1×10^6cps。

（3）关闭"signal rate"，点击"λ"，选择测试方法。

（4）"Emission scan"发射光谱扫描（荧光光谱扫描）。设置激发波长、发射范围、步长及积分时间，校正文件建议勾选，然后测试。

（5）"Excitation scan"激发光谱扫描。激发光谱的设置与发射光谱类似。一般是在发射光谱做完后对样品进行进一步的优化测试，需要做激发光谱寻找最佳激发波长。

（五）量子产率测试

量子产率是稳态测试，下面介绍使用积分球法测试量子产率。测试之前需要确定样品是液体还是固体，两者样品支架不同，样品支架分为上下两侧，一侧为液体支架，翻过来是固体支架。根据图 3-4-2 来安装样品支架和放置样品。液体样品支架，方向靠后，见图 3-4-2(a)；固体样品支架，方向靠前，见图 3-4-2(b)。需要注意固体样品的位置，积分球的透镜在入射光一侧。积分球内部为特殊材质，一定注意禁止触碰和洒落样品。具体测试步骤如下：

（1）确定测试模式，测试液体模式，积分球右侧的指针调整为"cuvette"；测试固体模式调整为"powder"，同时观察内部反光镜是否正确，确保不是相反方向。

（2）将积分球附件安装到样品仓内：先将液体支架或固体前表面架取下放到不影响测试的位置，再取下样品仓里 Ex 侧和 Em 侧的聚光镜，最后将积分球安装上去。安装积分球时

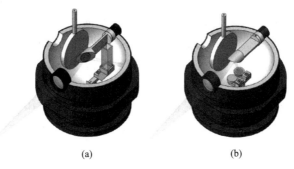

图 3-4-2　积分球内部液体和固体光路

分两步，先将积分球底座按照一定方向（入射光口在激发侧，出射光口在检测器一方）安装到样品支架底座上，再安装积分球上部分，注意安装方向。

（3）测试量子产率需要测试两条曲线，一个是空白曲线，一个是样品曲线。测试空白曲线，样品如果是液体则用液体的空白溶剂，如果是固体则用积分球自带的空白白板，薄膜样品使用空白片放置到空白白板上。

（4）在"signal rate"窗口，光源选择"Xe lamp"，检测器需要选择"R PMT sphere"。

（5）先放置空白样品，在"signal rate"窗口，Ex 和 Em 波长都要设置成样品的激发波长，调节 Ex 和 Em 狭缝，使得 Ex 狭缝大约是 Em 狭缝的 5~10 倍，同时保证"Emission"信号值达到最大，不要超过 1×10^6 cps。

（6）按照光谱测试方法测试，不同的是起始端波长为激发波长减去 20nm（发射光谱加 20nm）。

（7）扫描完成后，将空白样品取出，放置样品，不要更改任何的条件，再扫描一次。

（8）测试结束可通过软件计算量子产率，具体参考数据处理部分。量子产率测试结束需要及时拆卸积分球，放到积分球保存柜中，防止被污染。

（六）使用脉冲激光器（EPL/EPLED）测试荧光寿命

（1）EPL/EPLED 的安装：选择合适的激发波长的 EPL/EPLED，将其放到仪器固定位置，并在下方固定好。

（2）打开 EPL/EPLED 的钥匙，"laser ready"的灯会闪烁，闪烁完成后，点击"laser on/off"按钮，打开激光。设置激光器的脉冲时间，脉冲时间一般选择大于荧光测试寿命的 10 倍左右。

（3）在"signal rate"中光源选择 EPL，选择检测器。在"setup"中选择对应的 EPL/EPLED，Em 狭缝调节最小。

（4）放入样品，调节 Em 狭缝来调节"Emission"信号，信号不能超过激光器频率的 5%，Reference 显示的是激光器的频率。

（5）关闭"signal rate"，点击"τ"中的"manual lifetime"，主要设置的是"Time Range"时间范围、"Channels"通道数和"Stop Condition"停止条件中的"peak counts"点数。"Time Range"一般和激光器的脉冲时间相对应或小于激光器的脉冲时间。如若范围选择大于脉冲时间会出现多个脉冲的现象。可根据所测得的信号时间寿命选择相对应的范围，一般是寿命的 10~20 倍。"Stop Condition：peak counts"一般设置在 3000~10000。如果样品的荧光信号弱，"peak counts"设置小一些，反之，设置大一些。其他停止条件在其他测试时使用。选择不同的通道数"channels"可以得到不同的通道分辨率 Time/ch，通道越多越精确，但是会用更长的时间。"Option"选项勿动！"Rate"为实际探测的信号。

（6）设置完成后，点击"new"开始测试。测试过程中观察寿命衰减曲线，如果衰减很快到底说明选择范围太大，将其范围改小。如果衰减曲线没有衰减到基线或基线偏高，说明选择范围太小，需将范围变大，但信号会变弱，可以回到"signal rate"窗口重新设置发射狭缝。

（7）如果荧光寿命接近仪器响应时间，需要为寿命曲线做 IRF 校准。方法是：液体使用"Ludox"溶液，固体使用样品本身。将 Em 波长设置成激光器的波长，狭缝不变，调节旋钮，使得"Emission"信号达到和样品的信号相近。关闭"signal rate"窗口，点击"τ"中的"manual"，打开"Manual lifetime"窗口，勾选上"IRF"和"Add"复选框，其他条件不变，点击"New"按钮，在刚才未拟合的寿命曲线上会测试"IRF"曲线，这样和原来的寿命曲线叠加到一起。

（8）扫描完成后，需要进行拟合数据。如何拟合参照数据处理部分。拟合完成后，保存原始谱图和结果谱图。

（七）使用微秒灯测试寿命

（1）光源选择"microsecond flashlamp"（μF lamp）。检测器选择"red PMT"或"NIR PMT"。

（2）"Setup"中选择"μF lamp"，根据寿命长短选择微秒灯的频率。脉冲时间＝1/频率，一般大于寿命10～20倍。

（3）根据发射光谱，设置激发波长和发射波长。

（4）调节激发和发射狭缝，如果寿命在微秒级，"Emission"信号值一般在 2000～3000cps。如果寿命较长，达到上百毫秒甚至更长，频率设置较小，则信号值可以较大一些。

（5）测试设置和荧光寿命测试一样。主要设置的是"Time Range"时间范围、"Channels"通道数和"Stop Condition"停止条件中的"peak counts"点数。

（6）扫描完成后，需要进行拟合数据。拟合方法参照数据处理部分。拟合完成后，保存原始谱图和结果谱图。

（八）时间分辨光谱（TRES）测试

（1）根据样品的寿命大小，选择合适的光源。保证每个波长处的信号，不超过检测器的阈值。

（2）点击"τ"里面的"TRES"选项，根据需要选择"Ex"或者"Em"测试。

（3）设置对应的波长范围。和光谱扫描类似，"Step"一般设置为 1nm 或其他。

（4）"Time Set Up"，同利用不同光源测试寿命时的时间设置。"Stop Condition"，需要设置为"Time（s）"。"Time range"要提前测试寿命，选择合适范围。

（5）测试完毕，数据处理见后文。

（九）门控测试

只限用于常规 PMT，一般用来滤掉短寿命的光，用微妙灯做光源。

（1）μF 灯的频率，范围 0.1～100Hz。

（2）勾选"gate"，需要设置"delay"和"gate width"。两者加起来不能大于微秒灯一个脉冲的时间。

（3）"Delay"用来扣掉短寿命，门控宽度用来避免短寿命荧光的再次出现。

开了门控，荧光信号会变小。在"signal rate"设置狭缝时，先关掉门控，选择合适的狭缝，再打开门控测试。要滤掉短寿命的光，门控宽度一般设置短寿命时间的三倍以上。用微秒灯波长扫描时，不勾选校正文件，不扣除背景。

四、数据处理及测试结果影响因素分析

（一）光谱校正和光谱连接

测试荧光光谱时，有一项为校正项，一般需要勾选，勾选后测出的谱图为校正后谱图，如果没有勾选，则测出的谱图为没有校正的谱图。没有校正的谱图可以点"击 Analysis"中的"Correction"选项进行校正，但校正过的谱图则不能二次校正。图 3-4-3 为校正前（a）和校正后（b）对比谱图。

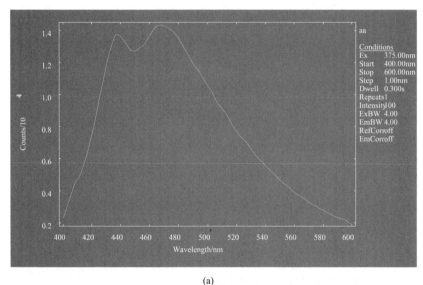

(a)

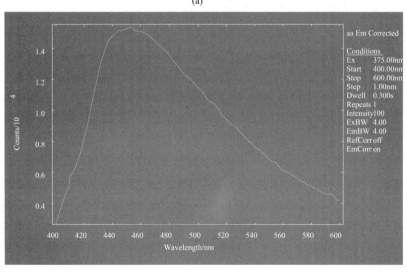

(b)

图 3-4-3　校正前（a）和校正后（b）谱图

测试荧光光谱时，如果需要分段扫描，可以使用仪器软件中"Data—Combine"中的"Append"功能将两个光谱连接起来。

以图 3-4-4 为例，测试时前一段光谱扫描 450～590nm，后一段扫描 570～750nm，两者在 570～590nm 处有 20nm 重叠，然后将前一段光谱放在活动窗口最上侧，点击"Append"，选择需要后接的那个光谱数据名称，在"Append at"处输入连接处波长，默认两者重叠中间波长位置，选择"Scale"，再点击"ok"按钮，可以将两者完美连接起来，如图 3-4-5 所示。

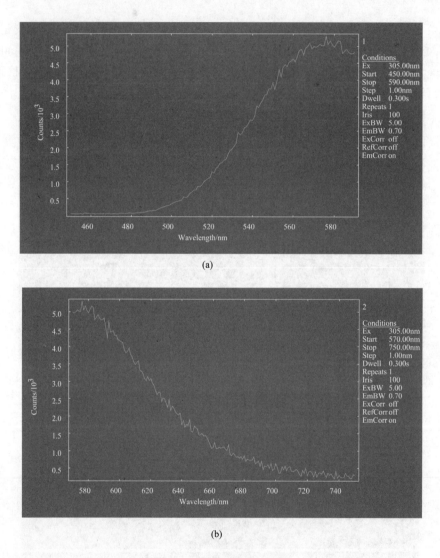

图 3-4-4　分段扫描光谱谱图

（二）寿命拟合

寿命测试结束以后，需要通过软件拟合寿命值。当样品寿命远大于仪器响应时间，不需要测 IRF，采用尾部拟合"Exp. Tail"和"Fit"，当寿命接近仪器响应时间，采用去卷积拟合"Exp. Reconvolution Fit"。

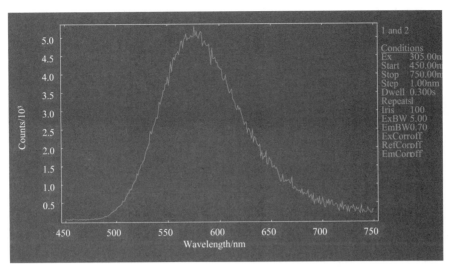

图 3-4-5　两段光谱连接后谱图

尾部拟合直接点击"Exp. Tail Fit",出现图 3-4-6(a)拟合窗口,在窗口的"τ_1"空框内输入接近所测样品寿命的值,点击"Apply",软件即做出相应的计算,最后得出实际测得的荧光寿命及其相应的误差。如果 χ^2 大于 2,则需要输入"τ_2",软件做出相应计算,得出寿命值和 χ^2 值。如果 χ^2 在 1~1.5 左右,"Residuals"曲线应均匀分布在标线 0 的两边,没有大的曲线抖动即为比较符合真实寿命值的数据。如果 χ^2 依然大于 2,则需要输入"τ_3",如果在 1~1.5 内,则"τ_3"值不需要输入。

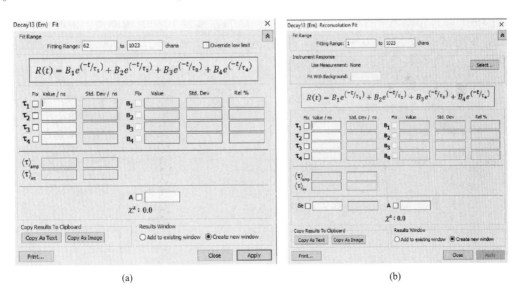

图 3-4-6　尾部拟合和去卷积拟合

测试仪器响应时间时,选择将仪器响应时间曲线和寿命曲线叠放到一起,再选择去卷积拟合,先用软件的放大镜功能,选中需要的信号部分,一般为信号顶端前即信号上升沿至信号衰减到噪音部分为止,再点击去卷积拟合"Exp. Reconvolution Fit"命令进行拟合,出现图 3-4-6(b)拟合窗口,拟合步骤同尾部拟合。

（三）量子效率计算

按照量子效率测试方法，得到空白样品光谱和样品光谱，在活动窗口只保留这两个谱图，将这两条曲线合并，点击软件中"Analysis"中的"Quantum Yield"，按照步骤进行量子产率计算。第一步基本设置中，样品类型根据实际选择液体还是固体，测试类型一般选择直接法，分析类型一般选择标准分析法，然后点击"Next"。第二步选择扫描曲线，"sample"选择样品曲线，"Ref"选择空白曲线，然后点击"Next"。第三步选择"Scatter Range"，可以直接输入，也可以用数据左键按住不放选择激发峰前后20nm；第四步"Select Emission Range"，一定要选择发射峰的起始端和结束端。这一步至关重要，范围选大结果偏大，范围选小结果偏低。然后点击next后会出测试结果。量子产率测试结果影响因素有样品浓度、空白溶剂纯度、粉末颗粒大小、发射光谱范围选择和是否扣除背景等。

（四）时间分辨光谱数据处理

时间分辨光谱测试结束以后，点击"Analysis"中的"Data Slicing"，选择时间段，一般"start time"从峰下降时间开始，"stop time"为峰结束时间。时间切片的数量一般为10个。这样就可以得到某一衰减时间段的波长谱图，可以去掉短寿命的波峰。

五、应用实例解析

（一）荧光光谱测试实例

图 3-4-7 的荧光测试条件：光源选择氙灯，检测器选择 R928P 检测器，激发波长 Ex=357nm，发射范围 Em 为 370～500nm，步长 step=1nm，积分时间 dwell=0.2s，激发狭缝 ExBW=1nm，发射狭缝 EmBW=0.55nm。

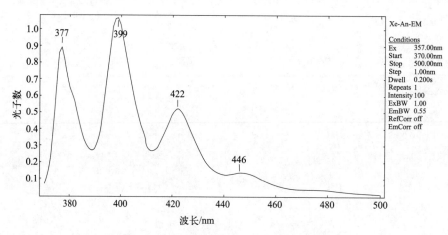

图 3-4-7 蒽 An（溶剂甲醇）的发射光谱谱图

图 3-4-8 的荧光测试条件：光源选择氙灯，检测器选择 R928P 检测器，发射波长 Ex=398nm，激发范围 Em 为 280～390nm，步长 step=1nm，积分时间 dwell=0.2s，激发狭缝 ExBW=1nm，发射狭缝 EmBW=0.50nm。

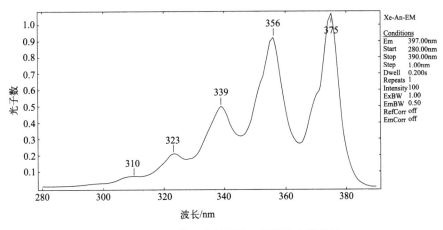

图 3-4-8　An 蒽（溶剂甲醇）的激发光谱谱图

图 3-4-9 的荧光测试条件：光源选择氙灯，检测器选择 R5509 近红外检测器，激发波长 Ex=355nm，发射范围 Em 为 1000~1450nm，步长 step=1nm，积分时间 dwell=0.1s，激发狭缝 ExBW=2nm，发射狭缝 EmBW=1.5nm。

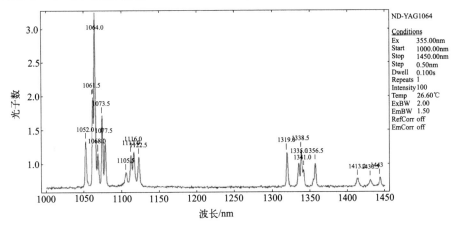

图 3-4-9　Nd-YAG（掺钕的 YAG 晶体）在近红外检测器 R5509 上的发射光谱谱图

（二）荧光寿命测试实例

图 3-4-10 的荧光测试条件：选择 EPL-375 为激发光源，检测器选择 R928P 检测器，发射波长 Em=399nm，脉冲时间为 100ns，时间范围"Time Range"选择 50ns，停止条件"stop condition"选择点数"peak counts"为 1000，通道"Channels"为 1024，测试后选择"Tail Fit"拟合。数据拟合结果寿命为 4.55ns，$\chi^2=1.111$。

（三）长寿命测试实例

图 3-4-11 的长寿命测试条件：选择微秒灯为激发光源，检测器选择 R928P 检测器，激发波长 Ex=393nm，发射波长 Em=592nm，微秒灯频率设置为 10Hz，时间范围"Time Range"选择 1ms，停止条件"stop condition"选择点数"peak counts"为 1000，通道"Channels"为 1000，测试后选择"Tail Fit"拟合。数据结果拟合出寿命为 112.85μs，$\chi^2=1.084$。

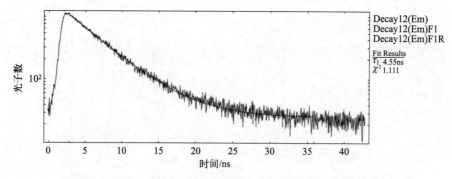

图 3-4-10　蒽 An（溶剂甲醇）的荧光寿命谱图

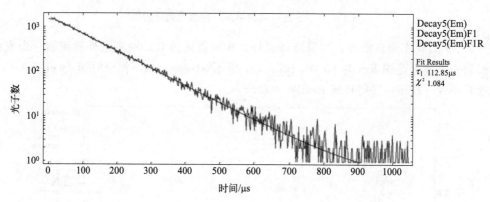

图 3-4-11　$EuCl_2$ 氯化铕（溶剂：去离子水）长寿命谱图

（四）量子产率测试实例

图 3-4-12 的荧光量子产率测试条件：光源选择氙灯，检测器选择 R928P 检测器，激发波长 Ex=460nm，检测范围为 440～800nm，步长 step=1nm，积分时间 dwell=0.3s，激发狭缝 ExBW=3nm，发射狭缝 EmBW=0.3nm。该样效率的标准值为 52%。

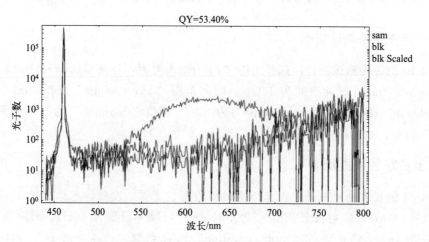

图 3-4-12　DCM 标准品量子产率测试及结果

（五）时间分辨光谱测试实例

图 3-4-13 的时间分辨光谱测试条件：选择微秒灯为激发光源，检测器选择 R928P 检测器，微秒灯频率设置为 10Hz，时间范围"Time Range"选择 1ms，停止条件"stop condition"选择点数 Time 为 300s，通道"Channels"为 1000，激发波长 Ex=365nm，发射范围 em 为 470～620nm，步长 step=1nm。图 3-4-13 上图为直接测试结果时间分辨光谱，下图为使用软件自带命令"Data Slicing"后各个时间段的谱图。

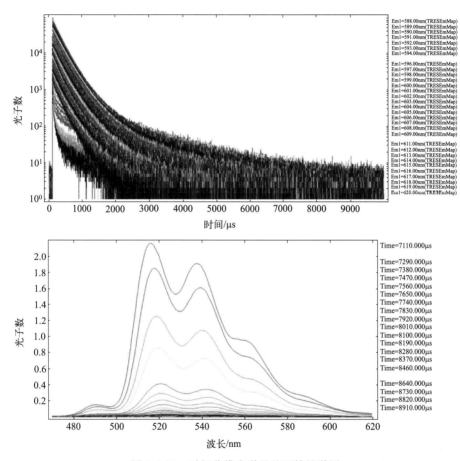

图 3-4-13 时间分辨光谱及处理结果谱图

（六）延迟寿命测试实例

图 3-4-14 的磷光测试条件：选择微秒灯为激发光源，检测器选择 RPMT 检测器，微秒灯频率设置为 100Hz，时间范围"Time Range"选择 2ms，停止条件"stop condition"选择点数"peak counts"为 1000，通道"Channels"为 1000，"Decay1"为正常寿命测试，"Decay1"为延迟 200μs，门宽 300μs 后寿命测试。同理可测延迟光谱。

（七）变温光谱测试实例

图 3-4-15 的变温光谱测试条件：光源选择氙灯，检测器选择 R928P 检测器，激发波长 Ex=350nm，发射范围 Em 为 370～700nm，步长 step=1nm，积分时间 dwell=0.3s，激发

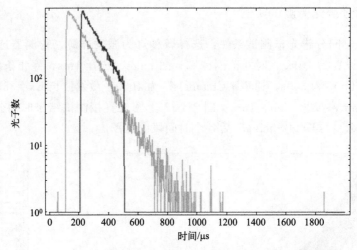

图 3-4-14 EuCl$_2$ 氯化铕（溶剂：去离子水）寿命延迟结果谱图

狭缝 ExBW=1nm，发射狭缝 EmBW=1nm，温度范围 77～300K，每 K 平衡时间 180s。同理可测变温寿命。

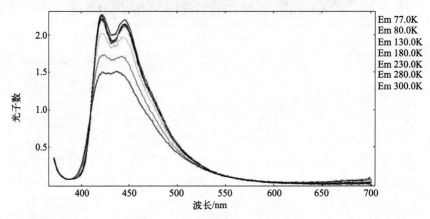

图 3-4-15 苯偶酰的变温光谱图

规范测试小贴士

荧光光谱类数据为同一仪器同一条件短期内测出的数据时，才具有可比性，同一样品在不同型号仪器不同条件测出的数据没有可比性。切勿使用不同型号仪器不同条件测试的数据去做比较，虽然数据真实，但属于人为控制，亦属于学术造假。切勿违反学术道德进行数据造假。应自觉遵守分析测试方面学术道德规范，杜绝测试数据张冠李戴。

参考文献

[1] 胡谷平，曾春莲，黄滨，等．现代化学研究技术与实践——仪器篇［M］．北京：化学工业出版社，2011．
[2] 万一千，苏成勇，童叶翔，等．现代化学研究技术与实践——方法篇［M］．北京：化学工业出版社，2011．
[3] 张寒琦，等．仪器分析［M］．3版．北京：高等教育出版社，2020．

第四章
电子显微分析法

自 20 世纪 30～40 年代透射电子显微镜、扫描电子显微镜等电子显微分析工具相继问世，经过近百年的不断发展，通过在微观尺度上对加工处理—结构—性质的关联研究，电子显微分析让人们对材料的认识和理解发生了革命性的变化。材料的宏观物理和化学性质与其显微结构密切相关，通过不断探索材料微区信息和调整材料的微观结构，可以进一步改善材料宏观性能。随着材料科学日新月异的发展，尤其是纳米材料研究的蓬勃兴起，在材料研究相关的众多领域，研究者们越来越关注材料显微结构信息如微观形态、微观晶体结构和微区化学组成等的表征和分析。目前电子显微分析作为微区分析方法的重要分支，已成为许多领域如材料、物理、化学、生物、地质、考古、医学等不可或缺的科研和分析手段。

本章将围绕电子显微分析法常用的表征及加工制样仪器设备，如扫描电镜、透射电镜和聚焦离子束，从相关基础理论知识、仪器具体操作方法及应用实例等方面展开详细介绍。

第一节 扫描电子显微分析

扫描电子显微分析法是利用扫描电子显微镜对样品进行微区表征分析的方法。扫描电子显微镜（scanning electron microscope，SEM）简称扫描电镜，是用细聚焦高能电子束在样品上扫描并激发出二次电子、背散射电子等信息，通过对这些信息的接收、放大和显示来实现对样品显微结构分析的仪器。自 1965 年英国剑桥仪器公司第一台商业化的扫描电镜推出后，近几十年电子显微技术迅速发展。扫描电镜由于制样简单、操作简便、放大倍率范围宽、可获得大景深且较高分辨力图像、可扩展多种附件具有综合分析能力等特点，成为电子显微分析领域最重要工具之一。在可扩展的附件中，能量色散谱仪（energy dispersive spectroscopy，EDS，简称能谱仪）是扫描电镜应用最广泛的附件，二者的组合不仅可以进行材料微区形貌观察，还能够提供微区化学组分信息，是材料表征分析不可缺少的手段。

本节重点阐述扫描电镜相关内容，而对能谱仪只作简单介绍，略去复杂的理论公式和推理，着重仪器操作与实际应用。

一、基础知识概述

（一）电子与样品的相互作用

高能电子束入射到样品表面时，入射电子与样品的原子核或核外电子产生弹性散射和非弹性散射作用，形成水滴状散射区域。如图 4-1-1 所示，在这两种散射作用过程中产生可反映样品形貌、结构和成分等不同信息的各种信号，如二次电子、俄歇电子、背散射电子、特征X射线、连续X射线、阴极荧光、吸收电子、透射电子等。这些信号来自电子束与样品相互作用区的不同区域。二次电子和背散射电子是扫描电镜最基本和常用的两种信号。能谱仪则利用特征X射线、连续谱X射线作为分析信号。

二次电子是入射电子与样品中弱束缚电子非弹性散射而发射的电子，一般把能量小于50eV的电子统称为二次电子。二次电子主要来自距样品表面1~10nm深度范围内，所以可以很好地显示样品表面形貌。背散射电子是入射电子与样品发生单次或多次散射作用后重新逸出样品表面的电子，能量接近于入射电子能量，取样深度范围在三分之一的散射作用区内，由于其产额与样品的原子序数有关，所以反映形貌和成分信息。特征X射线是原子内壳层电子被电离后由较外层向内壳层跃迁时产生的具有特征能量的电磁辐射，它反映了不同元素原子内部壳层结构的特征，携带样品成分信息。连续X射线是入射电子被原子库仑场减速而产生的电磁辐射，其能量从零延伸至入射电子能量。它属于非特征辐射，构成了能谱谱图的背底。

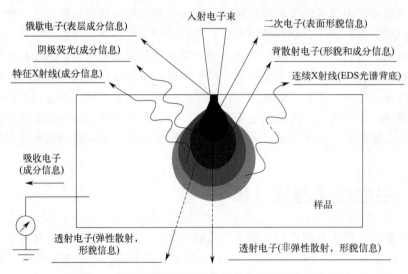

图4-1-1 电子束与样品相互作用及各种信号信息示意图

（二）相关常用术语

1. 分辨能力

分辨能力（resolution）是指能分辨出相邻两个物点之间的最小距离的能力，简称分辨力。这里说的分辨力（率）与构成图像像素点的分辨率是有区别的，不能混淆。一般认为，人眼在明视距离为25cm处分辨力为0.2mm。通过借助光学或电子显微镜等仪器，人眼可以分辨更小距离的细节，这里可分辨的更小距离指的是仪器的分辨力。

2. 放大倍率

扫描电镜的放大倍率是指显示屏中实际成像区域的长度和入射电子束在样品上相应方向扫描距离的长度之比。由于荧光屏中成像区域的长度是固定值，通过扫描发生器改变电子束在样品表面的扫描距离就可调控扫描电镜的图像放大倍率。一般扫描电镜的放大倍率从几十倍到几十万倍连续可调。将样品的表面细节放大到满足人眼分辨力时的放大倍率称为有效放大倍率。

3. 像差

导致电子在电磁透镜场中的实际运动轨迹与理想成像的运动轨迹存在一定偏差即透镜不能理想成像的现象被称为透镜的像差。它是限制和降低电子显微镜分辨力的重要因素。电磁透镜的像差一般包括球差、色差、衍射差和像散四种类型。

4. 景深

景深是指透镜对高低不平的样品各部分可同时聚焦成像的能力,也就是当像平面固定时,在维持图像清晰的范围内,近物与远物在光轴上的最大距离差。景深大则图像的立体感强,可通过减小放大倍率或增大样品和物镜光阑之间距离或使用小孔物镜光阑来实现改善景深。

5. 信噪比

信噪比指扫描电镜图像信号强度和噪声强度的比值。它也是影响扫描电镜成像质量的主要因素之一。一般来说,信噪比越高,图像越清晰。信号强度由入射电子电压和束流等决定,而噪声强度则取决于样品和检测器等。

二、仪器结构与工作原理

(一)扫描电子显微镜结构

扫描电镜结构主要由电子光学系统、样品室、真空系统、信号探测与放大系统、图像显示和记录系统及电源系统等组成,如图 4-1-2 所示。下面就主要部分予以介绍。

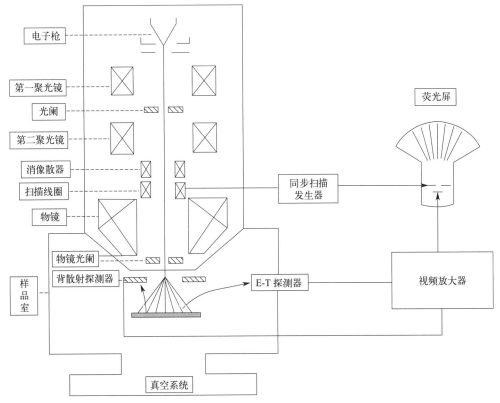

图 4-1-2 扫描电镜结构原理示意图

1. 电子光学系统

扫描电镜的电子光学系统主要包括电子枪、聚光镜、物镜、扫描系统、消像散器、各类光阑和对中线圈。该系统的作用主要是为扫描电镜提供亮度高、最终束斑直径小、束流稳定且扫描范围可控的电子束。

(1) 电子枪

作为高能电子束的提供源，电子枪是扫描电镜最重要的部件，其性能对电镜的分辨力和获得图像质量的高低有很大的影响。根据阴极材料和工作原理的差异，常用的电子枪有钨丝电子枪、六硼化镧电子枪和场发射电子枪。场发射电子枪又分为冷场电子枪和热场电子枪两种类型。目前高分辨扫描电镜都采用场发射电子枪。它选用钨材料作为基本发射体，利用场致发射效应来发射电子，具有亮度高、束流密度大及最终束斑直径小等特点。

(2) 聚光镜和物镜

扫描电镜的聚光镜和物镜均属于电磁透镜。聚光镜一般为轴对称结构的强磁透镜，主要功能是控制电子束直径和束流大小。物镜一般为锥形结构的弱磁透镜，主要作用是将电子束缩小并聚焦到样品上，也称为末级透镜。

(3) 扫描系统

扫描系统由扫描线圈、扫描发生器和放大倍率控制电路组成。其作用是实现电子束在样品和显示屏上同步扫描。改变入射电子束在样品表面扫描振幅，可获得不同放大倍率下的扫描图像。扫描线圈在不同机型中放置位置略有不同，有的在第二聚光镜和物镜之间，有的则在物镜中部。

2. 真空系统

真空系统为电子枪、镜筒、样品室等部位提供适当的真空环境，确保电子束产生，聚焦入射到样品表面，激发二次电子、背散射电子等，信号收集整个过程顺利完成。扫描电镜真空系统一般采用二级串联组合方式，即先用机械泵抽到低真空，再用涡轮分子泵将真空进一步提高至仪器真空度要求。对于场发射电镜，在电子枪室处需用离子吸附泵提供 10^{-7} Pa 以上的真空度。

3. 信号探测与放大系统

信号探测与放大系统的功能是接收样品在细聚焦高能电子束的轰击下产生的各种信号，这些信号经过视频放大器多级放大后形成进入显示系统的调制信号。不同的信号选用相应类型的信号探测器。扫描电镜中最常用的是二次电子探测器和极靴下固体背散射电子探测器。二次电子探测器是由闪烁体、光导管和光电倍增器构成的一种电子探测器，也称为 E-T 探测器。通过改变该探测器前端栅网的电位，可调节接收到二次电子和背散射电子的比例。极靴下固体背散射电子探测器采用半导体材料，该探测器不接收二次电子信号而只收集背散射电子信号。另外在低真空或环境扫描电镜中，会使用专用的低真空或气体二次电子探测器。

(二) 扫描电子显微镜工作原理

扫描电镜的工作原理如图 4-1-2 所示，首先由电子枪发射高能电子束，电子束在加速电压的作用下经过聚光镜、物镜及一些光阑后，形成直径为纳米尺度的束斑聚焦入射到样品表面，并与样品发生相互作用激发出各种信号。当电子光学系统端扫描线圈控制高能电子束在样品表面扫描时,显示系统端扫描线圈也控制电子束在显示屏上进行同步扫描,将相应探测器接收并放大的信号同步调制成显示屏中对应的不同亮度的亮点,最终形成符合人眼观察习惯的反映样品各种特征的扫描图像。

(三)能谱仪结构与工作原理

能谱仪(EDS)是同时记录所有 X 射线谱的谱仪,是一种测量 X 射线强度与 X 射线能量函数关系的设备。能谱仪主要由探测器、前置放大器、主放大器、脉冲处理器和计算机部分组成。探测器是能谱仪的核心部件,目前普遍采用的是电制冷的硅漂移探测器(silicon drift detector,缩写 SDD)。

能谱仪的工作原理如图 4-1-3 所示,当高能电子束入射样品时激发原子的内层电子,原子处于不稳定态,从而外层电子填补内层空位使原子趋于稳定的状态,在跃迁的过程中,直接释放出具有特征能量和波长的一种电磁辐射,即特征 X 射线。探测器接收特征 X 射线并将其处理输出为与 X 射线能量成正比的电脉冲信号,该信号通过前置放大器和主放大器的整形放大,转换为电压脉冲信号,随后这些信号进入脉冲处理器完成信号降噪,降噪后的脉冲信号转换为计数后,在对应通道内进行累计计数及消除脉冲堆积等处理。最后信号输入计算机并通过专业软件进行处理,达到定性和定量分析的目的。

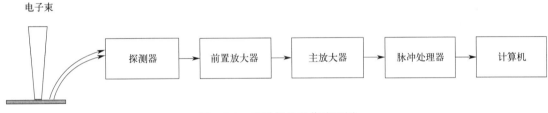

图 4-1-3 能谱仪的工作流程图

三、扫描电子显微镜测试操作规程

(一)试样制备

扫描电镜的试样制备技术对于样品后续测试及结果分析都有很大影响,尤其对于导电性差、不耐热低熔点样品的制备更要高度重视。一些特殊扫描电镜对样品要求有所差异,如低真空扫描电镜和环境扫描电镜对样品导电性、干燥程度要求不高,在此以普通高真空扫描电镜为例简单介绍常规试样制备方法。试样制备通常包括样品前期准备、粘样和镀膜处理三个步骤。

1. 样品前期准备

(1)选取样品尽可能保证清洁度,尽可能避免有油污或其他污染,对于有污染的样品可选取试样表面清洗类设备进行处理,在取样时避免用手直接接触样品。另外,样品台、镊子及取样工具也要做到干净清洁。

(2)不论是粉体、块状材料,在可能的情况下,试样选取量应尽可能少。取样量多会加长进样后抽真空时间,尤其是多孔材料,增加进入样品室后造成污染的概率。同时对于粉体样品,取样量多会导致样品堆叠,影响导电性和拍摄效果。

(3)对于易团聚粉体样品,先将样品分散于水或乙醇等易挥发溶剂中,混合液经过超声处理后少量滴至干净平整的硅片或金属导电胶上。这里需要注意的是选择的溶剂不能对样品产生影响。

（4）截面样品的制备可使用商品化切割、研磨抛光的制样类设备如离子研磨抛光仪、离子束切割仪及聚焦离子束（FIB）等。如无此类设备，对薄膜等软质材料进行截面获取时要特别注意避免使用剪刀直接剪断，可将样品放置于液氮中冷冻后淬断。

（5）在不损伤样品的情况下，对样品进行充分热处理以保证样品的干燥性。

2. 粘样

扫描电镜试样粘贴首要标准是牢固。通常使用固体碳导电胶带，对于底面不平整的样品，也可使用液体碳导电胶或银导电胶，增加牢固性。

其次是使样品观察面和样品台之间有良好的导电通路。对于细粉体样品可直接用取样工具蘸取极少量样品，通过撒或涂的方式将样品平铺在导电胶上，最后用洗耳球或其他吹扫工具将未粘牢的样品清理干净。制样时应尽量避免如图 4-1-4(a) 中所示的样品堆叠状况，合理的制样方式如图 4-1-4(b) 所示。对于块体或薄膜样品，无论样品的导电性如何，把样品粘在导电胶上后，最好在样品和样品台之间粘贴导电胶形成通路，如图 4-1-4(d) 所示，减少接触电阻，增强导电性。

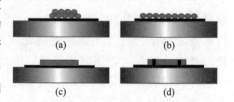

图 4-1-4 粘样方法示意图

3. 镀膜处理

对于导电性差、不耐热的样品，通常可以选择镀膜前处理。镀膜设备有离子溅射仪、高真空镀膜仪等。常用的镀层靶材材料有金、铂、铂钯合金、铬、钨和碳等。镀膜后不仅改善样品导电性和耐热辐照能力，还能增强信号强度和衬度，提升扫描照片质量。目前镀膜设备基本都可以控制膜层厚度，一般我们尽可能控制膜层厚度在 10nm 以下。但当镀膜会影响样品细节结构，追求超高放大倍率时要谨慎选择镀膜处理，否则会掩盖形貌细节或在图像中明显观察到金属膜层。

在此特别说明，上述制样方法适用于大多数常规非生物类样品的制备。对于生物样品，首选在环境扫描电镜或低真空电镜中进行分析，这些电镜对样品的干燥度要求不高，试样制备相对简单，观察效果也比较接近于活体实际情况。如果需使用普通高真空模式扫描电镜测试生物类样品，为了保证在高真空下样品不发生损伤或变形，一般需要对样品进行清洗、固定、脱水、冷冻干燥等处理。生物样品试样制备方法比较复杂，具体处理、制样步骤可参考田中敬一等编写的《图解扫描电子显微镜——生物样品制备》、戴大临等编著的《生物医学电镜试样制备方法》等书籍。

（二）仪器操作规程

以 HITACHI SU8020 冷场场发射扫描电镜为示例。

1. 进/出样

（1）进样

首先，将粘好样品的样品台在样品台架上拧紧，用高度规调整好高度，如图 4-1-5 所示，样品台和样品台架整体高度须接近且在高度规下方。其次，将样品台架通过交换室送至样品仓内。该仪器样品仓、交换室、样品杆实物如图4-1-6(a)所示。具体操作如下：在如图4-1-6(b)所示样品交换室控制面板上按"AIR"键放气，拉开交换室，在样品杆前端放置样品架，将如图4-1-6(c)所示的样品杆末端黑色旋钮旋至"LOCK"位置；按"EVAC"键，交换室抽真空至仪器要求真空度；按"OPEN"键打开样品仓门，推样品杆至"XC"指示灯亮，将样品杆末端黑色旋钮旋至"UNLOCK"位置后抽拉样品杆至固定位；按"CLOSE"键关样品仓门，完成进样。

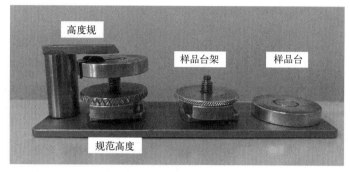

图4-1-5　样品台、样品台架、高度规及规范高度实物图

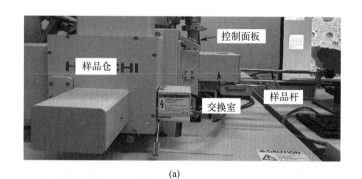

(a)

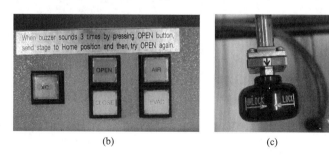

图4-1-6　样品仓、交换室、样品杆（a）控制面板（b）及样品杆锁（c）实物图

（2）出样

测试结束后先点击图4-1-7所示软件操作界面中"HOME"键使样品台归位，再点击"OFF"键关闭加速电压。按"OPEN"键，待样品仓门打开后推入样品杆至"XC"指示灯亮，将样品杆末端黑色旋钮旋至"LOCK"位置，抽拉样品杆至固定位。按"CLOSE"键，关闭样品仓门。按"AIR"键放气，拉开交换室，将样品杆末端黑色旋钮旋至"UNCLOCK"状态并取下样品架。按"EVAC"键，将交换室抽真空至仪器要求真空度。

图 4-1-7 扫描电镜测试软件操作界面

2. 测试

（1）开启电压并确定样品位置

选择合适电压后点击软件操作界面的"ON"开启加速电压，点击"H/L"调至低倍（LM）模式，在此模式下滑动图 4-1-8(a)所示的轨迹球确定待测样品位置。

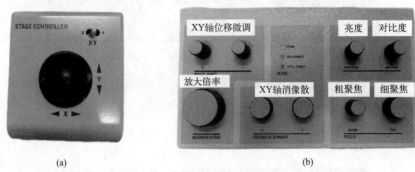

(a)   (b)

图 4-1-8 轨迹球和手动操作旋钮盘

（2）对中、聚焦、消像散

点击"H/L"键进入高倍模式，滑动轨迹球，在样品上选择测试区域，放大到待拍摄放大倍率后分别仔细调节图 4-1-8(b)所示手动操作旋钮盘中粗、细聚焦，X、Y 轴消像散四个旋钮直至得到正焦无像散的状态如图 4-1-9(a)所示，而图像的欠焦和过焦状态如图 4-

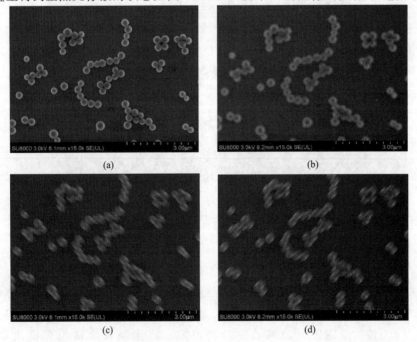

(a)   (b)

(c)   (d)

图 4-1-9 （a）正焦无像散；(b) 欠焦和过焦；(c)、(d) 未消除像散图像

1-9(b) 所示。当未消除像散时，改变聚焦，不仅图像无法清晰，还会出现两个方向的严重拉伸，如图 4-1-9(c)、(d) 所示，此时应该先将聚焦旋钮调至图像无拉伸状态，然后分别调整 X、Y 轴消像散旋钮直至图像清晰。图像的亮度和对比度可通过测试软件中"ABC"键自动调节，也可使用手动操作盘中亮度和对比度旋钮进行手动调节。

如聚焦或消像散过程中发现图像有漂移，或更改电压、束流、聚光镜线圈电流强度、工作距离等参数后需要进行对中操作。具体如下：点击操作界面上的"B-Align"键，出现"Alignment"对话框，如图 4-1-10(a) 所示，由上至下，依次选择"Beam Align""Aperture Align""Stigma Align. X"和"Stigma Align. Y"，使用手动操作旋钮盘中 X、Y 轴消像散旋钮进行四项对中操作。在"Beam Align"对中时，如图 4-1-10(b) 所示，将圆斑移动至中心位置。在其余三项对中时，调节旋钮盘中的 X 和 Y 轴消像散旋钮至图像不再晃动，以十字线中心为中心周期性地放大缩小即可。

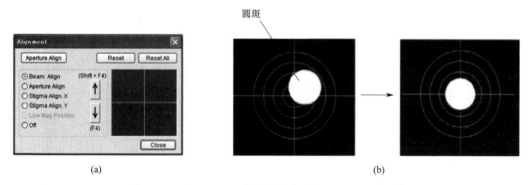

图 4-1-10 "Alignment"对话框和"Beam Align"调节

（3）扫描和拍照

通过上述步骤调节得到满意图像后，根据样品导电性选择适合的扫描方式后拍照并保存数据，一般导电性好的样品选择"CS"慢扫扫描方式，而导电性差的样品选择"Fast"积分扫描方式。

四、测试结果影响因素分析

扫描电镜样品种类繁多且样品本身导电性、耐热性等性质差异很大，因此要获得理想的测试结果，我们必须在做好电镜操作基础上根据样品的自身情况去不断摸索合适的电镜工作条件。对扫描电镜测试结果有影响的工作条件很多，如加速电压、束斑束流、工作距离、光阑孔径、灰度及探测器选择等。在此我们讨论加速电压、工作距离和探测器选择三个方面。

1. 加速电压

加速电压的增大，有助于提高信号电子产额，增加图像的信噪比，减小色差和衍射的影响，从而提高图像的分辨率。但这不意味着在任何样品的测试时都要一味追求高加速电压。不同加速电压下的锡球电镜照片如图 4-1-11 所示，在 0.5kV 时，图像的分辨率差，呈现模糊状态。当电压分别选择 3kV、10kV 和 30kV 时，图像的分辨率逐渐提高，但同时锡球表面污染物的细节也逐渐变得不明显。这是由于加速电压越高，电子散射区域就越大，从深处激发的二次电子和背散射电子的比例就越大，表面细节越容易丢失。另外，对于一些导电性差且不耐热辐照的样品，如高分子材料、有机材料或生物材料等，高的加速电压会进一步加深荷电效应程度和热损伤，如图 4-1-12 所示。因此加速电压的选择要根据样品的性质综合考虑。

图 4-1-11　不同加速电压下锡球的扫描电镜照片
(a) 0.5kV；(b) 3kV；(c) 10kV；(d) 30kV

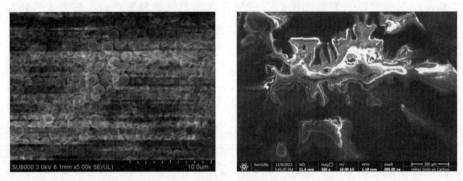

图 4-1-12　加速电压过高引起荷电效应与样品损伤

2. 工作距离

工作距离是指物镜下边缘到样品上表面的距离，一般用 WD 表示。工作距离对电镜的测试结果影响较大，主要是影响仪器分辨力和景深。当工作距离增大时，样品上的束斑变大，仪器分辨力下降，但此时孔径角减小，景深变好。反之工作距离减小，仪器分辨力提高，景深变差。因此我们需要根据对样品测试要求来合理选取工作距离。另外，工作距离变小，意味着离极靴更近，操作时需要谨慎。

3. 探测器选择

随着扫描电镜技术的不断成熟,电镜的探测器呈现多样化、多位置放置的发展趋势。现在很多扫描电镜都会同时配备至少三个探测器,在测试中,通过选择不同的探测器来收集不同信号就可以获得不同效果和信息的图像。

以本实验室使用的 HITACHI SU8020 冷场场发射扫描电镜为示例,测试二氧化硅微球和银混合物样品时,在样品的同一区域分别使用 Top、Upper 和 Lower 三种类型的探测器收集高角度背散射电子、低角度背散射电子和二次电子,可以得到不同效果和信息的测试结果。相对二次电子图像[图 4-1-13(a)、(b)],背散射电子图像[图 4-1-13(c)、(d)],尤其是高角度背散射电子图像[图 4-1-13(c)]携带更多衬度信息。另外,不同位置的探测器也会影响测试结果,低位的 Lower 探测器和高位的 Upper 探测器均收集二次电子的图像,低位的 Lower 探测器得到图像分辨力略低但立体感更强。

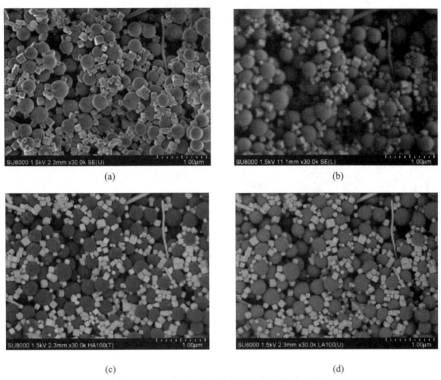

图 4-1-13 不同类型探测器对图像的影响
(a)、(b) 二次电子图像;(c) 高角度背散射电子图像;(d) 低角度背散射电子图像

五、应用实例解析

(一)高真空非减速模式下材料微区形貌分析

高真空非减速模式是传统扫描电镜的常规测试模式。这种模式对于样品干燥程度、导电性和耐热性等要求相对较高,一般需要对导电和耐热性差的样品进行镀膜处理。适合在此模式下测试的样品通过选择合适的电压、工作距离等条件一般可相对容易地获得高分辨率的清晰图像,如图 4-1-14 所示,在不同测试条件下,碳基金颗粒、Ui-O66 纳米粒子和毛细管上二氧化钛膜截面三种材料均可得到较高分辨率的测试结果。

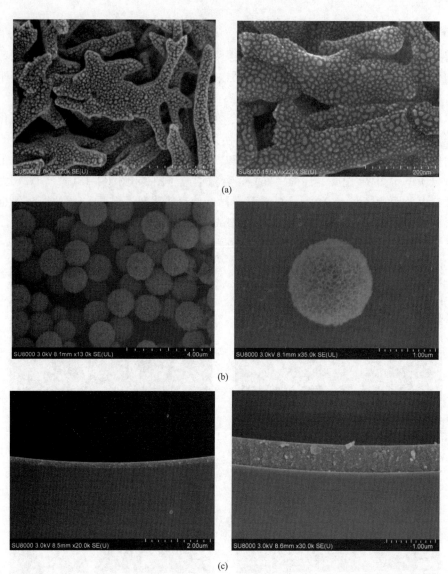

图 4-1-14 三种材料在高真空非减速模式下低倍和高倍形貌图像
(a) 碳基金颗粒；(b) Ui-O66 纳米粒子；(c) 二氧化钛膜

（二）高真空减速模式下材料微区形貌分析

既拥有高分辨力，又使用低电压有效缓解不导电材料的荷电效应是低电压扫描电镜追求的目标，目前主要的电镜厂商都在通过减速技术来实现这一目标。所谓的减速技术，就是在样品台上加反向减速电场，使得从电子枪发射的高能电子束在到达样品表面前被减速了，最终以低能入射到样品表面。在该模式下，电子束既保持了高加速电压下的亮度和分辨力，又通过低着陆电压有效缓解对样品的损伤及荷电效应。另外，该技术还通过反向电场使得二次电子和背散射电子更快到达探测器，提高了探测器对这些信号的收集效率，增加了信噪比。对于导电性不好的介孔分子筛和易发生损伤和荷电效应的隔膜样品，在未进行任何镀膜的情况下，利用减速模式，依然可以得到无荷电无热损伤的高分辨图像，如图 4-1-15 所示。

但值得注意的是，减速模式的应用有一定要求，适合将较为平整的样品放置于样品台中

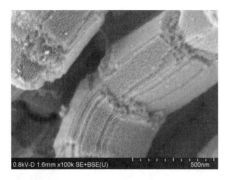
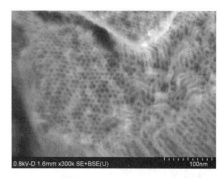

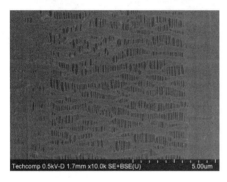
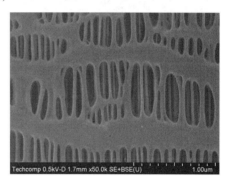

图 4-1-15　SBA-15 分子筛（a）和隔膜材料（b）的形貌图像

央，对于有倾斜角度、表面凹凸起伏过大、截面样品以及在样品台边缘的样品不适用。

（三）低真空模式下材料微区形貌分析

有些类型的扫描电镜既可提供高真空模式又可提供低真空模式，此类电镜型号通常会标识 LV-SEM。低真空模式相对于高真空模式就是样品仓内的真空度要求不那么高且真空压力可以在一定范围内调节，目前有些低真空模式可达四五百帕。在低真空下，由于样品仓内有大量气体存在，样品附近的气体分子被电离后中和了不导电样品表面的多余电子，有利于消除荷电效应，因此适合在不进行镀膜处理下对导电性差或者一些含水的动植物样品进行测试。将不导电的 A4 打印纸分别在低真空模式和高真空模式下进行测试，如图 4-1-16 所示，相比于高真空模式，低真空模式下图像无荷电效应。

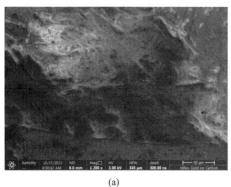
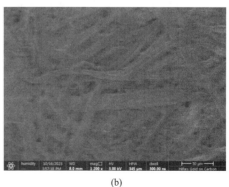

图 4-1-16　A4 打印纸在高真空（a）和低真空（b）模式下形貌图像

但随着样品仓真空度变低，电子束受到气体分子严重散射，图像质量变差，不能获得高倍率图像。在低真空模式下，无须经过复杂烦琐的制样步骤，可以把蚂蚁刚毛样品和新鲜的植物叶片直接放入样品仓进行观察，如图 4-1-17 所示［图 4-1-17(a) 由赛默飞公司提供］。但在该模式下，样品仍然会失去水分，因此需要快速测试或配置低温冷台。

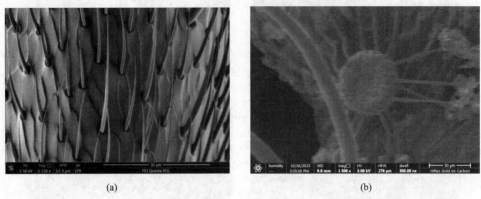

图 4-1-17　蚂蚁刚毛（a）和树叶（b）形貌图像

（四）环扫模式下材料微区形貌分析

1989 年第一台商用环境扫描电镜的推出极大地拓宽了扫描电子显微技术的应用领域。目前环境扫描电镜具备三种真空模式，即高真空模式、低真空模式和环扫模式。虽然低真空模式可用于非导电材料和含水样品的测试，但对于新鲜动植物、含水量多的材料、油性物质等样品，低真空模式不能满足要求。环扫模式就是可根据样品的要求对样品室的真空压力、温度及气氛等工作条件进行多方位调节，样品室的真空压力范围最高可达 4000Pa，使得电镜可在更天然的"环境"中对样品进行原生态的观察，包括对样品的动态性能进行实时观测和记录。环扫电镜与常规电镜不同的关键技术在于多压差真空系统和特殊的气体二次电子探测器。图 4-1-18 是由赛默飞公司提供的用赛默飞环境扫描电镜在环扫模式下对新鲜花瓣进行测试的图像，测试时样品室湿度保持在 90% 以上。

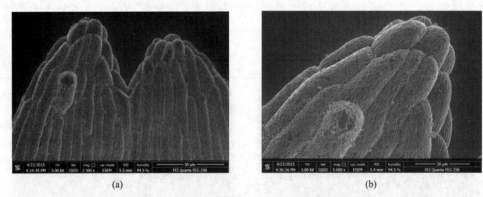

图 4-1-18　新鲜花瓣在环扫模式下的形貌图像

（五）材料微区成分分析

微区成分分析是指在材料的微小区域中进行元素鉴定和组成分析。能谱仪通过检测从样品激发出的特征X射线的能量来进行微区成分分析。按照能谱仪的分析方法可以分为点分析或区域分析、线分析和面分析三类，下面我们将以纳米四氧化三铁粒子为例逐一进行解析。

1. 点分析或区域分析

点分析是指入射电子束固定在样品某个分析点上进行的X射线能谱定性或定量分析。本方法也可以扩大为入射电子束对样品表面一个很小区域进行快速扫描即区域分析。如图4-1-19所示，分别对分散在硅片上的纳米四氧化三铁粒子样品进行点分析和区域分析，定性分析结果一致，无标样定量分析结果由于分析区域不同略有差异。

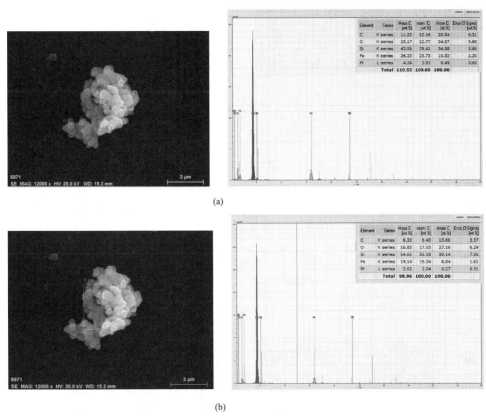

图 4-1-19 （a）点分析和（b）区域分析

2. 线分析

线分析是电子束沿样品表面一条线逐点进行的分析方法。线分析的各分析点等距并具有相同的电子探针驻留时间。当电子束沿一条分析线进行扫描时，能获得元素含量变化的线分布曲线。如果和试样形貌像（二次电子像或背散射电子像）对照分析，能直观地获得元素在不同相或区域内的线分布曲线。

从图 4-1-20 可以清楚看到材料中不同元素的不均匀分布特征。图 4-1-20(a)中箭头指向电子束扫描线方向，图 4-1-20(b)显示扫描线的元素变化规律。线高度代表元素含量高低，不同点的同种元素在相同条件下，可以定性比较含量变化。因为不同元素的X射线荧光产额不同，所以不同元素之间的峰高不能进行元素含量的比较，例如轻元素谱峰高度低但元素含量可能很高。特别注意的是X射线计数服从统计规律，即使元素含量没有变化时，沿扫描线的元素分布通常也不是一条直线，这是由于X射线计数统计涨落引起的波动。低含量元素的线扫描数据还需注意由试样不平、气孔、腐蚀试样的晶界等可能引起的元素线分布变化的假象。

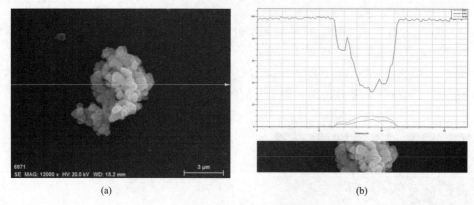

图 4-1-20　能谱线分析结果

3. 面分析

面分析是用能谱仪输出的特征 X 射线信号强度（计数率）来调制显示器上电子束扫描样品对应的像素点的亮度而形成显示元素富集状态图像的方法。亮度越亮，说明元素含量越高。面分析是用元素面分布像观察元素在分析区域内的分布。元素面分布常常与形貌相对照分析。

观察样品表面元素分布时，不同元素含量显示的亮点数量不同，元素含量越高，显示屏上显示的亮点越多，亮点重叠形成的亮度越亮，仪器背底噪声也会产生亮点。面分析对低含量元素不太适用，很难显示元素面分布特征。由于面分析采集范围大，每点采集的时间短，要获得质量好的 X 射线面分布数据，往往采用大束流、长采集时间。从图 4-1-21 可以看到铁和氧元素在样品上呈现富集状态，而样品区域以外硅元素出现富集状态。

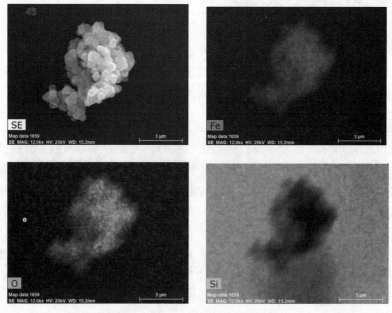

图 4-1-21　能谱面分布分析结果

参考文献

[1] 张大同. 扫描电镜和能谱仪分析技术 [M]. 广州：华南理工大学出版社，2007.
[2] 施明哲. 扫描电镜和能谱仪的原理与实用分析技术 [M]. 北京：电子工业出版社，2015.
[3] 李威，焦汇胜，李香庭. 扫描电子显微镜及微区分析技术 [M]. 北京：东北师范大学出版社，2015.
[4] C.W. 奥脱莱. 扫描电子显微镜 第一册 仪器 [M]. 葛肇生，刘绪平，谢信能，等译. 北京：机械工业出版社，1983.
[5] 田中敬一，永谷隆. 图解扫描电子显微镜——生物样品制备 [M]. 李文镇，应国华，等译. 北京：科学出版社，1984.
[6] 杜学礼，潘子昂. 扫描电子显微镜分析技术 [M]. 北京：化学工业出版社，1986.
[7] 马金鑫，朱国凯. 扫描电子显微镜入门 [M]. 北京：科学出版社，1985.
[8] 郭素枝. 扫描电镜技术及其应用 [M]. 厦门：厦门大学出版社，2006.
[9] 胡谷平，曾春莲，黄滨. 现代化学研究技术与实践 仪器篇 [M]. 北京：化学工业出版社，2011.
[10] 曾毅，吴伟，刘紫微. 低电压扫描电镜应用技术研究 [M]. 上海：上海科学技术出版社，2015.
[11] 曾毅，吴伟，高建华. 扫描电镜和电子探针的基础及应用 [M]. 上海：上海科学技术出版社，2009.
[12] 柳得橹，权茂华，吴杏芳. 电子显微分析实用方法 [M]. 北京：中国质检出版社，中国标准出版社，2015.
[13] 黄承志. 基础仪器分析 [M]. 北京：科学出版社，2017.

第二节　透射电子显微分析 ▶▶

透射电子显微学是一门研究电子与固态物质结构相互作用的科学，透射电子显微镜（transmission electron microscope，TEM）简称透射电镜，把人眼睛的分辨能力从毫米级拓展至亚原子量级（<1Å），大大增强了人们观察世界的能力。经过几代科学家们的不懈努力和研究，目前透射电子显微分析技术已经成为材料科学、化学、生物科学、电子科学、凝固态和地质科学等多学科的非常重要的研究手段。

本节将对普通透射电子显微镜、球差透射电子显微镜和冷冻透射电子显微镜的相关理论知识、实际操作及应用分析三部分展开详细介绍。

一、基础知识概述

（一）透射电子显微镜理论背景

透射电镜主要是电子束经过阴极加速投射到非常薄的样品上，电子与样品中的原子碰撞而改变方向，从而产生立体角散射。透射电镜中电子束与样品的相互作用如图 4-2-1 所示。入射束与样品碰撞产生背散射和前向散射信号。TEM 主要利用穿过样品的前向散射信号进行成像，散射角的大小与样品的密度、厚度相关，因此可以形成明暗不同的影像，影像将在放大、聚焦后在成像器件（如荧光屏、胶片以及感光耦合组件）上显示出来。其实，电子显微镜与光学显微镜的成像原理基本一样，所不同的是前者用电子束作

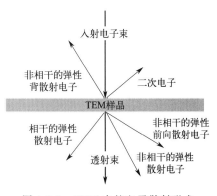

图 4-2-1　TEM 中的电子散射形式

光源，用电磁场作透镜。

（二）透射电子显微镜的发展

1932年，诺尔和鲁斯卡在电子光学理论的基础上，成功研制了世界上第一台透射式电子显微镜。它只能实现12倍的放大，但首次证明了利用电子束和电子透镜的光学系统可以对物体图像进行放大，开创了透射电镜发展的先河。仅仅两年后，他们将透射电镜的分辨率提高到50nm，放大倍数达到10000倍。到1939年，德国西门子公司生产的透射电镜已经实现了超过10nm的分辨率，以及100000倍的放大倍数。

20世纪60年代，透射式电子显微镜的分辨率提高到0.5nm。到70年代末，分辨率达到0.3nm以下，透射电子显微镜已可作为常规分析仪器使用，特别擅长于高分辨成像。此后，各种新技术和新模式被引入透射电镜系统中，使其功能更为强大完善：如扫描透射附件获得组成分析信息，能量色散谱仪进行元素识别，球差校正系统打破分辨率极限实现亚埃级成像，以及冷冻技术固定生物样品天然结构。伴随着这些新技术和模式的发展创新，透射电子显微镜已成为材料界、催化化学、界面科学等领域不可或缺的重要表征手段。

我国电子显微镜的研制在1959年前后展开，由中国科学院光学精密机械研究所、上海精密医疗器械厂、中国科学院电子学研究所等单位共同研制了我国第一台透射式电子显微镜——DX-100，总体分辨率和性能都不高，分辨率仅为2.5nm。1960年起，上海电子光学技术研究所在DX0-100基础上制造了一系列透射电子显微镜，分辨率也提高到0.7nm。经过无数科研工作者的努力，1977年上海电子光学技术研究所设计制造出了高分辨率的透射式电子显微镜$DXB_2 12$，分辨率达到0.2nm。2024年1月，首台国产场发射透射电子显微镜TH-F120发布，配备120kV场发射电子枪，具备0.2nm分辨率的成像能力。目前，我国透射电子显微镜行业几乎被外资品牌垄断。美国的赛默飞世尔科技（Thermofisher）、日本的日本电子株式会社（JEOL）和日立（Hitachi）这三家企业，在2021年占据了全球透射电子显微镜90%以上的市场份额。国产场发射电镜TH-F120的发布将打破国内透射电镜100%依赖进口的局面，为材料科学、生命科学、半导体工业等领域提供重要支持。希望在不久的将来，中国的透射电子显微镜行业能够取得突破性的进展。

（三）透射电子显微镜相关专业术语

加速电压：加速电子到高速的电压，典型为80~300kV。加速电压越高，电子束能量越高，穿透样品能力越强，分辨率越高。

点分辨率：能够区分作为独立点的最小距离。点分辨率越高，TEM的解析度就越好。

放大倍率：图像大小相对于样品实际大小的放大比例。

扫描透射成像（STEM）：通过聚焦电子束扫描样品的TEM模式，具有组成和衍射等额外信息。

STEM探测器：明场、环形明场、环形暗场等探测器，用于收集STEM模式下的信号。

选区衍射：通过选取感兴趣的小面积样品区域进行电子衍射分析的技术。

相差：包括球差、彗差、色差以及像散。

球差：光学成像系统中电磁透镜对电子束的非均匀聚焦。球差是影响TEM分辨率的主要因素之一，可通过球差校正器进行修正。

彗差：由透镜的非点对称性造成，表现为图像中点随距离光轴的增大而发生"尾巴"现象。为了补偿彗差，通常需要调整透镜的激励电流。

色差：电子枪发射的电子存在能量发散，不同速度的电子因为透镜的不同聚焦能力而造成的像差。可通过能量过滤器进行修正。

像散：磁透镜的非轴对称性，使得射向样品的电子束在垂直和水平两个方向上的聚焦平面不重合。

对比度：图像亮度差异的度量。

能量滤波：通过过滤掉特定能量的电子来优化对比或提取元素信息的技术。

傅里叶变换：一种将图像从空间域转换到频率域的数学运算，可用于分析 TEM 高分辨图样。

二、仪器结构与工作原理

根据不同的设计和功能，透射电子显微镜主要可分为以下几类：传统透射电子显微镜、球差校正透射电子显微镜以及冷冻透射电子显微镜。下面对不同类型透射电子显微镜的结构与工作原理进行简要介绍。

（一）传统透射电子显微镜结构与工作原理

传统透射电镜一般在 200kV 的加速电压下工作，主要由真空系统（机械泵、分子泵、离子泵等）和电子光学系统（电子枪、各级磁透镜、图像观察与记录装置等）构成。

1. 真空系统

为了确保电子枪发射的电子能量损失最小，获得足够的速度和穿透能力，镜筒必须保持一定的真空度。如果真空度不佳，高速电子与气体分子碰撞会产生随机散射电子，导致图像对比度降低；同时气体分子的放电现象也会使电子束不稳定，影响成像质量。此外，灯丝也会因真空度低而氧化，缩短使用寿命。对于电子显微镜的真空度要求是：在该真空度下，电子平均自由程不得小于电子在镜筒中的行程，镜筒真空度至少不得小于 10^{-3} Pa。为了保证高压稳定度和防止试样污染，试样室的真空度还要更高一些，要求达到 10^{-5} Pa 或更高。现代高性能电子枪可以达到更高的真空度。

2. 电子光学系统

整个电子光学部分完全置于镜筒之内，如图 4-2-2 所示，自上而下顺序排列着电子枪、聚光镜、样品室、物镜、中间镜、投影镜、观察室、荧光屏、照相机构等装置。根据这些装置的功能不同又可将电子光学部分分为照明系统、样品室、成像系统及图像观察和记录系统。

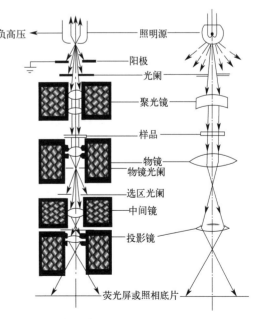

图 4-2-2 透射电镜结构与工作原理图

3. 照明系统

照明系统由电子枪、聚光镜和相应的平移对中及倾斜调节装置组成,作用是为成像系统提供一束亮度高、相干性好的照明光源。

(1) 电子枪:它由阴极、栅极和阳极构成。在真空中通电加热后使从阴极发射的电子获得较高的动能形成定向高速电子流。电子枪又分热发射电子枪(钨灯丝、LaB_6灯丝)和场发射电子枪(冷场发射电子枪、肖特基热场发射电子枪)。

(2) 聚光镜:聚光镜的作用是汇聚从电子枪发射出来的电子束,控制照明孔径角、电流密度和光斑尺寸。

(3) 样品室:其位于照明部分和物镜之间,它的主要作用是通过样品台承载样品,移动样品。

4. 成像系统

成像系统一般由物镜、中间镜和投影镜组成。物镜的分辨率决定了电镜的分辨率,属于电镜的核心部位,中间镜和投影镜的作用是将来自物镜的图像进一步放大。

(1) 物镜:物镜是电子显微镜成像系统中最关键的组件。由于其在光学系统中首级成像,任何设计缺陷都会被下游镜片放大,所以物镜通常采用短焦距设计以获取更高分辨率。为提高图像对比度,物镜后焦面设置了不同孔径的光阑,过滤掉散射电子。物镜既产生首级放大图像,也给出衍射谱信息,决定了整个电镜的解析能力上限。物镜的分辨率主要取决于极靴结构的精细度。

(2) 中间镜:中间镜是一种长焦距的弱磁透镜。它的作用是将物镜形成的初级放大图像或衍射图样进行二次放大,使其成像在投影镜的前端面。通过调节中间镜的电流,可以改变其放大倍数。进一步减小电流,中间镜的成像面会与物镜后焦面重合,这时显现的为后焦面上的衍射图样,对应衍射成像模式。从这个电流点略微增加电流,中间镜的成像面会位于与上述衍射图样对应的初级影像面上,放大的是对衍射图样有贡献的物镜图像部分,即衍射像位置。

(3) 投影镜:投影镜作为成像系统中的最后一级,与物镜一样属于强励磁透镜。由于其极靴内部空间不受限制,可以做得很小,因而可以实现比物镜更高的放大倍数。为减少像差,投影镜通常在固定的激励电流下运行,其放大倍数是固定的。

(二)球差校正透射电子显微镜结构与工作原理

球差校正透射电子显微镜(aberration-corrected transmission electron microscope,ACTEM)是在传统电子显微镜的基础上,通过引入特殊的球差校正系统来提高图像空间分辨率的一种新型电子显微镜。它克服了电磁透镜固有的球差限制,实现亚埃级的原子分辨率直接成像。

电子显微镜利用高能电子束与样品相互作用产生的各种信号来成像和分析样品的微观结构。由于电磁透镜本身存在像差,其中最主要的像差是球差,这严重制约了电子显微镜的分辨率。球差是指电磁透镜对电子束的非均匀聚焦,与透镜具有球面对称曲面的特点有关。球差的主要影响是:中心轴附近传播的电子偏转角度小,远离中心的电子偏转角度大,不同半径的电子无法汇聚到同一焦点,导致图像模糊(如图4-2-3所示)。球差与分辨率指数相关,是限制传统电子显微镜分辨率的主要因素。

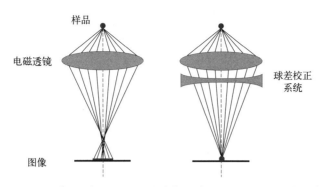

图 4-2-3 普通透射电子显微镜成像和球差校正电子显微镜成像

为了校正球差，在透镜的上下游设置多级校正系统，它包含若干组特制的电磁透镜，可以产生与球差相反的作用，抵消球差的影响，使得经过校正系统后的电子能够在样品面上得到更好的聚焦，显著提高分辨率。目前商用的球差校正器主要由两组六级电磁透镜和四个圆形传导透镜组成。如图 4-2-4 所示，对于 TEM 模式，球差校正器设置在物镜下方；对于 STEM 模式，则设置在三级聚光透镜下方。通过改变校正系统内各透镜的电流或磁场，可以优化各向同性和各向异性成分，校正球差。目前球差校正电子显微镜可实现亚埃级的 0.5~0.8Å 的点分辨率。

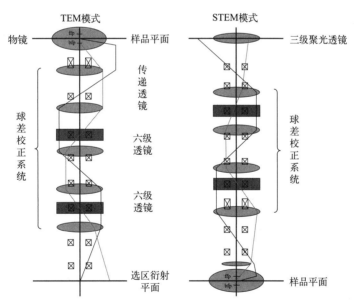

图 4-2-4 TEM 模式和 STEM 模式球差校正结构示意图

相比传统电子显微镜，球差校正电子显微镜具有以下显著优点：①分辨率高：校正了球差和其他像差后可实现亚埃级分辨率，能够直接成像观察单个原子，大大超过传统 TEM 的分辨率。②信息丰富：除成像信号外，还可以配备 EDX、EELS 等谱学探测技术，在原子尺度上获取元素分布、化学价态等信息。③应用广泛：可广泛应用于材料、化学、生物等领域的微结构和界面研究。④低电压工作：在较低加速电压下（60kV、80kV 等）工作，减少样品受电子束辐照的破坏，并可保持较高的分辨率。⑤抑制像散：可有效抑制离域效应，提高表面和界面成像质量。⑥原位表征：可配备各种原位仪器，研究样品在不同条件下的结构演变。目前，球差校正电子显微镜表征已成为当今微观结构表征的一种重要技术手段，在材料科学、界面科学、化学催化等领域有着广泛的应用前景。

（三）冷冻透射电子显微镜结构与工作原理

冷冻透射电子显微镜（Cryo-TEM，简称冷冻电镜）是一种在低温环境下使用透射电子显微镜观察样品的显微成像技术。冷冻电镜成像技术的出现，极大地推进了生物大分子结构的研究。与常规电镜条件下不同，低温条件使得水分子迅速形成无定型的玻璃状固体，从而避免了冰晶的生成。同时，低温也可以抑制自由基的扩散及化学反应的发生，最大可能地保持了样品的原生结构。事实上，在生物样品制备过程中，各种各样的理化因素都可能导致蛋白质发生变性或聚集，这将严重影响结构生物学研究的精确性。如何保持蛋白原生构象，是利用结构生物学手段研究其结构功能关系的关键。

冷冻制样技术中最关键的一点就是制样速率。采用常规冷冻手段，水分子会在氢键作用下形成冰晶，一是会改变样品结构，二是在成像过程中，冰晶体会产生强烈的电子衍射掩盖样品信号。而当冷冻速率足够大时，水分子在形成晶体之前就会凝固成无定形的玻璃态冰，具有非晶态特性，保证了在电子束探测成像的过程中不会对样品成像造成干扰。

冷冻制样常使用液态乙烷作为冷冻剂，使冷冻速率达到 $10^4 \sim 10^6 K/s$，快速固定样品结构。在此速率下，样品中的水被玻璃化而不形成冰晶。固定的样品结构更稳定，玻璃态冰也不易在真空中升华，一定程度上减少了电子辐照损伤。常使用 Vitrobot（快速冷冻仪）等专用设备快速将样品插入液态乙烷，然后经冷冻输送器在始终低温的条件下转移到电镜样品舱内进行后续成像。

在电镜成像时，由于生物大分子对电子束具有敏感性，因此需要使用低剂量技术。在冷冻电镜技术中，常用的低剂量辐照成像法有两种：冷冻电子断层扫描法、单颗粒分析成像法。

电子断层扫描技术（cryogenic computed tomography）基本原理与医院中的 CT（computerized tomography，电子计算机断层扫描）类似。在进行电子断层扫描时，样品连续不停地旋转，并在每个旋转角度上都进行一次成像。这样，我们就可以得到物体在不同投影方向的二维投影像。然后，通过傅里叶变换，我们可以得到一系列不同取向的截面。当截面足够多时，我们可以从傅里叶空间中获取到三维信息。最后，经过傅里叶反变换，我们便能够得到物体的三维结构。此外，为了提高图像分辨率并突出感兴趣的结构，我们还需要进行一系列的图像处理。这种技术非常适合于研究不具有周期性的大分子和细胞器。

单颗粒分析法（single particle analysis，SPA）是一种在冷冻电镜中使用的技术，其基本原理是通过对大量具有同样结构的大分子样品进行随机的投影拍照，然后通过计算模拟测定角度，对具有相同角度的粒子进行组合，从而突出其中更特殊、更容易解释的特征。单颗粒冷冻电镜是针对单个粒子进行重构的技术，但由于我们的研究对象往往是多构象或结构异质的蛋白，颗粒之间存在细微差别，这是一些蛋白质无法获得高分辨结构的重要原因之一。因此，对于结构异质性样品的分析，我们需要首先将样品分成几个同质的子集，然后分别进行三维重建。由于单颗粒分析法理论成像分辨率更高，尤其在分析具有同质性结构的样品时表现出更方便、更优异的成像能力，因此得到了更广泛的应用。单颗粒分析法的研究对象可以是具有某种对称性的颗粒，也可是不具有任何对称性的蛋白分子或复合体，如适用于核糖体的表征。

冷冻电子显微镜最大的优势就是能够在低温环境下固定样品结构。但是这类技术目前还面临一定的瓶颈，比如低剂量条件下信噪比偏低、计算复杂、样品制备稳定性差等。但是随着检测器敏感性能的提高以及计算方法与软件的成熟，冷冻电子显微镜技术将为结构生物学研究提供更多可能。

（四）其他常用谱学附件的结构与工作原理

1. X射线能谱仪

透射电镜X射线能谱仪的结构原理与扫描电镜X射线能谱仪类似，可参见扫描电镜的相关内容。

2. 电子能量损失谱结构与工作原理

电子能量损失谱（electron energy loss spectroscopy，EELS）是一种现代材料表征技术，目前广泛应用于化学、物理、材料科学等研究领域。EELS的基本原理是利用快速传播的电子束与样品发生非弹性碰撞，通过测量散射电子的能量损失分布，来分析样品的元素组成、电子结构以及化学环境等信息。

EELS系统主要由电子光学系统、探测系统和信号处理系统三部分组成（如图4-2-5所示）。电子光学系统提供高能电子束，典型的系统包含电子枪、磁透镜、偏转器等；探测系统利用探测器来收集样品散射的电子；信号处理系统对探测到的电子进行数字化转换，并进行后期信号分析处理。

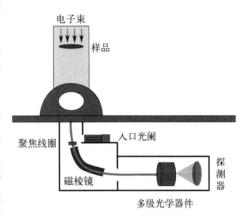

图 4-2-5　EELS 系统结构组成

当高能电子束穿过样品时，会与样品内部原子发生弹性碰撞和非弹性碰撞。弹性碰撞不改变电子的能量；而非弹性碰撞使电子失去一定能量，这部分散射电子带有样品的结构与组成信息。EELS就是通过分析这部分散射电子的能量损失分布，来获取样品的信息。

根据能量损失范围的不同，EELS谱图可以分为两个主要区域：低能损失区（0~50eV）和高能损失区（50eV以上）。低能损失区的谱峰主要对应电子在样品中的集体振动模式（等离子体）激发，以及外层电子的跃迁，反映材料的电学和光学性质；高能损失区的特征峰对应内层电子被激发的电离峰，反映元素的组成和电子结构。

高分辨率EELS对精确解析材料的电子结构和化学信息有重大帮助，主要体现在：

（1）电离边的精细结构。对自然宽度小于0.5eV的低序数元素，可获得更丰富的电离边近边缘结构信息，有助于研究电子结构。

（2）准确测定半导体的能隙。可区分直接和间接能隙，测定各种半导体的精确能隙值，以及测量掺杂引起的能隙变化。

（3）元素定量分析。利用电离峰强度比例可以进行样品中不同元素的定量比较。与EDX技术不同，EELS对轻元素C、N、O更为敏感。

（4）化学环境研究。同一元素但不同化学环境的电离边形状会有差异，可用于分析元素的化学价态及成键情况。

（5）样品厚度测定。根据低损耗区衰减情况可以测量样品的厚度。

（6）元素映射。结合 STEM，可以获得高空间分辨率下样品中不同元素的分布映射。

EELS 技术为纳米材料电子结构和化学信息的测定提供了独特的手段，极大推动了材料界面、化学键、催化等方面的科学研究。随着分析技术水平的不断提高，EELS 的应用前景非常广阔。

3. 透射电子显微镜成像模式

明场成像（bright field imaging）：这是最基本的 TEM 成像模式。利用未经散射的光轴电子直接成像，显示出质量较轻或厚度较薄的区域。主要用于显示样品的基本形态。

暗场成像（dark field imaging）：通过物镜光阑只选择小角度散射的电子进行成像。质量较重或存在缺陷的区域会产生较多散射，从而显示为亮区。这种模式可以大大提高缺陷和相界面的对比度。

衍射成像（diffraction imaging）：将传播方向接近准直的衍射电子波聚集，形成晶体方向和对称性信息的斑点图样。不同晶粒和取向对应不同对称分布，这是研究晶体微区结构的重要模式。

高分辨率成像（HRTEM）：在接近点分辨率极限条件下成像，显示相干的晶体列阵信息，可以直接观察到晶体缺陷及立体结构。高质量的 HRTEM 成像需要精确的像差校正。

扫描透射成像（STEM）：将聚焦的电子束以扫描方式逐点扫过样品，再根据同步检测的信号构建图像，可以提供组成和衍射信息。

能量滤波成像（EFTEM）：通过能量滤波只选取特定损失能量段的电子成像，可强调元素分布、化学信息、电子状态及表面等效应。

三维重构（tomography）：从二维投影图像堆栈中重构样品三维结构的技术。使用透射电子显微镜收集样本不同倾斜角度下的二维投影图像。通过计算机算法，将这些二维图像重新对齐和组合，计算出样本的三维结构。可以在计算机上对该三维结构进行交互式的可视化和分析。

三、透射电子显微镜测试操作规程

（一）样品制备

1. 常规粉末样品制备

常规粉末样品制备步骤如图 4-2-6 所示。首先，选择质量可靠、标准合格的碳化铜网作为载体，其导电性和均匀性直接影响成像效果。使用镊子小心取出铜网，膜面朝上平放在白色滤纸上，目的是使铜网表面平整。然后，取适量粉末样品和挥发性溶剂（如乙醇）制成悬浮液，超声处理使样品均匀分散。注意控制浓度，太稀难以找到样品，太浓则易聚集且颗粒易掉落污染镜筒。最后，待滤纸吸干多余溶剂后，可将铜网放入样品盒待测。

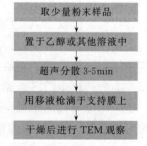

图 4-2-6 常规粉末样品制备

2. 生物类样品以及聚合物样品制备

由于生物及聚合物样品主要由 C、H、O、N 等轻元素组成。这些元素原子对电子的散射能力很弱，相互之间的差别也很小。一般需要对样品进行染色处理。

负染色技术，主要应用于观察样品中的颗粒性物质或生物大分子。其特点是用金属盐对铺展在载网上的样品进行染色，使整个载网都铺上一层重金属盐，而有凸出颗粒的地方则没有染料沉积。对于样品的要求，首先，样品悬液的纯度不要求过高，但是应避免过多的细胞碎片、培养基残渣、糖类以及各种盐类结晶的存在，因为这些都会干扰染色反应和电镜的观察。尤其是不能有过多的糖类，因为在电子束的轰击下，糖类容易炭化而有碍观察，因此样品要适当提纯。其次，样品悬液的浓度要适中，太稀在电镜下很难找到样品，太浓样品堆积影响观察。操作流程包括吸取样品悬液滴到有膜的铜网上，静置数分钟，然后用滤纸吸去多余的液体，滴上负染色液，染色 1~2min 后用滤纸吸去负染色液，待干后用于电镜观察。此外，需要注意的是，负染色技术使用重金属盐作为染色剂，让重金属盐覆盖并渗透到生物大分子中去，然后把样品晾干脱水，从而固定生物大分子的结构使用电镜进行观察。然而，这种方法的分辨率极限在 1.5nm 左右。

正染色技术是一种在电子显微镜下使用重金属盐，如铅盐和铀盐等，对样品进行染色的方法。这种技术主要利用重金属对电子的强散射能力，使得与其结合的结构或成分的电子散射能力增强，从而提高样品本身的反差。在实际操作过程中，首先需要选取适合的染色剂。目前最常用的是醋酸铀和柠檬酸铅染色液。其中，醋酸铀具有放射性，因此在使用时要特别小心。而柠檬酸铅染液容易与空气中的二氧化碳反应，形成不溶解的黑色颗粒，可能会污染切片。因此，当使用柠檬酸铅染液时，必须确保使用的双蒸水已经过煮沸以除去二氧化碳。然后，根据所需观察的目标结构，可以选择组织块染色或切片染色。组织块染色是在固定组织后直接进行染色，有利于保存膜结构。切片染色则是在超薄切片后进行染色。最后需要注意的是，因为电子染色不同于光学显微镜的染色方法，它是通过重金属盐与细胞的某些成分或结构结合来达到染色目的的，所以整个染色过程需要在防辐射的环境下进行。

3. 冷冻电镜样品制备

冷冻电镜样品制备步骤如图 4-2-7 所示。冷冻电镜样品制备是结构生物学中的一项关键步骤，其目标是在低温下使液态样品中的水不结晶而呈玻璃态。这种非晶态冰既可以固定样品的液相状态，又可以避免水结晶对样品结构的破坏。具体来说，这个过程通常从将溶液状态下的样品铺展在铜网上开始，形成很薄的样品液层（液层厚度取决于样品颗粒大小）。然后，通过将铜网迅速投入液态乙烷等冷却剂中，使其快速降温，要使水变为玻璃态，必须急速冷却到 165K，从而避免水结晶的形成。在这个过程中，控制温度下降的速度非常关键，以防止样品在过冷状态下形成晶核。

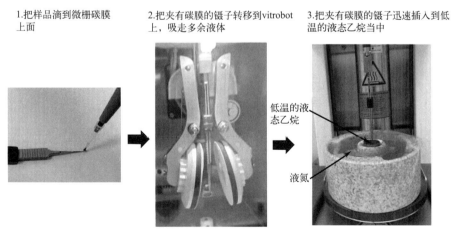

图 4-2-7　冷冻电镜样品制备

此外，一些高级的设备，如快速冷冻系统（vitrobot），也可以用来自动化进行冷冻电镜样品制备，从而提高实验的效率和一致性。总的来说，冷冻电镜样品制备是一个需要精细控制和操作的过程，旨在确保最终得到的样品处于最佳的观察状态。

（二）透射电镜操作规程

（1）准备阶段：检查设备是否完好，确保真空系统正常工作，准备好待观察的样品。

（2）样品制备：将待观察的样品进行切割、研磨、镀膜等处理，制作成薄片。典型厚度在50~100nm。

（3）装样：将处理好的样品放入样品盘中，用夹子固定好。

（4）抽真空：打开真空泵，将透射电镜内的气压抽至低真空状态。

（5）调整参数：根据样品特性和成像要求，调整加速电压、成像模式等参数。

（6）成像：在不同的放大倍数下观察记录材料的微观结构、相分布、缺陷、边界等形貌特征。

（7）衍射分析：通过选区电子衍射技术，确定样品局部区域的晶体结构和取向信息，辅助表征形貌。

（8）组成分析：使用STEM结合EDS等技术，分析样品表面元素和相的二维分布状况。

（9）关机：关闭透射电镜的电源，撤掉冷阱中的液氮保护，并做冷循环、维护等。

四、应用实例解析

1. TEM模式下材料形貌表征

TEM图像通常为黑白的，图像对比度主要来自于样品对电子束的吸收、散射和相位差。不同的元素、晶体结构和厚度会产生不同的对比度。利用TEM图像，我们可以识别结构中的晶粒、相界面、位错等信息。利用计算机软件可以测量这些结构的尺寸，如晶粒大小、晶格间距、位错密度等。需要注意的是，TEM图像实际上是样品的二维投影，类似于光通过物体形成的阴影。所以，我们看到的TEM图像是样品的二维信息。

图4-2-8所示的为分子筛样品和离子减薄的金属样品的TEM形貌。从图中可以看出分子筛颗粒尺寸约为200nm，在放大倍数为200000倍时，可以清晰地观察到其内部的孔道特征。金属样品拍摄时可通过增加若干级物镜光阑增强图像衬度和对比度，从图中可分辨出样品的不同晶粒、晶界及位错。

2. 电子衍射分析晶体结构类型

利用电子衍射图样可以确定晶体结构和取向，正确的衍射标定是进行TEM分析的基础。对于单晶衍射花样[如图4-2-9(a)]，衍射标定步骤如下：

（1）使用DM、Radius等软件打开需要标定的衍射图样文件（可能需要校正标尺），若拍摄时使用挡针，需在衍射图中标定中心斑作为基点。

（2）利用软件工具准确测量衍射图样上几个衍射点到基点的间距，取倒数后记为d值。

（3）结合样品的组成和结构，查询数据库，找出可能匹配的PDF卡片，对照d值推测对应晶面指数。

（4）假设其中一个衍射点的晶面指数，根据晶面间距计算出对应的d值。

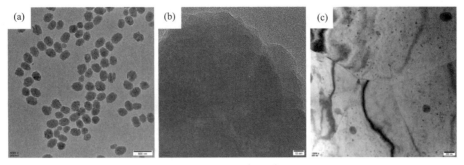

图 4-2-8 分子筛（a）、(b) 和金属样品（c）透射电镜形貌

（5）根据已知衍射点的指数，通过衍射点间向量关系标定其他衍射点的晶面指数。

（6）利用晶体学公式，计算已标定晶面之间的夹角，与衍射图样夹角对比。

（7）如果计算出的夹角与实测结果一致，则标定成功；如不一致，需要重新标定，直到计算吻合。

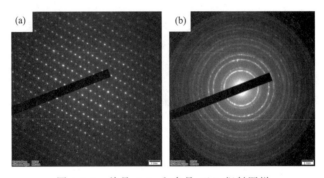

图 4-2-9 单晶（a）和多晶（b）衍射图样

对于多晶衍射图样[如图 4-2-9(b)]，其衍射花样呈一组同心圆，标定方法如下：

（1）利用软件测量每一环的半径 R，并计算对应的晶间距 d。

（2）在 PDF 卡中寻找与测量 d 值相匹配的晶面间距，确定晶面指数。

（3）观察环形是否连续均匀，断续不均匀表示优选取向。

（4）衍射标定需要理解晶体学原理，熟练使用软件工具，积累经验。

正确的标定是开展 TEM 分析的基础，需要细心和耐心逐步完成。衍射标定结果也需要与成像结果等互相验证，以保证标定的准确性。

3. STEM 模式下材料形貌表征

扫描透射电子显微镜（STEM）的成像原理是将电子束聚焦成细小探针（probe），在样品上逐点逐线扫描，并收集各点的相互作用信号，最后重构出图像。常见的 STEM 成像模式包括明场（BF）、高角环形暗场（HAADF）和二次电子（SE）成像。BF STEM 使用中间角度范围的前向散射电子进行成像；HAADF STEM 使用大角度范围散射电子进行成像；SE STEM 使用低能二次电子进行成像，原理类似扫描电子显微镜（SEM）。STEM 的 HAADF 模式根据原子序数成像（即 Z 衬度图像），可根据图像的亮暗衬度变化明显区分出样品中重元素和轻元素的分布。同时，HAADF STEM 的深度分辨率较好，样品厚度较小的变化不会对图像衬度造成影响。

进行 STEM 拍摄的基本步骤包括：
（1）样品装载，调整样品高度，选择合适的样品区域。
（2）切换 STEM 模式，选择合适的成像参数。
（3）调整焦距，拍摄样品图像。
（4）拍摄结束后，将样品从光路中移走，或关闭电子束，避免过度照射样品。

图 4-2-10 所示的样品为负载金属纳米颗粒的 MFI 分子筛，其中金属纳米颗粒的元素组成为 Ru，分子筛片层的元素组成为 Si、Al、O。由于 HAADF STEM 利用大角度散射电子成像，衬度近似与原子序数 Z 的平方成正比，可清楚显示重元素的分布。TEM 模式为透射电子成像，衬度与取向和相位相关。HAADF STEM 对厚度变化不敏感，可显示突出的重元素。而 TEM 模式对厚度变化敏感，重元素可能被掩盖。利用图 4-2-10 HAADF STEM 图像，我们可清晰地看出分子筛片层中 Ru 金属纳米颗粒的大小及分布形态，从而对分子筛的结构特征信息进行有效的评价。

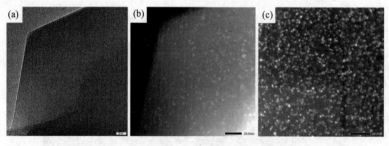

图 4-2-10　负载金属纳米颗粒的分子筛样品
(a) TEM；(b)、(c) HAADF STEM 图像

结合实例 1 中 TEM 模式的材料表征案例，可以看出 STEM 与 TEM 的成像模式各有特点，用户可以根据实际研究需要进行合理选择。

4. X 射线能谱仪分析材料元素分布

TEM 与 X 射线能谱仪（energy dispersive X-ray spectroscopy，EDX）相结合，可实现在 TEM 成像的同时进行元素分析。其基本原理是：高能电子束与样品原子核和内层电子发生弹性碰撞，引起其激发发射特征 X 射线。EDX 探测器收集样品发出的 X 射线，根据其能量差异对元素进行识别。通过 TEM、STEM 成像和衍射技术确定样品的微区结构，结合 EDX 可以实现对指定微区的元素组成分析。EDX 分析区极小，可达纳米量级，能进行点扫描、线扫描、面扫描，得到元素分布映射，且半定量及定量分析精度高。EDX 元素分析技术在材料科学、地质学、生物学等领域有广泛应用。

进行 EDX 元素分析的基本步骤包括：
（1）观察感兴趣的目标区域，确定分析位置。
（2）调整好成像参数，获得清晰稳定的 TEM 或 STEM 图像。
（3）进入 EDX 模式，进行点扫描、线扫描或面扫描，收集元素分布信息。
（4）对所获得的 EDX 谱进行定性和定量分析。
（5）结合 TEM、STEM 图像，分析元素分布与微结构的关系。

图 4-2-11 所示的样品是金属纳米颗粒@空心壳体材料。金属纳米颗粒和空心结构材料构建纳米反应器，是目前催化领域的研究热点之一。这种结构既可以提高金属纳米颗粒的活

性和稳定性，又可以通过调控反应微环境来优化选择性。从图 4-2-11 所示的 EDX 表征结果可以看出，金属纳米颗粒成功植入空心壳体，形成核壳结构。金属纳米颗粒由 Au 和 Pd 两种元素组成，其核心为 Au 元素；空心壳体主要由 Si、O、C 三种元素组成。

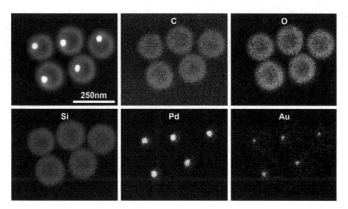

图 4-2-11　纳米颗粒@空心壳体材料的 EDX 表征结果

通过 TEM、STEM 观察与 EDX 元素分析的配合，可以深入揭示材料组成与结构之间的内在关系，为研究提供重要信息。

5. 球差校正透射电子显微镜表征材料原子结构

利用球差电镜可直接观测样品的原子级表面结构，多晶材料中不同晶粒的原子排布结构、晶界的连接方式，以及点缺陷、线缺陷和面缺陷的精细结构（如位错、边缘位错等）。结合原位技术，可直接观察固-液和固-气反应过程中表面原子的实时变化。球差校正电子显微镜的操作需要熟练掌握各个部件的工作原理和操作方法，同时要熟悉样品的合适成像，才能获得理想的成像效果。为了获得高质量的原子分辨率图像，需要注意以下因素：

（1）精细的样品制备，制备厚度均匀的超薄 TEM 样品。
（2）稳定的电镜工作状态，避免电磁干扰和震动引起的样品漂移和图像畸变。
（3）精确的光轴校准，校正像散等系统误差。
（4）正确的成像参数选择。
（5）减小电子束照射，避免析出或碳化影响。

近年来，电镜表征技术发展迅速，集成差分相位衬度扫描透射电子显微技术（integrated differential phase contrast STEM，iDPC-STEM）可实现对电子束敏感材料的成像质量改善。图 4-2-12 所示的样品利用 iDPC 技术对苯分子在 ZSM-5（MFI 型）分子筛直孔道中的分布及分子筛骨架变化进行了原位观察。通过电镜表征发现，ZSM-5 分子筛能够通过相邻孔道的局部变形，使动力学直径为 5.85Å 的苯探针分子进入其 10 元环直通道（孔径约 5.3Å）。在苯吸附后，直通道沿客体分子的方向发生严重的变形，从而允许较大分子的扩散，揭示了苯分子突破孔径限制的内在机制。此外，MFI 框架的对称性可以通过相邻通道实现相互补偿，从而保持整体晶体结构稳定并产生宏观刚性行为。这些结果证实了宏观刚性沸石骨架的微观粒度拓扑柔性并揭示了其化学性质，促进了对分子扩散突破孔径限制的内在机制以及微观拓扑柔性对微孔材料吸附和催化转化影响的理解。

6. 冷冻透射电子显微镜表征生物材料

近年来，外泌体的研究逐渐成为生物医学领域的热点，而冷冻透射电镜技术被广泛应用

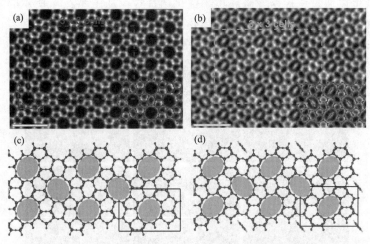

图 4-2-12 ZSM-5 分子筛吸附二甲苯前后的骨架结构变化

于外泌体的表征和研究中。外泌体是一种由细胞分泌的囊泡状结构,其内部含有丰富的生物活性分子,如蛋白质、核酸、脂质等。由于外泌体的尺寸较小（通常在 30～150nm）,因此传统的透射电子显微镜难以对其进行有效的成像。而 Cryo-TEM 则可以通过低温冷冻技术,将样品固定在极低温度下,从而避免了样品的变形和散射,提高了成像质量和分辨率。在 Cryo-TEM 中,外泌体通常需要经过特殊的处理和制备过程,以确保其在低温下的稳定性和可观察性。例如,可以通过冷冻干燥、冷冻切片、冷冻置换等方法来制备外泌体样品。然后,将样品放置在电子显微镜的铜网或碳膜上进行成像。由于外泌体的尺寸较小,因此需要使用高分辨率的透射电子显微镜来获得清晰的图像。通过冷冻透射电镜技术,研究人员可以对外泌体的形态、结构、组成以及与细胞相互作用等方面进行深入的研究。图 4-2-13 为外泌体的冷冻透射形貌图,从图中可分辨出外泌体的尺寸及形貌,其膜厚度约为 7nm。

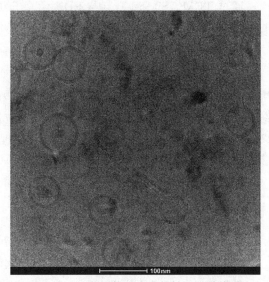

图 4-2-13 外泌体的冷冻透射电镜形貌图

7. 三维重构表征催化剂内部金属纳米颗粒分布

透射电镜三维重构技术是一种基于透射电镜的三维成像技术。它的基本原理是在透射电镜下获取不同投影角度的二维电子图像,然后通过图像处理和计算机算法将二维投影转化为三维重构图。最终可以交互式地观察和分析样品内部的三维结构。其最大优势是可以达到纳米级的分辨率,适用于观察各类材料和生物样品的微细结构,在材料设计、生命科学等方面有着重要的应用价值。

三维重构的操作步骤如下：

(1) 图像采集：改变样本的倾斜角度,在 TEM 下获取不同角度的二维投影图像。倾斜角度可以通过倾转样品杆来实现，也可以通过改变透射电子束的入射方向。一套完整的数据集通常包含 60~140 张样本的 TEM 图像。

（2）图像预处理：对采集的原始图像进行处理和校正，主要包括去噪、校正失真、提高对比度等，目的是提高后期重构图像的质量。这一步通常使用数字图像处理软件来实现。

（3）三维重建：应用算法将二维图像转换为三维模型。这需要很强的计算能力，通常使用 GPU 来实现图像重构和三维可视化。

（4）三维分析：得到三维数据后，可以从多角度对样本的微纳结构进行交互式的观察、测量和分析，实现对材料结构、缺陷、应力状态等的定量表征。同时也可以与其他结构表征技术结果相互验证。

图 4-2-14 所示的是分子筛负载金属纳米颗粒的 TEM 照片和三维重构模型。样品装载在特殊的三维重构样品杆上，该样品杆可实现 x 轴方向约±70°的倾转。通过倾转样品杆，每隔 1°采集 TEM 图像，最后利用重构算法得到三维模型。三维模型可进行交互式观察，在三维空间分析金属纳米颗粒在分子筛内部的分布情况，从而辅助催化性能的分析。

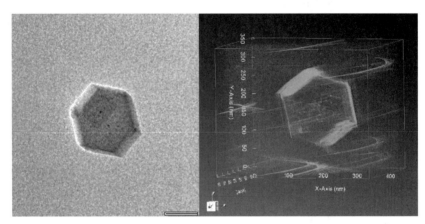

图 4-2-14　分子筛负载金属纳米颗粒的 TEM 照片和三维重构模型

透射电镜三维重构技术利用计算机视觉和图形学知识，实现了材料和生物样品真正意义上的三维成像和表征，是当今研究微纳结构的一大利器，在诸多高科技领域具有广阔的应用前景。

参考文献

[1] Urban K W. Studying atomic structures by aberration-corrected transmission electron microscopy [J]. Science, 2008, 321: 506-510.

[2] Haider M, Uhlemann S, Schwan E, et al. Electron microscopy image enhanced [J]. Nature, 1998, 392: 768-769.

[3] CEOS. Residual aberrations of hexapole-type Cs-correctors. https://www.ceos-gmbh.de/en/produkte/residualsCEX-COR (accessed November 06, 2023).

[4] Egerton R F. Electron energy-loss spectroscopy in the electron microscope [M]. 3rd ed. New York: Springer, 2011.

[5] Williams D B, Carter C B. Transmission electron microscopy [M] 2nd ed. Verlag: Springer, 2009.

[6] Zou H, Dai J, Wang R. Encapsulating mesoporous metal nanoparticles: towards a highly active and stable nanoreactor for oxidative coupling reactions in water [J]. Chem Commun, 2019, 55: 5898-5901.

[7] Xiong H, Liu Z, Chen X, et al. In situ imaging of the sorption-induced subcell topological flexibility of a rigid zeolite framework [J]. Science, 2022, 376: 491-496.

第三节　聚焦离子束加工

在前面的章节中，分别介绍了用扫描和透射电子显微镜对材料的形貌、微结构和组成等进行表征分析的方法。然而，在实际的材料研究中，经常会遇到待测区域并非理想地直接呈现的情形，如纳米材料的内部形貌结构、二维薄层的截面、外延薄膜的界面等信息，因此，需要对这些样品进行精准的前期加工处理，使得感兴趣区域能更好地暴露在扫描或者透射电子显微镜的视场下，以便充分地分析观测。

一、基础知识概述

聚焦离子束（focused ion beam，FIB）是实现微纳米尺度加工和操作的重要手段，其利用聚焦的离子束作为探针对样品的表面进行扫描，基于荷能离子与材料发生丰富的物理化学相互作用而实现成像、切割和沉积等功能，其优势在于以纳米级精度实现多维度、跨尺度复杂图形的定点直写和多级结构的设计制备。目前，一般所称的 FIB 都指的是 FIB-SEM 双束系统，其结合了聚焦离子束的微纳加工能力和扫描电子显微镜的无损高分辨成像等优点。离子枪和电子枪呈一定的夹角安装，如图 4-3-1(a) 所示，可通过多轴样品台的旋转和倾斜找到感兴趣区域，当样品置于共中心高度（eucentric height）时即可实现微纳加工的同时扫描成像。如图 4-3-1(b) 为美国 FEI 公司生产的 Helios NanoLab 600i 型聚焦离子/电子双束系统实物图，其配备了 AMETEK Apollo X 能量色散 X 射线光谱仪，Pt、W 和 SiO_2 等沉积气体，四组 Kleindiek MM3A 探针和 Omniprobe 纳米操作手，可以实现低维材料或器件的原位构建和测试。因此，随着能谱、电学、力学及图形发生器等功能模块的加载，聚焦离子束将发展成为功能强大的微纳米材料和器件的加工分析平台，在材料、化学、电子甚至是生命科学等领域均发挥不可替代的作用。

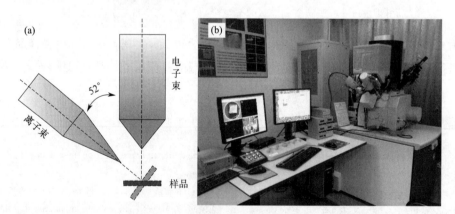

图 4-3-1　FEI Helios NanoLab 600i 型聚焦离子/电子双束系统
(a) 工作模式示意图，双束的延伸交叉点为共中心高度；(b) 仪器实物图

二、仪器结构与工作原理

离子源是 FIB 系统中产生离子束的核心装置，上图设备所采用的为液态金属离子源

(liquid metal ion source，LIMS)，如图 4-3-2(a) 所示，螺旋状储液池中的金属 Ga 受热后浸润整个钨针尖端，发射极施加高压后与针尖形成强电场（10^{10} V/m），针尖的液态金属被迫电离而被"拔出"形成离子束。场致发射的离子束经引出、加速和聚焦后形成纳米级的离子束斑，在八极偏转器的控制下实现对样品表面的扫描。作为带电粒子，离子和电子作用到样品的表面均会发生一系列的散射，直至失去所有能量后停留在材料体相中。离子多发生非弹性碰撞损失其动能，注入深度为纳米级，相比之下电子多发生弹性碰撞仅改变飞行方向，注入深度高至微米级。由于离子能量较大，其入射材料后引起的溅射、背散射、二次离子/电子发射、X 射线发射、离子注入及化学反应等是聚焦离子束实现多样化功能的基础。

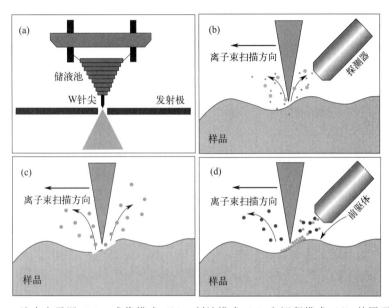

图 4-3-2 液态离子源 (a)、成像模式 (b)、刻蚀模式 (c) 和沉积模式 (d) 的原理示意图

收集离子束撞击样品表面产生的二次电子或二次离子信号可以实现聚焦离子束的成像，如图 4-3-2(b) 所示，其图像分辨率主要受离子束束流、加速电压和扫描驻留时间等因素影响。在双束系统中，可以通过电子束成像实现对样品的精确定位以及对离子束加工结果的及时评估。由于不同晶面的原子排布密度不同，离子与样品的作用深度以及二次电子的产额不同，因此，离子束相比于电子束成像能更敏感地呈现晶体取向和晶粒结构等细节信息，但缺点在于会给样品的表面带来不同程度的非晶化损伤和形态变化。

利用离子束与样品原子核的非弹性碰撞产生原子移位或完全脱离可实现聚焦离子束的刻蚀功能，如图 4-3-2(c) 所示。入射的离子束轰击样品表面会产生大量的反弹原子，这些原子会进一步级联传递给周围更多的原子，当处于样品表面的粒子的动能大于表面束缚能时，则发生溅射逸出。溅射效率与入射离子的能量、角度以及样品的原子密度和原子质量密切相关。被溅射出的原子一部分被真空系统抽离，一部分再沉降到加工位置附近从而降低刻蚀效率和加工质量，为此，有针对性地引入氟、氯等活性气体使之与溅射原子形成挥发性的化合物是解决该问题的有效方案。

离子束扫描过程中，在工作区域引入金属有机化合物前驱体气体可以实现类似化学气相沉积的表面生长反应。前驱体在离子束的轰击下发生化学键断裂，金属原子得以沉降，而有机配体则以气体分子的形式被真空系统排出，如图 4-3-2(d) 所示。例如，利用 $W(CO)_6$、

$C_9H_{16}Pt$ 作为前驱体,分别可以得到 W 和 Pt 的沉积。这种利用离子束直写的沉积方式具有高精度、高重复性和高可控性的特点,结合束流的扫描控制可以灵活准确地实现复杂纳米结构的个性化设计和制备。值得注意的是,沉积时离子束带来的刻蚀是同时发生的,选择合适的束流和驻留时间是调控沉积速率的关键;此外,前驱体的不完全分解或碳氧有机污染的掺入,使得所沉积的金属电极导电性较相应金属有所降低。

三、应用实例解析

（一）纳米材料的内部形貌成像

在用扫描电镜对微纳米材料的形貌进行表征时,有时除了关注其表面形貌外,其内部的细微结构变化对于优化合成条件和分析性能关联均有很好的参考意义。虽然透射电镜和 X 射线能谱分析能间接获取部分样品内部信息,但是样品的适用性并不高。为此,利用聚焦离子束的刻蚀功能,可以精准地将样品"切开"以观察其内部形貌。例如,在某高分子纤维的电喷雾合成中,出现了极少类似"纺锤体"的不规则结构[如图 4-3-3(a)],其两端分别与正常的纺丝相连,因此,可以判定其并非为外部引入的杂相。利用 FIB 对其进行部分刻蚀,倾斜样品台后可以观察到"纺锤体"内部的空腔结构,推断这可能是由于合成过程中喷嘴处的液滴堆积所致,并最终通过优化电场强度和溶液浓度有效地避免了这一结构的生成,目标产物的均匀一致性也得以提升。同时,FIB 也用来对纤维的内部结构进行刻蚀分析,证明了其管内丰富的多级连通纳米孔结构是其超高比表面积的关键。

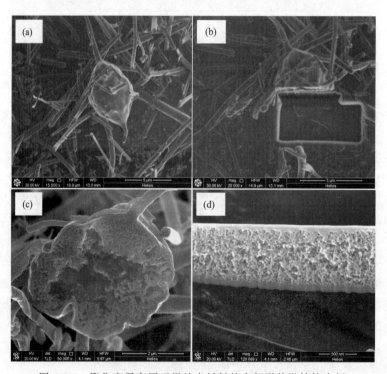

图 4-3-3　聚焦离子束用于微纳米材料的内部形貌微结构表征

具体操作流程如下:首先,手动将样品升至 4mm 工作高度标线处,在电子束视场中找到待切割的样品,将其置于视场中央并旋转到相对垂直的角度,以便刻蚀后的电子束成像,聚焦后将样品台高度与电子束物镜关联；分别以＋2°和＋5°小范围倾斜样品台，利用样品台的上下移动使得特征标记点在视场内保持基本不动；选择较小的离子束束流并开启动态成像，将样品台倾斜52°使之正对离子束，使用图像的偏移使得离子束和电子束观察到样品的同一位置，停止离子束扫描；在"patterning"的选项卡下选择长方形框选取需要切除的区域，选择稍大的加工束流并用"snap"模式扫描一帧，快速调节聚焦和像散并尽量保证待切割区域不发生偏离，设置加工厚度和加工模式，开始刻蚀；刻蚀结束后，为了得到更光滑平整的切面，选择"cleaning cross section"模式，对切面定向研磨，一般设置加工厚度为前者 1/3～1/2，并适当降低加工束流；如图 4-3-3(b) 所示，纺锤体下方的大小矩形分别由先后两步刻蚀所致，切割完毕后，样品的切口与电镜视场呈 52°夹角，可以直接观察其内部结构特征，如图 4-3-3(c) 所示；此外，用类似的方法，也可以对得到的正常纤维进行剖面分析，如图 4-3-3(d) 所示，以明晰其材料结构与性能的依赖关系。值得注意的是，在大角度倾斜或旋转样品台的过程中，应密切关注 CCD 的实时图像，防止有过高的样品或夹具与镜筒发生物理碰撞，可随时按下"Esc"键中止样品台运动。

（二）透射电镜样品的制备

制备透射电镜样品是聚焦离子束的最主要的应用方向。众所周知，粒径在百纳米及以下的粉末样品可以通过溶液分散后滴加到铜网实现透射电镜的微结构分析，超出这一范围的粉体或块体则需要包埋、离子剪薄甚至手工抛磨等系列前处理手段以得到目标厚度。这类样品制备通常需要耗费大量的时间，而且更重要的是由于薄区出现的随机性而极易错过要表征的细节。聚焦离子束的出现很好地解决了类似问题，其通过离子束切割能精准提取样品中的关键位置，原位剪薄后以供透射电镜观察。该方法制样的优点在于定位精准、加工快捷，局限在于设备构造复杂、成本相对昂贵，同时，样品表面的无法避免的非晶层对透射电镜成像质量带来不利的影响。

二维薄膜的界面或纳米薄层的截面透射电镜分析能真实反映材料的原子级生长情况，如晶格应变、空位缺陷、原子层错等信息，是材料微结构表征的重要部分。本节以脉冲激光沉积的钙钛矿型锰氧化物外延薄膜和带有摩尔超晶格结构的 BiOCl 二维半导体纳米片材料为例，逐步分解其透射电镜样品的制备步骤。其主要流程包括：样品准备、沉积保护层、U 形粗切、纳米手提取、钼网固定、精细剪薄和去非晶层等，以下将作分别介绍。

样品准备：将薄膜样品平贴到样品台，标记薄膜基底的边缘取向，半月形 Omniprobe 三齿钼网固定到专用夹具并装入样品台；等待腔体真空到达工作范围；确定感兴趣区域并在电镜下将其调节至共中心高度，样品台倾斜角度为 0°。

沉积保护层：加热气体注入系统中的 Pt 源，将气针深入工作区附近；先用低电压和大电流的电子束在薄膜表面沉积 100nm 左右的 Pt 层，图形模式为 Pt 电子束沉积表面结构，图形尺寸设为 $10\mu m \times 1.5\mu m$ 左右，用以阻止离子束观察对表面结构的损伤；样品台倾斜 52°，在离子束的视场中找到刚沉积的矩形，用离子束在其上方继续覆盖厚度 $1\mu m$ 左右的 Pt 层，一般选用离子束电压 30kV，束流按 $2\sim6pA/\mu m^2$ 计算，应用模式为 Pt 沉积，结果如图 4-3-4(a) 所示，沉积结束抽离气针。

U 形粗切：选用较大的离子束束流（2.5nA）抓拍成像，聚焦并修正像散；利用图形加工中的 "Regular cross section" 模式加工被覆盖区域的两侧，应用模式为 Si 刻蚀，开孔朝中间矩形呈台阶状逐渐加深，终止于 Pt 保护层的边缘 $0.5\mu m$ 左右；利用 "Cleaning cross

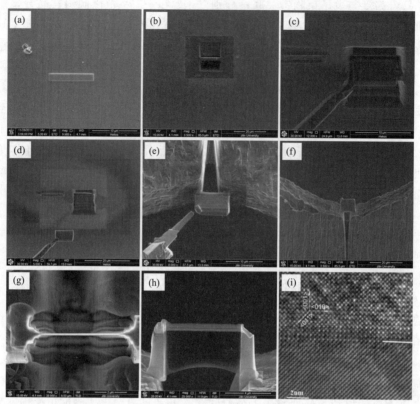

图 4-3-4　外延薄膜的透射电镜样品聚焦离子束制备流程(a)～(h)和表征结果(i)

section"模式对样品两侧进行清理，使得上下厚度保持一致，通常选择较小一级的束流，加工深度为上一步的 1/3；对于不易刻蚀的样品可以将样品台±0.5～1.5°倾斜，直至在电镜下能观察到光滑的截面，如图 4-3-4(b) 所示；将样品台倾斜调回 0°，分别设置三个矩形刻蚀区拼接呈 U 形，将样品的右侧、底部及左侧底部部分覆盖，选择并行模式，刻蚀过程中可以通过电子束观察底部形态变化来判断是否完全切断，最终，样品右侧剩余 2μm 左右与基底呈悬挂连接。

纳米手提取：分别切换离子束和电子束成像，逐渐将 Omniprobe 纳米机械手调整到共中心位置附近，将 Pt 气针伸入工作区；缓慢调整机械手针尖到达样品悬空端并与上表面齐平，通过双束成像确保针尖与样品的接触，可以通过针尖小范围按压样品观察自由端的形变以判断 U 切是否有粘连，如图 4-3-4(c) 所示；选择矩形模式 Pt 沉积覆盖针尖和样品的自由端，离子束束流选择 40pA 或 80pA，沉积厚度为 0.5μm 左右；用 0.79nA 或 2.5nA 的离子束流将样品左侧的悬臂切断，薄片样品粘接在纳米手的针尖，缓慢操作纳米手将样品从坑槽中提出，如图 4-3-4(d) 所示；将纳米手、Pt 气针分别抽离工作区位置。

钼网固定：将半月形钼网调整到共中心高度，并呈水平放置；任选一个装样齿位并在其中间用大电流离子束切开一个 3～5μm 的豁口，以辅助后续的样品固定和观察；将 Pt 气针和带有样品的 Omniprobe 机械手伸入工作区附近，在离子束和电子束共同观察下，缓慢移动样品至样品架的中心位置，确保样品底部与钼网有接触，但同时二者间应避免应力存在；用 Pt 沉积串联模式焊接样品与钼网的两个接触点，离子束束流 40～80pA，沉积厚度约 0.5μm；用 0.79nA 或 2.5nA 的离子束束流将机械手探针与样品的连接切断，抽出 Pt 气针；

将探针移动至安全位置并抽出，如图 4-3-4(e) 所示。

精细剪薄：将样品台倾斜至 52°，电子束下可以观察到薄片的侧面，如图 4-3-4(f) 所示，离子束下则显示为 $8\mu m \times 1.5\mu m$ 左右的窄条；用从大小的离子束束流在 "Cleaning cross section" 模式下从样品的两侧分别向中间剪薄，可以根据样品硬度不同，选择相对 52° 做 ±（0.5°～1.5°）的倾斜以更好地切除底部，同样的刻蚀参数应在两侧交替实施以尽量避免样品应力带来的卷曲；最终样品厚度剪薄至 100nm 左右，且确保顶端 Pt 层不少于 $0.5\mu m$，如图 4-3-4(g)、(h) 所示。

去非晶层：从 30kV 逐步降低离子束电压至 1kV，对样品两侧的非晶层进行清扫，样品相对 52° 做 ±7° 倾斜，以更多地暴露侧面，选择 40pA 的电流交替辐照 15s 左右，打开图形加工和电子束成像间隔切换模式，随时监测样品形态是否完整；当样品中间出现"孔洞"后，应缩小离子辐照和间隔成像时间，随着孔洞边缘扩大直至接近待观察区时为止。所得到的样品高分辨透射电镜图如图 4-3-4(i) 所示，表明锰氧化物薄膜与基底的界面边界清晰，在（001）方向呈现原子级的外延匹配生长。

近年来，二维纳米薄层材料由于其丰富的物理化学性能引起了研究者广泛的兴趣，其透射电镜表征多针对于其 xy 平面，z 轴方向的微结构则由于分散时的自然平铺难以直接表征。虽然用原子力显微镜能对其厚度进行大概测量，但原子层数、原子排布等具体信息仍无法表达。可以将平铺分散的二维纳米材料想象成基底上生长的薄膜，利用前面提到的聚焦离子束制样流程即可得到相关的截面透射信息。图 4-3-5 为四方螺旋形 BiOCl 二维纳米片的截面分析，可以看到单层纳米片由 7 个单原子层组成。值得注意的是，在做电子束沉积包埋时应尽量多框选待表征的二维材料，以提高有效薄区出现的概率，如图 4-3-5(a) 所示。图 4-3-5(b)~(d) 分别为该螺旋结构的示意图和单层、叠层纳米片的透射成像结果。

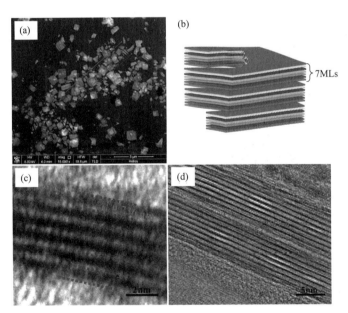

图 4-3-5　四方螺旋形 BiOCl 二维纳米片的截面分析
(a) 电镜图片；(b) 螺旋结构示意图；(c) 单层；(d) 叠层纳米片的透射电镜分析

(三) 单体微纳米材料的原位电学测试

微纳米材料由于其几何尺寸较小，无法进行常规的电极引线，因此通常利用粉体压片后连接宏观电极来测试其电学特性，由此不可避免地引入了晶界电阻的影响，因此，测试结果并非材料的本征特性。虽然单体纳米材料或器件的电学测试可以通过涂胶、曝光等半导体工艺实现，但工艺复杂、重复性差且效率较低。在聚焦离子束系统下，充分利用刻蚀和沉积功能，可以较为快捷有效地实现微纳米材料电学性能的表征。

如图4-3-6(a)所示，分散在预置电极中间的微米级单晶被离子束沉积焊接四个电极，两侧较宽的引线为电流端，中间较细的为电压端，分别引出到四个宏观的电极触点，可用常规源表进行连接测试；在研究晶体的各向异性时，可以在晶体的特定晶向上取出所需部分，利用纳米机械手转移到预置电极并焊接后以进行导电性分析[图4-3-6(b)、(c)]；如图4-3-6(d)为对单根纳米线两端离子束沉积金属Pt导线以实现两电极连接测试；当然，也可以利用增配的四组纳米机械臂对样品直接进行原位电学四电极或两电极的测试，如图4-3-6(e)为利用纳米探针直接对棒状纳米材料进行电学测试；为了探究样品电导率对特定气氛的响应或者温度依赖特性，可以将得到的单体微纳米器件置于可变环境中，如图4-3-6(f)为六方纳米片在聚焦离子束腔体内的原位直接变温特性测试，表现出明显的金属导电性行为。

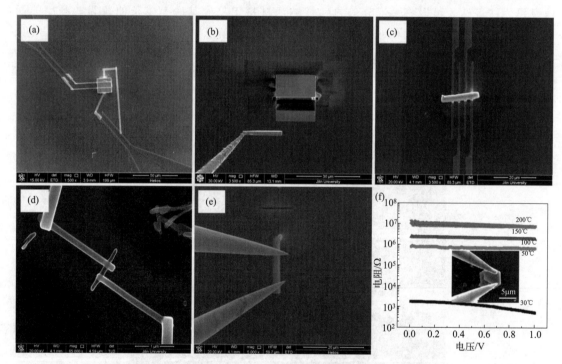

图4-3-6 聚焦离子束下单体微纳米材料的原位四电极和两电极测试
(a) 四电极测试立方单晶；(b) 从单晶上部分取样；(c) 固定到预置电极；
(d) 纳米线两电极连接；(e) 用纳米机械手直接接触连接；(f) 六方薄片的原位变温电学测试

📋 规范测试小贴士

作为电子显微镜测试工作者和数据使用者，应该在进行测试表征工作及使用数据撰写论文时注意以下方面，以确保数据的真实性、一致性和合理性。

（1）形貌图片数据的选择：在扫描电镜和透射电镜形貌测试中，对同一样品至少在三个不同区域进行测试，评估结果的重复性和一致性。选择测试结果时，应当尽量选取那些能够反映整体形貌特征的数据，切忌在文章表述时以偏概全。

（2）图片数据的真实性：在扫描电镜和透射电镜形貌测试中，应特别注重图片数据的真实性。绝对禁止篡改或伪造长度标尺，以确保图像的准确度和可信度。

（3）能谱数据的原始性：在进行点分析和区域分析时，务必注重数据的原始性。切勿篡改原始数据以达到回避或增加元素的目的。为保证数据的重复性和一致性，建议选择多个区域进行分析，确保数据更具有整体代表性。

（4）能谱数据的准确性：在进行能谱线分析和面分析之前，首先要进行准确的定性分析，明确测试区域的元素。不得按个人意愿随意加减元素，确保数据的科学性和客观性。

参考文献

[1] 崔铮. 微纳米加工技术及其应用 [M]. 北京：高等教育出版社，2009.
[2] 刘璐璐. 新型金属基光催化剂的可控制备及性能研究 [D]. 长春：吉林大学，2019.
[3] Li P，Chen S Y，Dai H F，et al. Recent advances in focused ion beam nanofabrication for nanostructures and devices：fundamentals and applications [J]. Nanoscale，2021，13：1529 1565.
[4] Naoko I K. Reducing focused ion beam damage to transmission electron microscopy samples [J]. J. Electron Microsc，2004，53（5）：451-458.

第五章
X 射线衍射分析法

对材料的性质进行研究时，不仅需要知道材料的元素组成，更为重要的是了解材料的物相组成和微观结构信息等。X 射线衍射分析法是对晶态物质进行物相及结构等信息分析的最权威的方法之一。1895 年，德国物理学家伦琴在研究阴极射线时发现 X 射线，为科学研究提供了一种全新的工具。1912 年，德国物理学家劳埃在实验中发现了 X 射线在晶体中的衍射现象，揭示了 X 射线的电磁波本质，同时又证实了晶体结构的周期性。同年，英国物理学家布拉格父子（William Henry Bragg 和 William Lawrence Bragg）提出了 Bragg 方程，从此开创了 X 射线晶体结构分析的历史。

依据测试样品状态，X 射线衍射分析法可分为多晶 X 射线衍射法和单晶 X 射线衍射法两种。多晶 X 射线衍射分析亦被称为粉末 X 射线衍射分析，被测对象通常为粉末、多晶体等材料。单晶 X 射线衍射分析的被测对象为单晶体试样，主要用于确定未知晶体材料的晶体结构。本章将对这两种分析方法一一进行介绍。

第一节　粉末 X 射线衍射分析 ▸▸

粉末 X 射线衍射分析是以粉末状晶体或多数微细晶粒集合而成的多晶体为试样的 X 射线衍射方法。这种方法广泛应用于晶体的结构分析，试样样品的物相分析，以及晶粒集合状态情况的分析等研究工作中。

一、基础知识概述

（一）X 射线管及 X 射线产生

X 射线管的功能是产生 X 射线。它是 X 射线衍射仪的核心部件，按其特点可分为：①普通封闭式 X 射线管；②旋转阳极 X 射线管；③细聚焦式 X 射线管。

X 射线管由阳极靶材和阴极灯丝组成。真空环境下，阴极发出一定能量的电子，电子在高压电场的作用下，以极高速运动轰击阳极靶材的表面，将阳极靶原子的第 K 层电子电离出来，处于高能激发态，其他外层的电子跃入，降低能量，从而产生 X 射线。在 X 射线管的管头位置，开 2~4 个吸收系数很小的铍窗口，X 射线从铍窗口射出。X 射线管只有其中一小部分能量转变产生 X 射线，绝大部分能量转变成热能。热能导致靶部位温度升高，X 射线管配备冷却水循环系统实现靶的散热。

X 射线管的阳极（靶）常用的材料有：Cr、Fe、Co、Cu、Mo、Ag 和 W 等。常规情况下，实验室多使用 Cu 靶。阴极则由灯丝（钨丝）和灯罩构成。

(二) X射线本质

X射线是一种波长很短的电磁波,其波长介于 $10^{-2} \sim 10^2$ Å 之间,衍射工作中通常使用的波长介于 0.7~2.3Å 之间。X射线能量为:

$$E = h\nu = hC/\lambda \tag{5-1-1}$$

式中,h 为普朗克常数,$h = 6.61 \times 10^{-34}$ J·s;ν 为 X 射线的振动频率;C 为 X 射线速度,$C = 3 \times 10^8$ m/s;λ 为 X 射线波长。

(三) X射线谱

X射线强度与波长的关系曲线,称为X射线谱。从X射线管发出的X射线是由各种不同波长、不同强度的X射线混合而成。按成因将这些X射线分为两类,即连续X射线和特征X射线。连续X射线是用一定的电压加速电子发生X射线时,线谱连续变化。工作时因为阴极产生巨大数量的电子,撞击阳极靶的条件和时间不一致,产生的电磁辐射各不相同,其波长和频率亦不相同,在一定的范围内连续变化,从而形成各种波长的连续X射线,连续X射线的最短波长与管压有关,与管电流和阳极材料无关。特征X射线是当管电压超过某临界值时(激发电压),出现特征谱。阴极产生的电子经过电场加速获得的动能把阳极原子层电子打到原子外层,使原子内层出现空位,处于不稳定的激发状态。外层电子跃迁至K层,多余的能量以X射线的形式释放出来,因为外层电子的能量差一定,所以特征X射线的频率和波长恒定不变。包括L层、M层和N层电子跃迁到K层产生的 K_α 特征X射线、K_β 特征X射线和 K_γ 特征X射线。特征X射线的波长与阳极材料的原子种类有关,与外界条件无关。其波长由如下公式决定:

$$E_n - E_K = h\nu_K = hC/\lambda_K \tag{5-1-2}$$

式中,E_n 为 L M N 壳层电子能量;E_K 为 K 层电子的能量;ν_K 为 X 射线的振动频率;h 为普朗克常数,$h = 6.61 \times 10^{-34}$ J·s;C 为光速,$C = 3 \times 10^8$ m/s;λ_K 为 K 系特征 X 射线波长。

(四) X射线的吸收与滤波片

X射线光路中尽可能去除被测试样相干散射以外的散射成分(非相干散射,荧光X射线等),其方法是X射线单色化。

当X射线穿过某物质时,其强度减弱,减弱程度随元素不同而有差别,不同元素对X射线有不同的质量吸收系数。X射线波长越长或原子序数越大时,X射线的吸收越厉害。

质量吸收系数会发生突变,即当入射X射线的能量增大至大于电子结合能时,将消耗在从壳层轰出的电子上,根据电子是从哪一层击出的将其分别称为K吸收限、L吸收限等。同时,当临近轨道上的电子填补被击出电子的缺位时将产生荧光X射线,这时原子吸收X射线能量。利用元素对某一波长强烈吸收的性质,选择合适的元素作为X射线的滤波片,以滤出基本上是单色的X射线。

滤波片选择的原则是采用对 K_β 线质量吸收系数很大而对 K_α 线质量吸收系数较小的物质做成X射线滤波片(K_β 滤波片)。通常滤波片选用遵循如下规律,当靶材的原子序数 $Z_{靶} < 40$ 时,选用 $Z_{靶} - 1$ 的元素作为滤波片;当靶材的原子序数 $Z_{靶} > 40$ 时,选用 $Z_{靶} - 2$ 的元素作为滤波片。实验室常用的铜(Cu)靶衍射选择镍(Ni)滤波片。

(五) X射线的散射与衍射

当X射线通过物质时,入射X射线将被吸收并散射,通常把散射X射线称为二次X射线。散射 X 射线有以下几种：①与入射 X 射线波长相同的 X 射线；②比入射 X 射线波长稍长的 X 射线；③荧光 X 射线（光电效应产生的特征 X 射线）。这些散射不是由原子核引起的，而是由电子引起的。其中与入射 X 射线波长相同的散射 X 射线对晶体将产生衍射现象，用于结构分析。而波长比入射 X 射线稍长的 X 射线不会产生衍射现象，而会向所有方向辐射，呈现为 X 射线衍射谱的背底。荧光 X 射线用于成分分析。

（六）晶体、单晶体、多晶体、非晶体、结点、晶面、密勒指数、晶面间距

晶体是由许多质点（包括原子、离子、原子群等）在三维空间作有规则周期排列而形成的固体物质。一个晶体单独存在，称为单晶体。许多小晶粒聚合形成结晶集体，称为多晶体。若质点在三维空间长距离范围（原子尺寸尺度）不规则排列，称为非晶体。晶体中各周期重复单位中等同代表点叫做结点。所有结点放在一组互相平行的等间距的平面上，这些平面称为晶面。若将离坐标原点距离最近的面在晶轴上的截距标定为 a/h、b/k、c/l，则用指数 (hkl) 表示这组晶面，该指数称为密勒指数。一组指数为 (hkl) 的晶面以等间距排列，称这个间距为晶面间距，用 d_{hkl} 或者用 d 表示。

二、仪器结构与工作原理

（一）X 射线衍射仪工作原理

入射 X 射线照射晶体，电子受迫振动向四面八方散射，原子中各电子散射波之间相互作用，在某些方向相消干涉，在某些方向相干加强，形成可以检测的散射波。X 射线衍射的本质是晶体中各原子相干散射波叠加起来的结果。衍射的基础是晶体的对称性和周期性。晶体的空间格子划分为一簇平行且等间距的晶面。假设有一组晶面，间距为 d，一束平行波长为 λ 的 X 射线照射到该晶面上，入射角为 θ，当其光程差是 X 射线波长的整数倍时相互增强，则产生衍射现象。

（二）X 射线衍射仪结构

X 射线衍射仪主要由 X 射线发生器、测角仪、X 射线探测器测量记录装置和 X 射线系统控制装置等部分构成。

1. X 射线发生器

X 射线发生器由 X 射线管、高压发生器、管压管流电路及其他保护电路、X 射线快门、辐射防护罩等部分组成。

X 射线管本质是真空二极管，给阴极加上电流，被加热时，发出热辐射电子，在数万伏特高压电场作用下，电子被加速并轰击阳极，阳极又称为靶，是使电子突然减速并发射 X 射线的地方。X 射线在靶面上向各个方向辐射，在靶头附近管壁上开 2～4 个窗口，X 射线就从这个窗口射出。这个窗口材料必须对 X 射线吸收很小，同时还要满足耐高真空。铍是很好的窗口材料，铍窗口较薄，容易破裂，铍氧化后变成有剧毒的 BeO，所以避免触摸铍窗位置。粉末 X 射线衍射仪射线管最常用的靶材是铜（Cu）靶。

X 射线管工作时，电子束动能极少部分转换成 X 射线，大部分能量以热的形式消耗掉，因此需要冷却循环水持续对靶的位置进行冷却。X 射线管示意图如图 5-1-1 所示。

高压发生器由高压变压器、整流电路、管压稳定电路、管流稳定电路、平滑电路等部分

组成，其作用是通过高压电缆给 X 射线管输入负高电压。

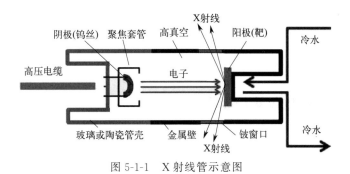

图 5-1-1　X 射线管示意图

2. 测角仪

测角仪是 X 射线衍射仪中精密且核心的部分，用来精确测量衍射角。测角仪主要包括：①样品台：样品台位于测角仪中心；②X 射线源：由 X 射线管的靶上发出；③光路：发散的 X 射线投射到试样上，衍射线中可以收敛部分在光阑处形成焦点，然后进入计数管中；④狭缝：获得平行的入射线和衍射线，只让处于平行方向的 X 线通过，其余的线被遮挡住；⑤测角仪圆：光路设计上要求光源和光阑焦点处位于同一圆周上，即为测角仪圆。

测角仪配有一套狭缝系统控制光路，狭缝系统主要由索拉狭缝、发散狭缝、接收狭缝、防散射狭缝等组成。X 射线源使用线焦点光源，线焦点与测角仪平行，测角仪中心点位置是试样台，试样台理论上有一个放置试样时定位试样平面的基准面，保证了试样平面与试样台转轴重合。试样台与探测器的支轴围绕同一转轴旋转。

测角仪狭缝系统包括：①索拉狭缝：标注为 S1、S2，S1 设置在射线源与试样之间，S2 设置在试样与探测器之间。索拉狭缝由一组平行等间距金属薄片组成，限制 X 射线在测角仪轴向方向的发散，使 X 射线束形成近似在扫描圆平面上发散的发散束。②发散狭缝：标注为 DS，限制 X 射线发散光束的宽度。从光源发散的 X 射线在水平方向的发散角被这个狭缝限制后照射试样。③接收狭缝：标注为 RS，限制接收的衍射光束的宽度。从试样上衍射的 X 射线束在测角仪圆光阑焦点处聚焦。④防散射狭缝：标注为 SS，防止空气散射等非试样散射 X 射线进入探测器，降低背景。

3. X 射线探测器测量记录装置

衍射仪探测器常使用的探测器是闪烁计数器，它的原理是利用 X 射线能在某些固体物质（磷光体）中产生荧光，这种荧光再转换为能够测量的电流。输出的电流和计数器吸收的 X 光子能量成正比，因此可以用来测量衍射线的强度。

闪烁计数管的发光体一般是碘化钠（NaI）单晶体。这种晶体经 X 射线激发后发出蓝紫色的光，将这种微弱的光用光电倍增管放大，发光体的蓝紫色光激发光电倍增管的光电面（光阴极）而发出光电子（一次电子）。光电倍增管电极由 10 个左右的联极构成，由于一次电子在联极表面上激发二次电子，经联极放大后电子数目按几何级数剧增，最后输出与正比计数管一样高（几个毫伏）的脉冲。

目前较先进的一维探测器为林克斯探测器。相对于常规闪烁计数器，其在强度和灵敏度方面，有技术的飞跃提升。林克斯探测器是能量色散型一维阵列 X 射线探测器，它将高强度极优的能量分辨结合，复合硅芯片被分隔为 192 个探测器通道，高能量的 X 射线打到芯片材料时，产生电子脉冲，每个探测通道有独立的计数线路记录电信号。

4. X射线系统控制装置

X射线系统控制装置主要由计算机控制及处理，主要操作由计算机控制自动完成，扫描操作完成后，衍射原始数据自动存入计算机硬盘中供数据分析处理。

三、粉末X射线衍射仪操作规程

（一）试样制备

X射线衍射分析的试样主要有粉末试样、块状试样、薄膜试样等。试样不同，分析目的不同（定性分析或定量分析），则制备方法不同。

1. 粉末试样的要求与制备

测试前试样须采用研钵研细后使用，X射线衍射仪的粉末试样需满足两个条件：试样晶粒平整均匀细小，无择优取向。试样太粗，参与衍射的晶粒数目少，衍射强度会下降。试样尺寸不均匀会存在一定的择优取向。研磨得过细，也会引起峰宽化。

常用的粉末试样架为玻璃试样架，在玻璃板上相应位置蚀刻出试样填充区。玻璃试样架主要用于粉末试样较少时使用。充填时，将试样粉末一点一点放进试样填充区，重复这种操作，使粉末试样在试样架里均匀分布并用玻璃板压平实，试样面与玻璃表面齐平。对于有较明显的各向异性的试样需要去除择优取向。在使用载玻片压平试样时，可以使用一张称量纸盖住粉末试样后再压以去除压样过程中的静电现象。衍射仪的试样架分方形试样架和圆形试样架，其分别适用于不同型号的仪器，两种不同X射线衍射仪试样架制样如图5-1-2所示。

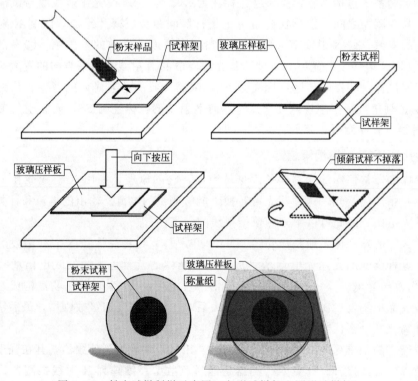

图5-1-2　粉末试样制样示意图（方形试样架和圆形试样架）

2. 块状试样的要求与制备

块状试样需选用符合仪器的深凹槽试样台或镂空式试样台，制样时将少量橡皮泥置于凹槽内或镂空口背面，将块状试样覆于凹槽内或镂空口橡皮泥上方。用载玻片向下压块状试样使试样上表面与试样台边平面等高。制样时橡皮泥用量要少，避免测试中采集到橡皮泥的衍射信息。同时需要格外注意，对于非断口的块状试样，需先将块状试样表面研磨抛光，测量面须为平面，研磨过程中避免有弧面形成，研磨过程应采用湿磨方式以避免高温而发生相变、发生氧化及应力情况。块状测试面大小须符合试样架要求，然后用橡皮泥将试样粘在试样台上，要求试样表面与试样台边面表面平齐。

3. 微量试样的要求与制备

取微量试样放入玛瑙研钵中将其研细，然后将研细的试样放在单晶硅试样架上，滴数滴无水乙醇使微量试样在单晶硅片上分散均匀，待乙醇完全挥发后即可测试。

4. 薄膜试样的要求与制备

将薄膜试样剪成符合试样台大小，厚度合适的形状，测试前检验确定基片的取向，试样台以选择使用单晶硅试样台为优，制备试样时确保薄膜试样平整，可用导电胶或橡皮泥将试样固定在试样架上。

（二）仪器操作规程

以 RIGAKU D/MAX 2500 型衍射仪为例。

（1）启动仪器前须检查衍射仪设备所处实验室环境中的电源、温度、湿度等条件，仪器房间的电压稳定，房间配备温湿度计，室温稳定维持在 21℃ 左右，湿度不大于 60% 为宜。

（2）转靶衍射仪须提前开启真空系统，真空系统由机械泵和分子泵组成，高真空系统确保靶腔内的高真空度。确保系统正常工作并使真空度在 10^{-5} Pa 以下，这是开启 X 射线的先决条件。

（3）提前打开冷却循环水系统，查看衍射仪水流量指示值，确保其指示值处于正常范围内，这是开启 X 射线，确保仪器正常工作的先决条件。

（4）开启衍射仪控制电脑，在电脑桌面上双击衍射仪电脑端控制程序"XG control"程序图标，在弹出窗口中按下"Power on"按钮，打开控制电源。如图 5-1-3 所示。

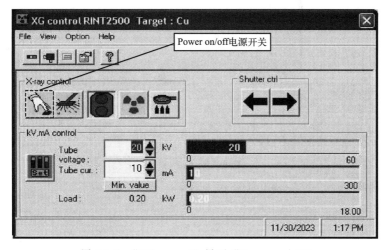

图 5-1-3 "XG control"界面 "Power on/off"

(5) 等待程序完全启动后，软件界面指示灯图标变为绿色，此时可开启 X 射线，鼠标单击 "X-ray on" 按钮，X 射线开启，如图 5-1-4 所示。衍射仪的初始电压电流分别为 20kV、10mA。如果仪器是当天首次开启，经过了一段时间关闭状态，首次开启须经过老化程序对仪器进行老化才可以开始试样测试工作。

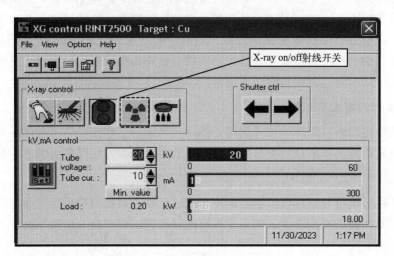

图 5-1-4 "XG control" 界面 "X-ray on/off"

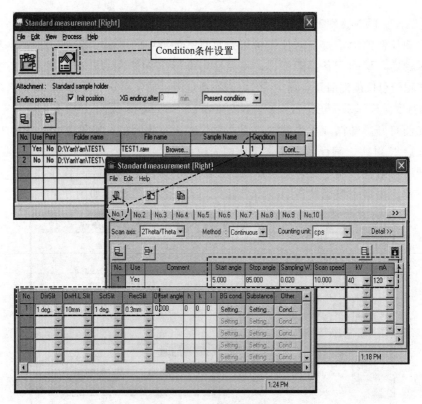

图 5-1-5 测试参数设置界面

(6) 设置仪器参数。点击 "Right measurement system" 程序图标，进入软件的控制界面，出现测量参数设置窗口，选择 "Condition" 下面的一个测量参数设置文件号，进入测量条件设置界面,如图 5-1-5 所示。根据所测试试样的要求,设置开始角、结束角、扫描速度等测量参数。主要测量参数设置如表 5-1-1 所示。

表 5-1-1　衍射仪主要测量参数设置

测试参数项目	参数设置及参数说明	
Scan axis:	常规测试设置:2Theta/Theta	
Method	连续扫描:Continuous	步进扫描:FT
Counting unit	设置:Cps(Counts per second)	设置:Count time(s)
Start angle	起始角:广角测试时,衍射仪起始角须大于 3°。小角测试时,衍射仪起始角须大于 0.6°	
Stop angle	结束角:衍射仪最大允许测量角度不同,一般在 140°左右(按仪器规程设置,避免测角仪旋转臂撞到其他部件)	
Sampling width/ step width	取样宽度/步宽:取衍射峰半宽度的 1/5 到 1/10 为基准,即数据采集时角度数据间隔。一般设置为 0.02°,精确测定时可设置到 0.01°~0.005°	
Scan speed	扫描速度:依据试样种类不同,可设置为 1°~10°/min。精确扫描时,宜采用步进扫描方式(FT),此时参数变为计数时间(Count time),单位为秒(s)。步进扫描方式时为保证数据质量,计数时间一般设置为 1s 或更大	
kV	光管电压 kV:Cu 靶设置为 50kV 或依据仪器要求进行设置	
mA	灯丝电流 mA:对于该转靶衍射仪,通常设置为 200~300mA,或依据仪器要求进行设置,其他仪器通常设置为 30mA 或依据仪器要求进行设置	
DivSlit(DS)	发散狭缝(DS):广角测试 1deg;小角测试 1/6deg	
SctSlit(SS)	防散射狭缝(SS):广角测试 1deg;小角测试 1/6deg	
RecSlit(RS)	接收狭缝(RS):广角测试 0.3mm;小角测试 0.15mm	

(7) 打开衍射仪防护门之前须按下衍射仪前面板上"Door"按钮,待仪器指示灯闪亮并听到开门警报声音后可打开衍射仪防护门。测量常温试样时,向右侧拉开衍射仪的右防护门,将准备好的试样插入衍射仪试样架台上后以平稳手力向左关闭好仪器防护门。

(8) 将测试参数设置好以后,关闭设置界面,返回到上一级试样测试程序界面,输入测试试样数据的保存路径及测试数据文件名。

(9) 在界面点击"Executement"按钮,如图 5-1-6 所示,系统会按照设定的测量条件调整仪器电压电流等参数并弹出新的测量窗口开始测量,如图 5-1-7 所示,测量结束后测量数据自动保存在设定的保存位置。

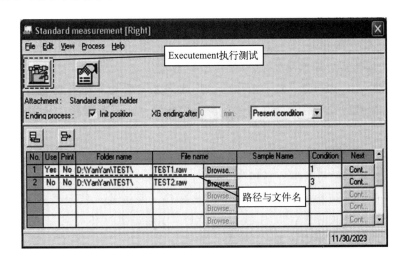

图 5-1-6　路径文件名设置界面

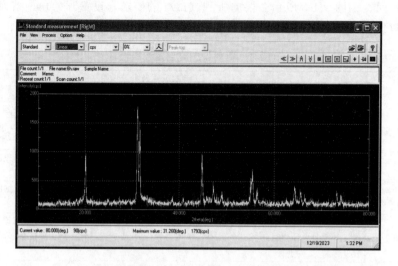

图 5-1-7　测试窗口界面

（10）试样测量结束后，欲将试样取出前须按下衍射仪前面板上"Door"按钮，待仪器指示灯闪亮并听到开门警报声音后可打开衍射仪防护门取出试样。如测试结束后续没有接续测试，则关闭测量程序窗口。按下"XG Control"窗口中的"X-ray off"按钮，关闭 X 射线。

（11）等待 30min 后，按下"XG Control"窗口中"Power off"按钮，关闭仪器的控制电源。关闭冷却循环水系统。需要注意的是高真空系统须持续保持运行状态，以确保衍射仪射线系统的高真空度。

四、数据处理

X 射线衍射是最基本的物相表征手段，衍射数据处理需要软件辅助完成，MDI JADE、GSAS、TOPAS 是使用较为广泛的数据处理软件。

（一）软件介绍

1. MDI JADE 软件介绍

MDI JADE 软件是处理多晶粉末 X 射线衍射数据工具。软件基本功能为显示图谱、打印图谱、数据平滑、背景扣除、K_{a2} 扣除等。除此之外主要功能还有物相检索、图谱拟合、晶粒大小计算、微观应变计算、残余应力计算、物相定量、晶胞精修、全谱拟合精修、图谱模拟等。

2. GSAS 软件介绍

GSAS 是一款数据精修软件，适用于处理粉末 X 射线衍射、单晶 X 射线衍射、中子衍射等类型数据。GSAS 最初基于 DOS 操作系统窗口，通过输入指令控制精修过程。后期 GSAS 推出用户交互界面的 EXPGUI 版本。EXPGUI 通过鼠标和键盘控制参数，其图形功能可实时展示精修进度，使用较方便。

3. TOPAS 软件介绍

TOPAS 是一款基于曲线拟合的软件，适用于进行定量相分析、晶体结构分析等。它集成丰富的曲线拟合技术来实现单峰和全谱拟合、指标化、全谱分解、结构测定与精修、显微结构分析、定量相分析等分析操作。

（二）软件基本界面介绍（以 MDI JADE 为例）

MDI JADE 界面主要有①菜单栏；②工具栏：具有导入、保存、寻峰、去除背景、图谱平滑、物相搜索等功能；③文件浏览区：显示当前目录下软件能够打开的文件；④预览窗口：显示缩略图；⑤全谱窗口：显示全谱；⑥编辑工具栏：主要有手动寻峰、扣除背景、计算峰面积等；⑦工作窗口：显示全谱中选中区间的图谱；⑧基本显示按钮：图谱缩放和移动等。如图 5-1-8 所示。

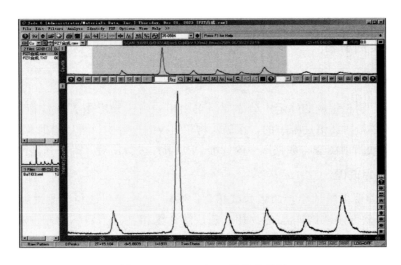

图 5-1-8　MDI JADE 软件主界面

（三）软件主要菜单解读（以 MDI JADE 为例）

1. "File"文件菜单

子菜单①"Patterns"和"Thumbnail"：读入 XRD 数据文件，其中"Thumbnail"可以一次读入多个文件。②"Read"和"Add"：自动识别数据文件，可读多种格式，包括.SAV 文件。其中"Read"在主窗口中重新读入一个或者多个文件。"Add"则是在当前主窗口追加读取新的文件，原文件不被清除。③"Load"：调入保存的.SAV 文件。④"Save"：保存命令。子菜单包括：a."Save-Primary Pattern as ＊.TXT"，将当前窗口显示图谱数据保存为.TXT 文本格式。b."Save-Setup AscII Export"，设置保存或读取数据的格式。c."Save Current Work as ＊.SAV"，将当前状态保存为一个文件。

2. "Edit"编辑菜单

子菜单①"Preferences"："Preferences"是参数设置命令，共有四个对话框"Display"（显示）、"Instrument"（仪器）、"Report"（报告）、"Misc"（个性化参数）。②"Trim Range to Zoom"：当窗口显示图谱一部分时，该命令会将窗口之外的数据戒掉。③"Merge Overlays"：图谱合并命令，可以合并窗口中显示的几个图谱为一个图谱，合并方式为 Average \ Maximum \ Summation。

第五章　X 射线衍射分析法　*147*

3."Filter"过滤菜单

子菜单①"Remove Data Spikes":去除图谱毛刺峰,诸如因仪器不稳定造成的异常峰。②"Sample Displacement":修正试样峰位位移,校准诸如制备试样时,试样表面高于或低于测量平面导致的峰位偏移等。

4."View"显示菜单

子菜单①"Zoom Windows-Full Range":设置全谱显示。②"Zoom Windows-Display Range":设置显示范围。

5."Report"报告菜单

显示、打印或保存处理后的报告文件。

五、应用实例解析

(一)物相定性解析

科研工作中,物相组成的确定十分必要。对物相的确认分析是 X 射线衍射测试最常见的应用,每一物相的衍射图谱是唯一的,在确认物相组成的过程中,可以借助 MDI JADE 软件将测试得到的 X 射线衍射图谱与数据库中的标准 PDF 卡片进行比对,确定其是否为目标物相。

1. 单一物相组成确认

通过化学实验获得的试样,命名为试样 A,试样 A 经 X 射线衍射测试后得到衍射图谱。借助 MDI JADE 软件确认试样 A 的物相,确认图谱物相是否为目标物相。将测试数据导入软件中。如图 5-1-9 所示。

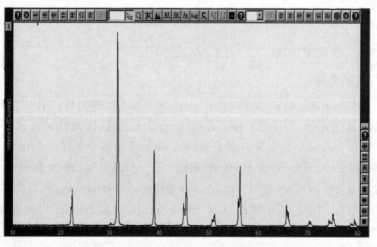

图 5-1-9 试样 A 衍射图谱

依据实验,可以确定试样的元素种类,此待测试样为无机物,因此勾选中"无机物"这一选项。如图 5-1-10 所示。

在软件数据库中将预期目标物相勾选出。如图 5-1-11 所示。

通过点选待分析物质的预期所含元素,将相应的近似衍射角的化合物筛选出。确认出预期待测物,与测试试样谱图进行比对。如图 5-1-12 所示。

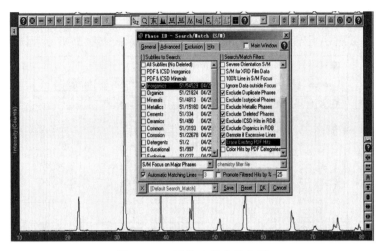

图 5-1-10　试样 A 的定性分析

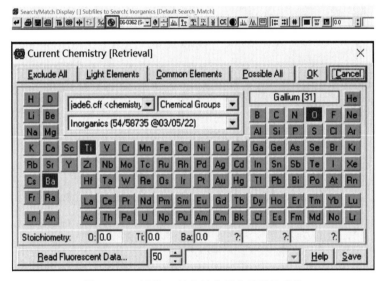

图 5-1-11　试样 A 的定性分析中元素的确认

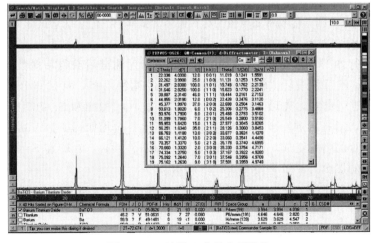

图 5-1-12　试样 A 定性分析结果

结合比对结果信息分析。其中包含样品的化学式，匹配度大小，PDF 卡片，晶胞参数等信息，做最优确认。试样 A 定性分析结果信息如图 5-1-13 所示。查看 PDF 卡片详尽信息。

PDF#05-0626: QM=Star(S); d=(Unknown); I=Diffr...

Reference | Lines(40) | PDF2 | Cu | 8

#	2-Theta	d(?)	I(f)	(h k l)	Theta	1/(2d)	2pi/d	n^2
1	22.038	4.0300	12.0	(0 0 1)	11.019	0.1241	1.5591	
2	22.262	3.9900	25.0	(1 0 0)	11.131	0.1253	1.5747	
3	31.497	2.8380	100.0	(1 0 1)	15.749	0.1762	2.2139	
4	31.646	2.8250	100.0	(1 1 0)	15.823	0.1770	2.2241	
5	38.887	2.3140	46.0	(1 1 1)	19.444	0.2161	2.7153	
6	44.855	2.0190	12.0	(0 0 2)	22.428	0.2476	3.1120	
7	45.377	1.9970	37.0	(2 0 0)	22.688	0.2504	3.1463	
8	50.613	1.8020	6.0	(1 0 2)	25.306	0.2775	3.4868	
9	50.976	1.7900	8.0	(2 0 1)	25.488	0.2793	3.5102	
10	51.099	1.7860	7.0	(2 1 0)	25.549	0.2800	3.5180	
11	55.953	1.6420	15.0	(1 1 2)	27.977	0.3045	3.8265	
12	56.251	1.6340	35.0	(2 1 1)	28.126	0.3060	3.8453	
13	65.753	1.4190	12.0	(2 0 2)	32.877	0.3524	4.4279	
14	66.121	1.4120	10.0	(2 2 0)	33.060	0.3541	4.4498	
15	70.357	1.3370	5.0	(2 1 2)	35.178	0.3740	4.6995	

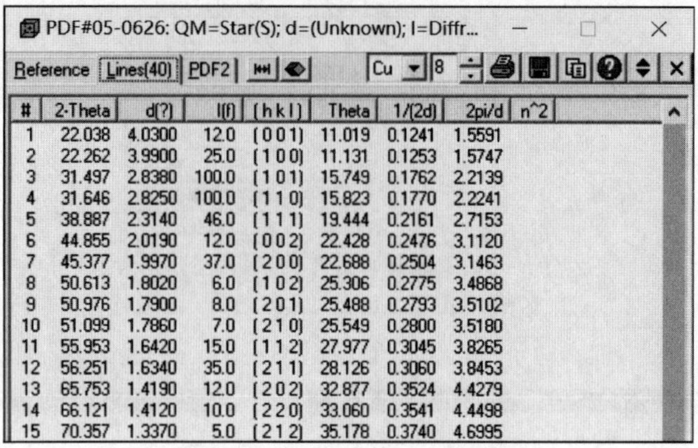

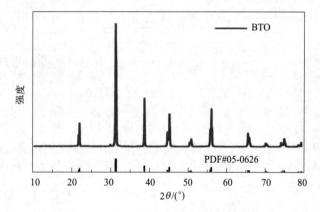

图 5-1-13　试样 A 定性分析结果信息

最终确认出测试试样的物相图谱信息。结果如图 5-1-14 所示，试样 AX 射线衍射图谱峰形尖锐突出，与预期标准卡完全匹配，无杂峰存在，完成试样为高纯的预期物相的确认。

图 5-1-14　试样 A 定性分析结果图谱

2. 混合相物相组成确认

将在某种基底上负载其他物种而生成的材料命名为试样 B，化学推定试样 B 可能是同时含有两种相的材料。对于试样 B 的物相，借助 X 射线衍射测试及进一步的数据分析来确认物相。

对试样 B 进行如下具体分析。试样 B 经 X 射线衍射测试后获得衍射数据，进一步对物相进行判定确认，经过检索后。将范围缩小至预期的两种物相，将试样 B 的衍射图谱分别与预期的两物相进行比对，先后完成 $Pb(Zr_{0.52}Ti_{0.48})O_3$ 物相和 Se 物相的比对。比对 $Pb(Zr_{0.52}Ti_{0.48})O_3$，后，再进一步比对 Se 物相。分析比对过程如图 5-1-15 所示。

确认出试样 B 的物相组成，试样 B 图谱为 $Pb(Zr_{0.52}Ti_{0.48})O_3$ 和 Se 物相图谱的叠加，试样 B 为此两相的混合物。结果如图 5-1-16 所示。

（二）物相结晶性分析

通过 X 射线衍射图谱峰宽和峰强可判断样品的结晶性。无定型试样没有精细的谱峰结构，而晶体试样则有丰富的谱线特征。

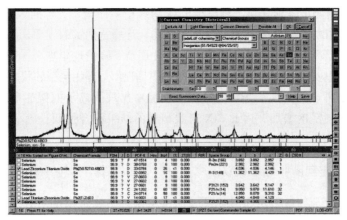

图 5-1-15　试样 B 定性分析过程

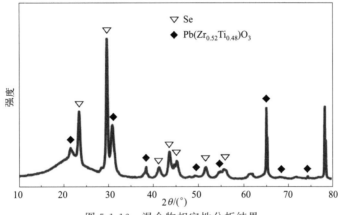

图 5-1-16　混合物相定性分析结果

试样 1、试样 2、试样 3 为经过系列化学实验反应后获得的材料样品，试样 1 为一种 K^+ 氧化物，试样 2 和试样 3 分别为利用离子交换法而得到的相应的 Na^+ 氧化物和 Li^+ 氧化物。在形貌表征中三种试样形貌呈现出逐渐趋于无定型状态。为确认这种现象，可进一步从 X 射线衍射谱图上对物相的结晶性进行分析确认。三种试样图谱比对如图 5-1-17 所示。

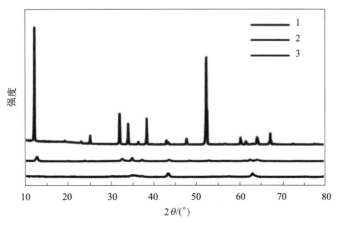

图 5-1-17　三种试样图谱

第五章　X 射线衍射分析法

通过 X 射线衍射测试分别获得三种试样的 X 射线衍射图谱，三者的 X 射线衍射图谱显示，从试样 1 到试样 2 到试样 3，出现相对峰强逐渐减弱，且峰宽加宽的现象，与该实验中随着离子半径由大尺寸的 K^+ 演变到小尺寸的 Li^+ 时，结晶性逐渐下降的现象吻合。试样 1 图谱中相应位置的谱峰在试样 3 相应位置并未出现，试样 3 结构中呈现出局部无定型的状态。

同时从理论来讲，由于离子半径的减弱，实验中出现阴离子框架逐渐畸变甚至坍塌，导致样品的局部结构混乱度增加，因此，X 射线衍射的结果符合预期。确认了该系列实验中物质结晶性的变化。

（三）晶胞某方向膨胀缩小确认

图谱衍射峰中个别的衍射角相对原峰变大或变小，结合布拉格衍射方程，判断出晶面间距的增大或减小，可判断试样晶面间距变化。试样 1、试样 2、试样 3 为经过系列实验后获得的试样。如图 5-1-18 为未进行归一化图谱信息。对试样进行归一化处理后，从 X 射线衍射图谱中确认微观结构中晶面的变化情况。

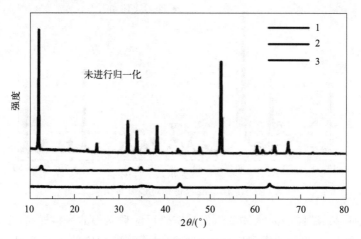

图 5-1-18　试样图谱未进行归一化处理

归一化处理后，对衍射峰进行比对，如图 5-1-19 所示，红框中所示衍射角发生偏移，试样 2 中 2θ 角 12.14°的衍射角相比原峰变小，对应此处的晶面间距增大，而 2θ 角 34.40°处的衍射角变大，此处的晶面间距相比之前减小。此物相的框架整体发生了畸变。

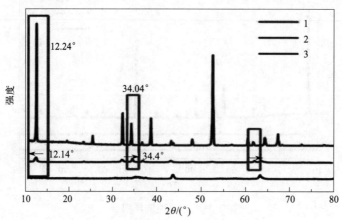

图 5-1-19　试样图谱归一化后衍射峰比对

（四）获得微观结构晶体学信息

通过结构精修可获取晶体学信息。试样通过 X 射线衍射测试获得原始衍射数据，以此原始数据为基准，经精修分析软件（GSAS，TOPAS 等）对样品进行精修拟合，如图 5-1-20，精修拟合后得到试样的晶体学 *.CIF 文件，如表 5-1-2 所示，晶体学文件包括了空间群、键长键角、晶胞参数、温度因子原子坐标、占位度等信息。

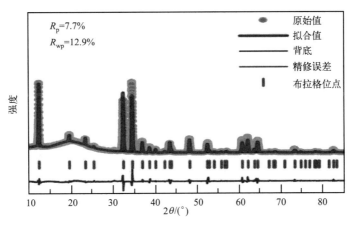

图 5-1-20　试样精修图谱

此试样的 X 射线衍射精修图谱分别包含了原始值、拟合值、误差值以及布拉格点阵位置。精修结果中，可以确认出该试样结构中空间群信息、对应晶系、晶胞参数键长 a，b，c 数值及键角 α，β，γ 数值及晶胞体积大小。精修后获得的部分参数数据附表如下。

表 5-1-2　试样衍射数据精修后获得的参数数据（部分）

参数项		数值
Software		GSAS-II
……		……
Phase purity		100%
Space group		P-31m
2θ range for refinement/(°)		8-160
Number of *hkl*s		129
Refinement method		Rietveld
Crystal system		Trigonal
Lattice parameters	a/Å	5.1709(4)
	b/Å	5.1709(4)
	c/Å	7.0053(9)
	α/(°)	90
	β/(°)	90
	γ/(°)	120
	Volume/Å³	162.217(5)
……		……

空间群 P-$31m$，对应三方晶系，晶胞参数：键长 $a=b=5.1709$Å，$c=7.0053$Å，键角 $\alpha=\beta=90°$，$\gamma=120°$，晶胞体积为 162.217Å³。

（五）煅烧过程中物相变化

试样作为实验中的前驱体，其组成为 $In(OH)_3$ 和 $InOOH$。试样在不同温度（265℃，300℃，345℃）下煅烧，每步煅烧后进行粉末 X 射线衍射仪测试，可获得其不同温度下煅烧的 X 射线衍射图谱，如图 5-1-21 所示。通过对图谱比对分析，揭示出试样中在不同温度煅烧过程中 $In(OH)_3$ 脱水成 $In_2O_{3-x}(OH)_y$，$In_2O_{3-x}(OH)_y$ 转化为 $c-In_2O_3$（立方相），$InOOH$ 转化为 $rh-In_2O_3$（菱方相）的物相转化过程，煅烧过程中的化学反应如下表 5-1-3 所示。

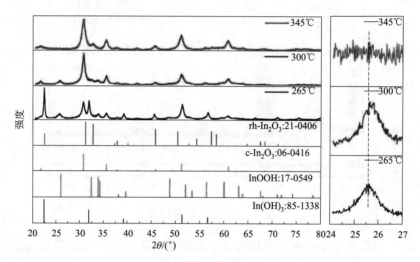

图 5-1-21　煅烧过程中的物相变化

表 5-1-3　煅烧过程中的化学反应

煅烧前物相	煅烧温度	煅烧后物相
$In(OH)_3$	265℃	$In_2O_{3-x}(OH)_y$
$In_2O_{3-x}(OH)_y$	300℃	$c-In_2O_3$（立方相）
$InOOH$	345℃	$rh-In_2O_3$（菱方相）

总之，粉末 X 射线衍射可以解决许多物相及结构方面的问题，这里只介绍了常规的实例应用。随着软件技术的进步和科研工作者的不懈努力，粉末 X 射线衍射分析会帮助我们解决更多的微观结构问题。

📋 规范测试小贴士

（1）衍射测试时，有些材料物质在结构上相似，仅在点阵常数上有一些差别，原子散射能力也相似，它们的衍射图谱差别较小，分析时须结合其他实验方法才能得出严谨的结论。

（2）混合试样中某物相含量较少，或者该物相的衍射能力较弱时，该物相的衍射峰在衍射图谱上不能有效显示，无法确认该物相是否存在。这种情况，其结论中不能明确认定该物相为单一物相，更严谨的原则为：测试结果只能确定某物相的存在，而不能确定某物相的绝对不存在。

（3）使用 .TXT 文件输出衍射图谱时，需严格遵守学术道德，杜绝主观改动 .TXT 文件中相角数值信息或参数信息等。

参考文献

[1] 李树棠. 晶体 X 射线衍射学基础 [M] 北京：冶金工业出版社，1990.
[2] 姜传海，杨传铮，等. X 射线衍射技术及其应用 [M] 上海：华东理工大学出版社，2010.
[3] 晋勇，孙小松，薛屺，等. X 射线衍射分析技术 [M] 北京：国防工业出版社，2008.
[4] 黄继武，李周. 多晶材料 X 射线衍射：实验原理、方法与应用 [M] 北京：冶金工业出版社，2012.
[5] 张海军，贾全利，董林，等. 粉末多晶 X 射线衍射技术原理及应用 [M]. 郑州：郑州大学出版社，2010.
[6] X 線回折の手引（改訂初版），理学電機株式会社，東京都，1981.
[7] 刘粤惠，刘平安，等. X 射线衍射分析原理与应用 [M]. 北京：化学工业出版社，2003.
[8] 杨于兴. X 射线衍射分析 [M]. 上海：上海交通大学出版社，1994.
[9] X 射线衍射手册，株式会社理学，浙江大学编译. 杭州：浙江大学测试中心，1987.
[10] 马礼敦. 近代 X 射线多晶体衍射：实验技术与数据分析 [M]. 北京：化学工业出版社，2004.
[11] 侯香岩. 氧化铟基气体传感器的结构设计及其气敏性能研究 [D]. 长春：吉林大学，2021.
[12] 莫志深，张宏放，张吉东，等. 晶态聚合物结构和 X 射线衍射 [M]. 2 版. 北京：科学出版社，2010.

第二节　单晶 X 射线衍射分析

单晶 X 射线衍射分析是研究物质微观结构的表征方法，可以精确测定分子三维空间结构，在物理、化学、生物、地质、信息工业、药物等多个研究领域发挥重要作用。

X 射线是 1895 年德国物理学家伦琴在研究阴极射线时发现的，X 射线的发现为科学研究提供了一种全新的工具。1912 年，德国物理学家劳埃在实验中发现了 X 射线在晶体中的衍射现象，揭示了 X 射线的电磁波本质，同时又证实了晶体结构的周期性。1913 年英国物理学家布拉格父子提出了布拉格方程，从此 X 射线衍射单晶结构分析逐渐应用于晶体学领域的研究。20 世纪末，X 射线衍射技术在蛋白质晶体学领域得到了广泛应用，克里克、沃森、威尔金斯等科学家合作，利用 X 射线衍射技术成功揭示了 DNA 的双螺旋结构，对生物学和医学等领域产生了深远影响。近年来，随着高能 X 射线技术和计算机技术的不断进步，单晶 X 射线结构分析为科学研究提供了更为深入和广泛的应用。

一、基础知识概述

X 射线的本质是一种电磁波，波长范围在 0.01～10nm，实验室中常用的 X 射线波长在 1Å 左右，这与晶体中原子间的距离是接近的，正因如此，X 射线与晶体原子发生相互作用，可以产生衍射现象，能够反映物质的结构信息。

产生 X 射线的装置称为 X 射线管（如图 5-2-1），内部真空度在 10^{-4}Pa 左右，包含阴极和阳极靶。在高电压作用下，阴极产生的电子向阳极靶冲击，高速运动的电子突然被阻止，透过 X 射线管窗口释放出 X 射线。此外同步辐射是另一种产生 X 射线的方式，带电粒子在环形加速器中以极高的速度运动，受到磁场影响，速度改变，辐射 X 射线电磁波，相较于传统 X 射线光源具有更强大的实验性能。

当 X 射线射入晶体时，它与晶体内部的原子产生相互作用。这导致了来自不同原子的散射波在特定方向上的叠加效应。有些方向上的波会相互抵消，有些方向上的波会相互增强，形成可以被探测到的衍射波。这意味着 X 射线衍射实质上是各个原子的散射波在空间中相干叠加形成的结果。如图 5-2-2 所示，一束平行的波长为 λ 的 X 射线照射到相邻的两个晶面，晶面间距为 d，入射角为 θ，当光程差是入射 X 射线波长的整数倍时，会出现衍射现象，即 $2d\sin\theta = n\lambda$。这就是布拉格方程的数学表达式，也 X 射线晶体学中最基本的方程之一，它将衍射信号的方向与晶体的晶格参数关联起来，揭示了 X 射线产生晶体衍射的必要条件。

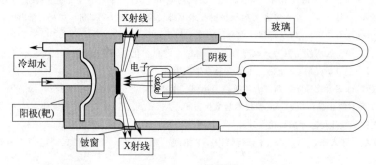

图 5-2-1　X 射线管

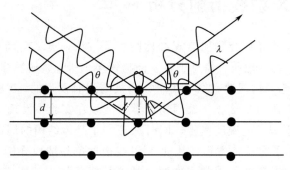

图 5-2-2　布拉格方程示意图

二、仪器结构与工作原理

（一）单晶 X 射线衍射仪结构

单晶 X 射线衍射仪是一个复杂的仪器，由多个组件构成，以下是单晶 X 射线衍射仪的主要构造和附件（以 Bruker D8 Venture 单晶 X 射线仪为例，如图 5-2-3）。

(1) X 射线源：X 射线源能够产生稳定能量和强度的 X 射线，以确保准确的数据收集。Bruker D8 Venture 单晶 X 射线衍射仪可以配备 Cu 靶和 Mo 靶 2 个光源，在实验中可以根据实际需要进行切换。

(2) 旋转样品台：样品台是一个支撑晶体样品的平台，通常具有多轴调节，允许样品在不同方向上进行旋转和倾斜，以便在多角度测量衍射数据。

(3) 检测器：检测器用于捕获 X 射线的衍射信号数据，能够记录衍射信号的角度和强度，形成衍射图案。

(4) 计算机系统：用于控制仪器的运行，运行数据处理软件，收集和处理从检测器中获得的散射数据，生成晶体结构的模型，进行结构精修等。

(5) 液氮控温系统：仪器配备的 Oxford Cryostream 温度控制系统的控温范围在

80~400K，能够提供晶体测试所需的温度环境。

（6）摄像头：通过摄像头可以实时传输图像信息，在电脑上对样品进行精准的安放，便于样品的校正和对心，以保证样品在测试过程中始终处在测角仪中心位置。

（7）单色器：过滤实验中不需要的X射线波段的装置，以获得高质量单色光X射线束。

（8）挡光器：吸收透射过晶体样品的X射线，保障探测器稳定运行。

（9）辅助设备：独立空调和湿度控制装置，保障仪器在稳定的环境中运行；不间断电源，防止突然断电对仪器组件造成损坏；光学显微镜，用于待测晶体的观察和挑选。

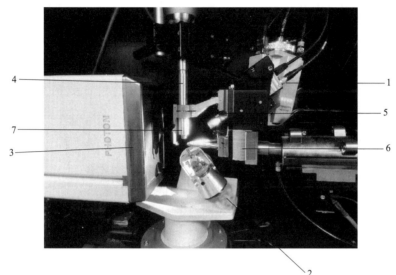

图 5-2-3　Bruker D8 Venture 单晶 X 射线衍射仪部分组件
1—X 射线源；2—旋转样品台；3—探测器；4—液氮控温系统；
5—摄像头；6—单色器；7—挡光器

（二）单晶 X 射线衍射仪工作原理

晶体中原子的周期性排列导致 X 射线在特定方向上产生衍射，这些衍射信号被单晶 X 射线仪的检测器所捕获。样品和检测器的旋转可以记录不同角度下的衍射图案。探测器记录下衍射信号的入射角度和强度，通过数据还原可以将实验测试得到的衍射强度转化为结构振幅，结构振幅$|F_{hkl}|$和结构因子F_{hkl}之间的关系如下，其中α_{hkl}是 hkl 衍射信号的相角：

$$F_{hkl} = \sum_i f_i \left[\cos 2\pi(hx_i + ky_i + lz_i) + i\sin 2\pi(hx_i + ky_i + lz_i)\right]$$
$$= |F_{hkl}|\exp(i\alpha_{hkl}) \tag{5-2-1}$$

晶胞中电子密度ρ_{xyz}与结构因子F_{hkl}之间的关系为：

$$\rho_{xyz} = \frac{1}{V}\sum_{hkl} F_{hkl} \cdot \exp\left[-i2\pi(hx + ky + lz)\right] \tag{5-2-2}$$

单晶 X 射线衍射分析确定晶体结构的原理是基于电子密度图搭建结构模型，获取电子密度图的关键是获取相角。解决相角问题可以采用帕特森法、直接法、Charge Flipping 等多种方法。在获取初始结构模型后还需要进一步进行结构精修，结构精修是利用最小二乘法来缩小结构模型和测试数据之间的偏差，将相关参数进行优化，这个过程包括各向异性精修、加氢、处理无序等多个方面，最终得到正确的晶体结构数据。也就是说计算机通过数学计算处理拟合这些衍射数据，利用傅里叶变换将衍射强度转化为电子密度信息，并由此构建晶体结构模型，通过不断优化和精修计算，最终确定晶体中原子的精确三维坐标，得到晶体结构的细节特征。

此外，单晶X射线衍射还可用于测定晶体的绝对构型。手性分子晶体结构的研究关键在于绝对构型的确定，手性晶体分子片段或基团的各种不同取向对应于不同的绝对结构，单晶X射线衍射是确定绝对结构的重要手段之一。在实验中可通过反常散射信号判断晶体的绝对构型，但反常散射信号是不容易收集到的。非中心对称晶体的反常散射效应无法相互抵消，衍射强度不严格遵守Friedel定律，虽然两者之间的差异微小，却有着明显的规律。因此，反常散射信号成为分析晶体绝对结构的关键线索，这些信号很微弱，仅占总衍射信号强度的不到2%。因此，在制定数据收集策略时，必须有针对性地设置，以确保数据具备足够的完整性和多重度，从而获得足够明显的反常散射信号。

三、单晶X射线衍射仪测试操作规程

以Bruker D8 Venture 单晶X射线仪为例。

1. 晶体挑选

在光学显微镜（最好是偏光显微镜）下对待测晶体进行挑选，滴取惰性油到所选晶粒上，洗去碎晶和其他杂质，同时可以起到对不稳定的晶体的保护作用。

2. 仪器准备

开启冷却循环水系统。开启单晶X衍射仪侧面板上的电源开关，等待高压发生器按钮出现白色竖线。按高压发生器按钮开启射线高压，待高压发生器按钮的黄灯不再闪烁，表示高压发生器状态达到稳定。打开仪器控制电脑后，打开负责与衍射仪的建立通信的软件BIS Server，打开测试软件APEX3。在Apex3软件点击"Sample"→"New Sample"，输入待测样品文件名（如图5-2-4）。点击"Set Up"→"Center Crystal"→"Mount"，等待测角仪移到晶体安装位置后，打开仪器门，等待安放样品。

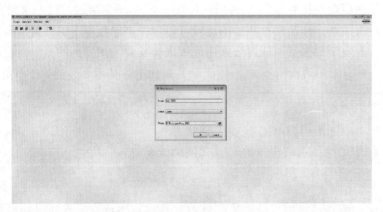

图 5-2-4 新建测试文件

3. 安放晶体

用固定在金属铜柱上的玻璃丝或loop环，沾取少量黏附剂吸附晶体。将样品放在载晶台上，在Apex3软件中点击"Center Crystal"→"Center"。使用专用螺丝刀调节3个轴的

螺丝，使晶粒沿 XYZ 轴 3 个方向运动保证晶粒到达测角仪的中心位置。如需在低温条件下测试，缓慢顺时针旋转低温喷头，使其向下移动，到距离晶体 4cm 左右停止。通过摄像头传输数据可以在 Apex3 软件看到晶粒的准确位置，点击"Spin Phi 90"，旋转 90°后，再次调整晶体至测角仪中心位置，然后继续点击"Spin Phi 90"重复上述操作，直至晶粒在四个面上均处于测角仪中心位置，以保证晶体在持续旋转的测试过程中，始终处在 X 射线束的照射下（如图 5-2-5）。

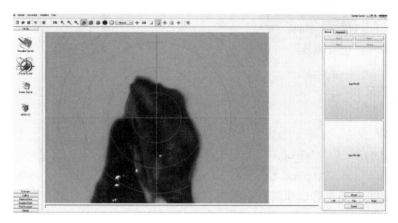

图 5-2-5 安放晶体

4. 选择光源

依据待测晶体的实际情况，选择合适的光源以保证高效准确的数据收集。在"Set up"→"Screen Crystal"中进行光源选择，常用的两种光源是 Cu 靶和 Mo 靶。

5. 测定晶胞

通过随机采集一些衍射图，来确定晶体的晶胞参数、对称性和取向矩阵等信息，对于 Apex 软件来说常采用"Fast scan"程序采集 180 张晶体图来确定样品的晶胞参数。点击"Collect"→"Run experiment"→"Fast scan"，点击"Execute"开始采集衍射信号（如图 5-2-6）。选择手动方式确定晶胞，点击"Evaluate"→"Determine Unit Cell"，需要依次完成收集衍射点"Harvest Spots"、指标化"Index"、确定布拉维晶格"Bravais"、精修"Refine"四个步骤（如图 5-2-7）。

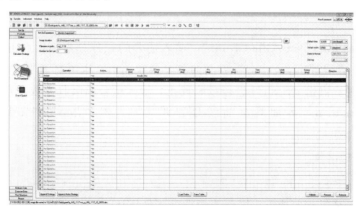

图 5-2-6 采集衍射信号

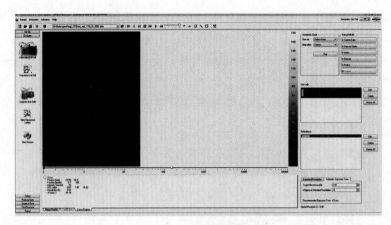

图 5-2-7　确定晶胞

6. 收集数据

点击"Collect"→"Calculate Strategy",根据晶体实际情况制定收集策略,点击"Run Experiment"→"Append Strategy"→"Validate"→"Execute"。将数据收集策略粘贴过来,确认没有问题后,执行数据收集(如图 5-2-8)。

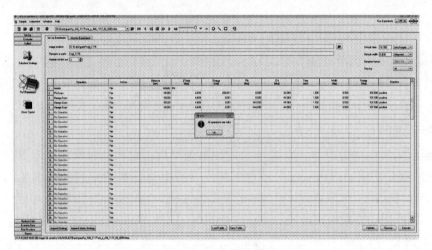

图 5-2-8　收集数据

7. 数据的还原和校正

点击"Reduce Data"→"Find Runs",输入适合的积分分辨率,点击"Start Integration"开始积分。查看"Integration"界面的各个参数图形,也可打开生成的 ls 文件确认积分过程是否有问题。点击"Scale"进行吸收校正,输入适合的吸收系数,点击"Start",在"Parameter Refinement"界面观察曲线是否正常,点击"finish"结束吸收校正(如图 5-2-9、图 5-2-10)。

8. 结构解析和精修

Apex3 软件在"Examine Data""Find Structure"和"Report"中提供了完整的结构解析、结构精修和验证报告的功能,限于篇幅此处不做详述,此外也可以使用 Shelxtl、Olex2 等软件来进行结构解析与精修。

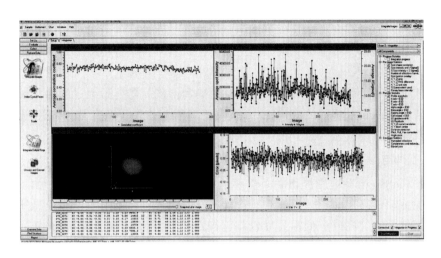

图 5-2-9　数据的积分还原

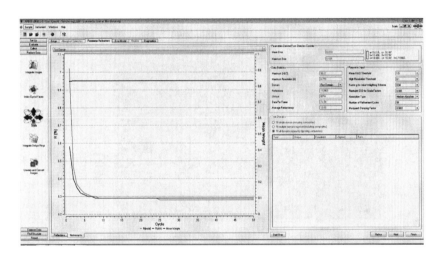

图 5-2-10　数据的吸收校正

四、测试结果影响因素分析

1. 晶体挑选和安放

晶体的结晶性好坏、内部结构的有序程度、晶粒测尺寸、晶体的稳定性等因素影响着实验测试方案的制定、测试数据质量的好坏和后续的结构解析与精修，因此挑选一枚高质量的晶体对于高质量衍射信号的采集乃至精准确定晶体的三维结构是至关重要的，在晶体的培养和挑选环节要保持足够的耐心，多花一些精力。晶体结构有序程度直接决定着衍射信号的分布和强度；表面的碎晶和杂质没有清理干净，可能会造成测试数据误差增大甚至孪晶；如果待测晶粒尺寸过大，则可能会对吸收校正产生影响；对于不稳定的晶体或晶胞中含有易挥发溶剂，则需要尽量快速地挑选晶体并迅速转移至低温环境下进行测试。通常情况下质量比较好的晶体，需要外观上要没有裂纹，整体透亮，外形规整，单一而非堆叠状态（并非所有质量好的晶体都是透亮且规则的）。晶体尺寸的大小通常应小于 X 射线光斑尺寸，即小于

0.6mm，如果使用微焦光斑管应小于0.3mm。对于含有重原子的晶体，由于重原子对X射线的强吸收作用，通常需要选取尺寸更小一些的晶体。此外，注意挑选出的晶粒要在样品中具有代表性，如果晶体质量整体一般，但出现了个别质量特别好的晶体，很可能是溶剂分子结晶或者是其他杂质分子。

安置晶体前要尽量除去多余的惰性油、黏附剂和溶剂，防止造成过度的背景散射。在安放晶体时，要保证晶粒被牢固固定在loop环或玻璃丝上并处于测角仪中心位置，如果在测试过程中出现晶粒松动或晶粒位置发生偏移都可能会导致测试误差的增大。

2. 晶胞正确与否

在"Harvest Spots"这一界面中，需要从衍射图上提取有效衍射点，可以根据晶体的实际衍射情况拖动信噪比一栏旁的滚动条设置不同的阈值。原则上要让所有明显的衍射信号都被选中，阈值设置过高或过低都会导致晶胞确定的不准确。通过View Reciprocal Lattice可以实现查看倒易点阵功能，观察晶胞参数和衍射点是否吻合，可以判断晶胞参数的正确性。在倒易点阵中还可以实现修改晶胞、拆分孪晶等多项功能（如图5-2-11）。

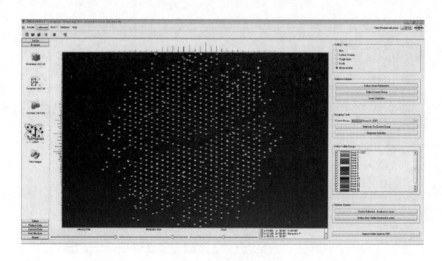

图5-2-11　查看倒易点阵

3. 数据收集的参数设置

在测试光源的选择方面，常用的Cu靶和Mo靶波长分别是1.54Å和0.71Å，使用两种光源测试数据的极限分辨率、光通量、衍射点分离程度和测试效率是不同的。通常情况下，对于大分子、手性材料、较小的晶体，可以选择使用Cu靶作为光源进行数据收集。小分子和一些常规结构的测定适合用Mo靶作为光源进行数据收集。在制定数据收集策略时需要注意，根据衍射信号质量设置合理的分辨率，分辨率设置过低浪费了高质量的衍射信号还可能导致完整度不够，分辨率设置过高则会收集到很多没有意义的衍射图。设置合适的晶体到探测器的距离，增加晶体到探测器的距离可以提高衍射信号的分离度、数据的信噪比以及衍射数据质量；减小晶体探测器距离，会使衍射图上能收集到更多的衍射点提高效率，但造成衍射图上的衍射点更密集。确保足够高的完整度。保证足够高的多重度，降低误差，提高信噪比。依据实际衍射情况和晶体测试需求，设置合理的对称性、步长、曝光时间，快速高效地进行数据收集。

4. 数据的还原和校正

对衍射图进行积分可以转化为数字信号，生成原始强度的 raw 文件，晶胞参数 p4p 文件和包含统计信息的 ls 文件。吸收效应的表达式为：$I = I_0 e^{-\mu t}$。其中 I_0 和 I 是入射强度和衍射强度，μ 为线性吸收系数，t 为衍射线在晶体中所经过的路径长度。可知 μ 值越大，晶粒形状越偏离球形，吸收校正就越有必要。Apex3 软件中利用多重度，通过数学计算来构建晶粒的模拟形状。在"Multi-Scan"吸收校正方法时，对于吸收比较强的晶体，要注意适当调高 $Mu \times r$ 值，其中 Mu 为吸收系数，r 为晶粒尺寸，否则会在结构解析过程中出现温度因子非正定现象。通常情况下，利用"Index crystal faces"功能准确测定晶粒尺寸后，使用数字吸收校正"Numerical From Formula"会取得更好的吸收校正结果。在做完数据的吸收校正工作后还应查看"Percent Rejected"等多个参数来判断整个吸收校正过程中是否存在问题。

五、应用实例解析

以 Bruker D8 Venture 单晶 X 射线仪在低温条件测试有机小分子为例。

(1) 待测试的有机小分子晶体脱离母液后不稳定，因此需要在低温条件下测试。保证液氮充足的前提下，按动温度控制系统"Oxford Cryostream"开关，在屏幕面板将低温设置到 100K，等待温度逐渐降到预设水平。

(2) 用吸管吸取含有晶体的溶液滴到载玻片上，在显微镜下观察，挑选一粒质量较好的晶体，用细针将挑选好的那粒晶体移至惰性油中，可用手术刀进行切割至 0.4mm 左右，在油中洗去杂质和碎晶（如图 5-2-12）。然后用固定在金属铜柱的玻璃丝沾取少量凡士林吸附晶粒，然后安放到载晶台上，放置在低温喷头下，整个过程保证尽量快速防止不稳定的晶体在转移过程中发生结构变化，随后将样品调节至测角仪中心位置。

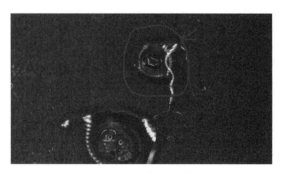

图 5-2-12 挑选晶体

(3) 用"Fast Scan"功能进行快速扫描确定晶胞。在"Harvest Spots"界面中设置选用 80 张衍射图确定晶胞，信噪比阈值设置成 10；在"Index"界面中，常选用"Difference Vectors"和"Fast Fourier"两种计算方法，根据计算结果，程序会推荐指标化值更大的一种算法的结果作为晶胞参数，点击"Refine"进行精修，然后点"Accept"完成精修；在"Bravais"界面中，程序会推荐 FOM（figure of merit 诊断指标）值高的布拉维晶格子（如图 5-2-13）；在"Refine"界面中，点击"Refine"进行精修，直到下方的 RMS 值稳定为止（如图 5-2-14）。点击"View"查看倒易点阵，按"F1""F2""F3"查看不同晶轴，检查所确定的晶胞是否正确。

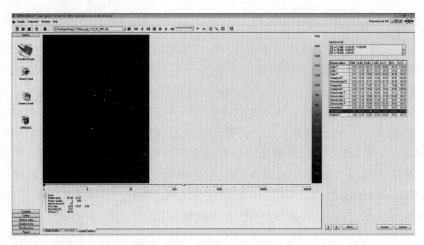

图 5-2-13 选取布拉维格子

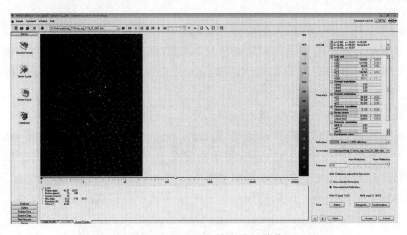

图 5-2-14 对测定晶胞进行精修

（4）根据样品的衍射信号，制定收集策略，在扫描分辨率样处输入 0.77，选择合理的对称性，点击"Apply"。点击"Select scan parament"，输入晶粒到探测器距离为 40mm，设置每隔 0.5°采集一张衍射图，曝光时间为 2s（如图 5-2-15）。

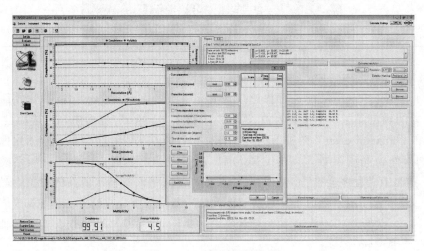

图 5-2-15 制定收集策略

(5) 输入积分分辨率为 0.77，点击 "Start Integration" 开始积分。积分结束后点击 "Scale" 进行吸收校正，选择 2/m 劳埃群和点群，根据晶体中所含元素和衍射信号强度，吸收系数输入 0.2（如图 5-2-16），在 "Parameter Refinement" 界面观察曲线无异常后，点击 "Finish" 结束吸收校正。

图 5-2-16　吸收校正

(6) 吸收校正后得到的后缀名为 .hkl、.p4p 和 .ls 文件可以用于结果解析和精修，生成 .cif 文件进行结构验证无误后，可使用 "Mercury" 等软件绘制晶体结构图。

规范测试小贴士

(1) 进行单晶 X 射线衍射分析实验时，在结构解析和精修过程中，不能使用 OMIT 功能删除不符合预期的衍射信号。

(2) 对于晶胞中可能包含的溶剂数据，需保留完整数据，不能擅自删除溶剂相关内容。

(3) 在填写 .cif 文件的晶体信息和测试信息时，需根据实际情况如实填写，保证数据的真实可靠。

参考文献

[1] 周公度，郭可信. 晶体与准晶体的衍射 [M]. 北京：北京大学出版社. 1999.
[2] 马喆生，施倪承. X 射线晶体学——晶体结构分析基本理论与实验技术 [M]. 武汉：中国地质大学出版社. 1995.
[3] 祁景玉. X 射线结构分析 [M]. 上海：同济大学出版社. 2003.
[4] 陈小明，蔡继文. 单晶结构分析原理与实践 [M]. 北京：科学出版社. 2003.
[5] Bruker Corporation Bruker AXS Inc. APEX3 Crystallography Software Suite User Manual. 2016.
[6] 蔡晓庆. 现代仪器分析研究性案例精选 [M]. 北京：科学出版社. 2018.

第六章
元素分析法

材料中所含元素及组成的分析表征是科学研究工作的重要部分。随着现代科学技术的发展，多种表征手段都可用于材料中元素及组成的分析测定，不仅可对元素的种类、含量进行测定，还可以对分子结构、原子价态等进行分析。目前常用的元素分析测试仪器有：电感耦合等离子体发射光谱仪（ICP-OES）、电感耦合等离子体质谱仪（ICP-MS）、有机元素分析仪（EA）、X射线光电子能谱仪（XPS）、俄歇电子能谱仪（AES）、电子显微镜能谱仪（EDS）、X射线荧光光谱仪（XRF）、原子吸收光谱仪（AAS）等。

本章将从相关基础理论知识、仪器结构原理及操作方法、数据分析方法及应用实例等方面对电感耦合等离子体光谱分析、有机元素分析、光电子能谱分析三种元素分析方法展开详细介绍。

第一节 电感耦合等离子体光谱分析 ▶▶

电感耦合等离子体光谱分析是原子发射光谱分析方法的重要组成部分。1975年第一台商业化的电感耦合等离子体发射光谱仪出现，之后由于电感耦合等离子体光源优越的分析性能和电感耦合等离子体光谱分析法具有可快速同时多元素分析、灵敏度高、线性范围宽等特点，对于该方法的分析机理和应用研究不断增多，使得该分析方法在仪器装置和应用等方面得到了全面发展，目前电感耦合等离子体光谱分析广泛应用于在生物医药、环境和食品监测、地质矿产、文物保护等领域。

一、基础知识概述

（一）电感耦合等离子体光谱仪及其适用元素

电感耦合等离子体发射光谱仪，简称为ICP-OES，是通过将样品中的元素离子化并激发后测量其发射光谱来确定元素含量的分析仪器。早期曾被命名为电感耦合等离子体原子发射光谱（ICP-AES）。ICP-OES分析测试适用范围极为广泛，可以分析元素周期表中70多种以上的元素，如图6-1-1所示。

（二）电感耦合等离子体

电感耦合等离子体是一种总体呈中性的电离气体，要产生这种电离气体需要有一个外部能量进行作用，随后通过感应线圈和磁场发生器产生的磁场来维持等离子体稳定（如图6-1-2）。等离子体将能量转移到样品上，对样品进行激发使其雾化，最终样品电离，得到实验信

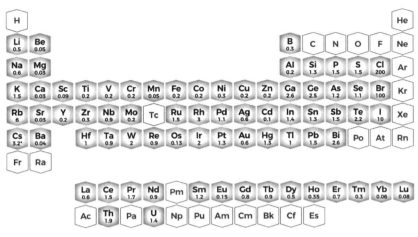

图 6-1-1　元素周期表中 ICP-OES 可分析元素

号。电感等离子体可以达到很高的温度，更适合进行发射光谱分析，温度越高，发射现象就越明显。

（三）系统载气

惰性气体都为单原子，具有化学惰性和电离能量高的特点。选择氩气作为系统载气是因为相比于其他惰性气体其具有以下优点：

（1）光谱干扰比较少。
（2）可以雾化/激发和电离更多的元素种类。
（3）测试过程中不会生成比较稳定的化合物。
（4）氩气的市场价格更低，经济性更好。

（四）ICP-OES 的分析数据

ICP-OES 可以获得样品中存在的元素的定性和定量数据信息。在定性实验中，数据系统中每一条谱线都是一个元素的特征，通过多条谱线即可确定某一种元素是否存在。而在定量实验中，我们可以借助已知浓度的标准曲线来测定某种元素的确定含量，每次实验都需要重新建立标准浓度曲线。

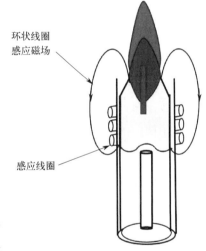

图 6-1-2　ICP-OES 的等离子体

（五）ICP-OES 的有效分析波长

ICP 分析的所有元素的波长都集中在 120～800nm 之间，这也是测量的有效范围。120～160nm 波长范围适用于分析卤素等，但多数 ICP 仪器只能涵盖 160～800nm，如图 6-1-3 所示的是 Pb 元素的不同波长。

（六）ICP-OES 可分析的样品类型

ICP-OES 通常专用于液体样品的分析，一般为用水溶解的样品，包括用酸溶解的含有金属、沉淀、土壤等的固体样品，或用碱溶液制备的样品等。除此之外，ICP-OES 也能处

第六章　元素分析法　**167**

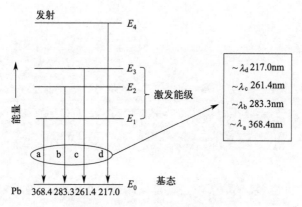

图 6-1-3 Pb 元素的不同波长

理部分含有有机溶剂的样品，如乙醇、酮类、二甲苯、煤油等。

在借助一些特殊进样设备如电热蒸发（ETV）、火花烧蚀（SPAB）、激光烧蚀（LA）等时，ICP-OES 也可以直接用于分析固体样品，具体要求如下。

1. 电热蒸发

电热蒸发（ETV）几乎能够分析所有类型的固体，该方法要求把所测样品进行研磨、粉碎，使之形成足够小的颗粒以便装入设备的石墨样品管中。该方法灵敏度很高，适用于痕量分析。

2. 火花烧蚀

火花烧蚀可以通过火花放电这一途径来测试可导电的样品。样品颗粒在氩气的环境下进入等离子体。该方法对标准曲线有要求，须使用与所分析样品相同种类的材料做校准。

3. 激光烧蚀

激光烧蚀可用于多种固体的分析，不导电的样品也适用。该方法对标准曲线有着较高的要求，须使用与所分析样品类似的标准物质。

二、仪器结构与工作原理

（一）电感耦合等离子体光谱仪的工作原理

ICP-OES 使用发射光子进行测试，样品被引入系统中，经过多个步骤后所含元素的原子和离子被激发，如图 6-1-4 所示。在整个过程中，元素原子和离子会发射特征波长的光子，不同强度的光子会同时向多个方向发射。

ICP-OES 系统使用高频振荡器产生高频电流，经过耦合系统连接至位于等离子体发生管上端的铜制管状线圈上，该线圈具备冷凝水循环保护。石英制成的炬管内有三个同轴氩气流经通道，冷却气氩气通过外部及中间的通道形成环绕等离子体的状态，可以起到稳定等离子体炬及冷却石英管壁、防止管壁受热熔化的作用。工作气体氩气则由中部的石英管道引入，开始工作时启动高压放电装置让工作气体发生电离，被电离的气体经过环绕石英管顶部的高频感应圈时，线圈产生的巨大热能和交变磁场，使电离气体的电子和离子发生反复猛烈的碰撞，各种粒子的高速运动，导致气体完全电离形成一个类似线圈状的等离子体炬，此处温度高达 600～1000℃。样品经处理制成溶液后，由雾化装置变成全溶胶后由底部导入管内，经中心的石英管进入等离子体炬内。样品气溶胶进入等离子体焰时，绝大部分立即分解成激发态的原子或离子状态。当这些激发态的粒子回收到稳定的基态时要放出一定的能量，即表现为一定波长的光谱，测定每种元素特有的谱线和强度，和标准样品相比，就可以知道样品中所含元素的种类和含量。

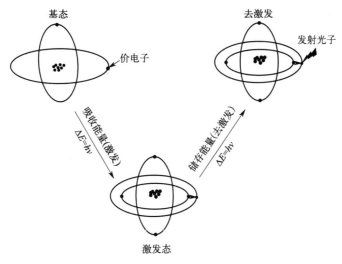

图 6-1-4　原子的激发与发射现象

发射光谱就是用于激发态时测量原子和离子的发射光。为了使测试系统具有更优秀的选择性和区分性，我们需要一个色散系统去分离样品中所有的元素的发射波长，波长分离后经过检测器进行测量。

（二）电感耦合等离子体光谱仪的结构

ICP-OES 系统包含有进样系统（雾化器、雾化室、蠕动泵和自动进样器），激发源（炬管、高频发生器和线圈），色散系统（光栅）和检测系统（探测器等），如图 6-1-5 所示。

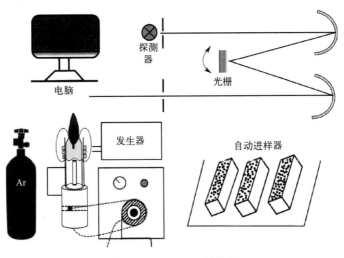

图 6-1-5　ICP-OES 结构图

第六章　元素分析法　169

1. 进样系统

进样系统负责将液体样品导入等离子体中，包括雾化器、雾化室、蠕动泵和自动进样器等多个部分。

(1) 雾化器

雾化器可以把液体样品和氩气进行混合并转化为气溶胶。雾化方式主要是通过气动雾化器来作用，气溶胶的液滴尺寸通常会小于 $100\mu m$。雾化器的类型主要有玻璃同心雾化器、惰性材质同心雾化器和其对应的微量雾化器等。一般测水溶液或少量有机溶剂的样品采用玻璃旋流雾化室搭配玻璃同心雾化器。分析含有较多挥发性有机溶剂的样品则需要选择玻璃同心雾化器搭配双通道的旋流雾化室。

(2) 雾化室

雾化室的作用是过滤雾化器生成的气溶胶，进入等离子体的最大雾化液体一般仅为 $10\mu m$ 左右，在雾化室中大于 $10\mu m$ 的液滴受重力影响和离心效应被筛除，确保等离子体的正常工作和样品的有效转化。雾化室的主要类别有单通道或双通道的玻璃旋流雾化室和惰性旋流雾化室。

(3) 蠕动泵

为了对具有黏度或密度较大的样品进行分析，需要借助蠕动泵送样至雾化器。针对不同进样样品的溶剂要适当选择不同的蠕动泵泵管，避免因不同溶剂的不同挥发性而导致进样速率不均匀，减小测试误差。

(4) 自动进样器

ICP-OES 系统可以实现全自动化分析液体样品，要实现自动分析大量样品需要使用自动进样器。将测试样品按照顺序放置于进样器的托盘上，进样器会自动按顺序抽取样品经蠕动泵送入雾化器，快捷方便。

2. 激发源

ICP-OES 系统的激发源由炬管、高频发生器和线圈组成。

(1) 炬管

炬管一般由玻璃制成，在分析有机样品或含有氢氟酸的样品时会用到陶瓷炬管。它由三个同心管组成，分别称之为外管、中管和内管。依靠三个不同位置的管道形成不同的内腔，以实现对气体流速的精确控制，使产生的等离子体安全稳定可控。

外管与中管之间的气层充斥的是等离子气，可以用于产生等离子体。中管和内管之间的气层是辅助气，它可以避免具有挥发性的气体在接触等离子体前就扩散。

内管是炬管的中心，样品需经过这里到达等离子体。内管的直径大小对样品的测试结果会有一定影响，内管直径决定了样品在等离子体中停留的时间。内管直径越大，样品停留时间越长，检测限会随之提高，等离子体的稳定性也会增强。

(2) 高频发生器和线圈

通过高频发生器和线圈来产生电磁场，为等离子体提供能量，使等离子体可以持续保持稳定。高频发生器的频率通常在 27MHz 至 48MHz 之间，更高的频率可以产生更宽的样品通道至等离子体，有利于样品的快速导入，提高测试效率。

3. 色散系统

色散系统的作用是收集等离子体发出的光并将不同波长的光进行分离，所得信号用于定性分析和定量分析。色散系统的检测范围为160～800nm，特殊情况时可以下探到120 nm的范围。ICP-OES可使用的色散系统一般为以下三种：切尔尼-特纳（Czerny-Turner）、帕邢-龙格（Pashen-Runge）和中阶梯光栅。其中，中阶梯光栅是低刻线密度的器件，一般为50～100g/mm。这个色散系统需要在光栅前或后安装一个可以分离不同级次光的组件，可通过棱镜来实现。

4. 检测系统

ICP-OES的检测系统的作用是把光子转变成电流从而得到测量数据。常见的检测系统有固态检测器和光电倍增管。

(1) 固态探测器

固态探测器是以CCD技术为基础，以测试需要来配备线性或二维的探测装置。探测器使用硅光子的交互作用来分析信号，光子到达探测器后转变为电子，再进一步分析这些电子以实现数据测量。固态检测器的优点有很多，使用CCD可以全波长范围测试，覆盖面更广，分析速度快，是最常用的检测器。

(2) 光电倍增管

光电倍增管是一种信号放大器，由多个倍增电极和阴极共同组成。光子在接触阴极前会产生电子，再由倍增电极将其放大。光电倍增管虽然无法同时覆盖全光谱，而且分析时间也要看波长个数的多少，但它仍然有很多优势。光电倍增管可检测到少量的光子，而且光谱范围可达120～900nm，对动态信号响应好且动态范围可达10个数量级。

三、电感耦合等离子体光谱仪测试操作规程

以安捷伦E725型号仪器为示例。

（一）准备工作

(1) 向仪器通载气氩气，确认气体压力在正常范围内。
(2) 打开冷凝水设备，通冷凝水。
(3) 卡紧蠕动泵管，检查紧实度，确保流速均匀。
(4) 打开仪器高压开关。
(5) 打开仪器排风，避免仪器过热。
(6) 在仪器软件控制界面观察上述部件运行情况（如图6-1-6），确认仪器可以正常运行。

（二）标准曲线的建立

(1) 以一种或多种目标元素的已知浓度溶液为标准，搭配特制的超纯水，分别配制2～4个不同浓度的具有线性梯度的系列样品，分别命名为"Std1""Std2""Std3""Std4"，根据不同需求，其浓度可依次为$1x$、$4x$、$16x$、$64x$等。
(2) 在仪器的"方法"界面中，根据所分析的元素种类进行仪器设定，选择各元素的主发射谱线波长，通常每个元素选择1～4条波长（如图6-1-7）。
(3) 在仪器控制软件中设定标样个数，输入各个浓度，设定标准样品浓度（如图6-1-8）。根据标样的最大浓度来确定参数中的最大浓度数值，以便于测试中观察标准曲线。

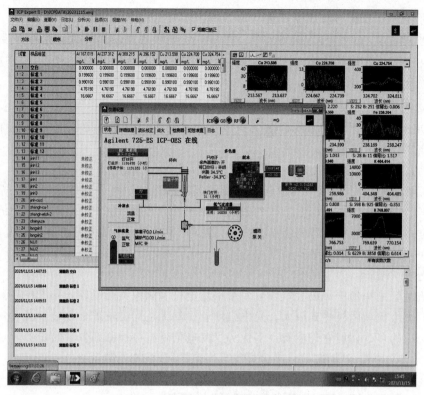

图 6-1-6　ICP-OES 仪器设置界面

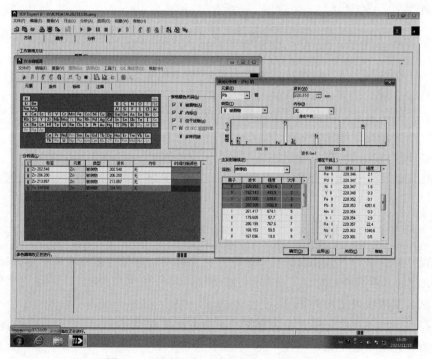

图 6-1-7　选择目标元素及其发射谱线波长

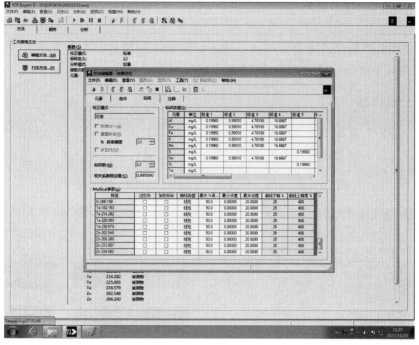

图 6-1-8　设定标准样品浓度信息

（三）自动进样器的设定

在仪器软件中"顺序"页面找到"自动进样器设置"界面（如图 6-1-9），根据仪器的配置情况选择适用的自动进样器类型和进样顺序，将预分析的样品按顺序输入并摆放至进样器对应位置中。

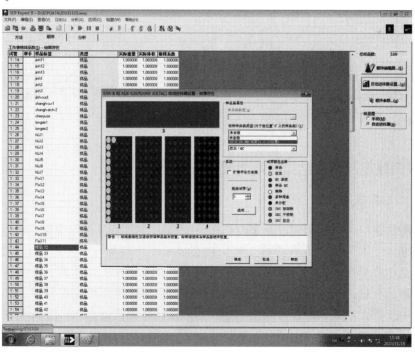

图 6-1-9　自动进样器设置

第六章　元素分析法　173

（四）点亮等离子体

待准备工作就绪后，点亮等离子体，观察炬管状态和颜色，观察蠕动泵的流速，运行2～5分钟后等离子体稳定后就可以开始测试。

（五）分析样品

在仪器"分析"界面里将目标样品名称涂成黄色，视为分析的样品（如图6-1-10），点击运行仪器即可开始按设定顺序分析样品。每一个样品对应每一种目标元素都会给出一个浓度数值作为分析结果。

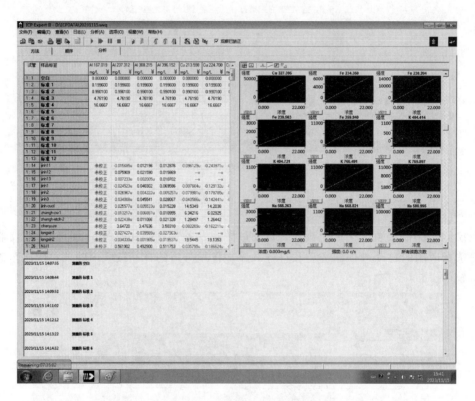

图6-1-10　按设定顺序分析样品

四、数据处理及测试结果影响因素分析

（一）原始数据解读及处理

仪器分析结束后，可以得到以元素波长作为横坐标、样品名称作为纵坐标的数据矩阵，如图6-1-11所示。每种测试元素的每个波长都会显示一个结果，显示红色数值的结果代表该元素在样品中含量较低，可以视为测试样品中不存在该元素，显示黑色数值的结果是指该样品中该元素的含量测试值，以mg/L为单位。在数据矩阵中还可以看到显示"未校正"的结果，这是由于该元素波长的标准曲线不够线性导致仪器无法给出测试结果。另外，在所得结果数据中还有一种显示为"---x"的结果，这是因为该样品中含有该元素的浓度值超出了仪器设定的浓度上限。

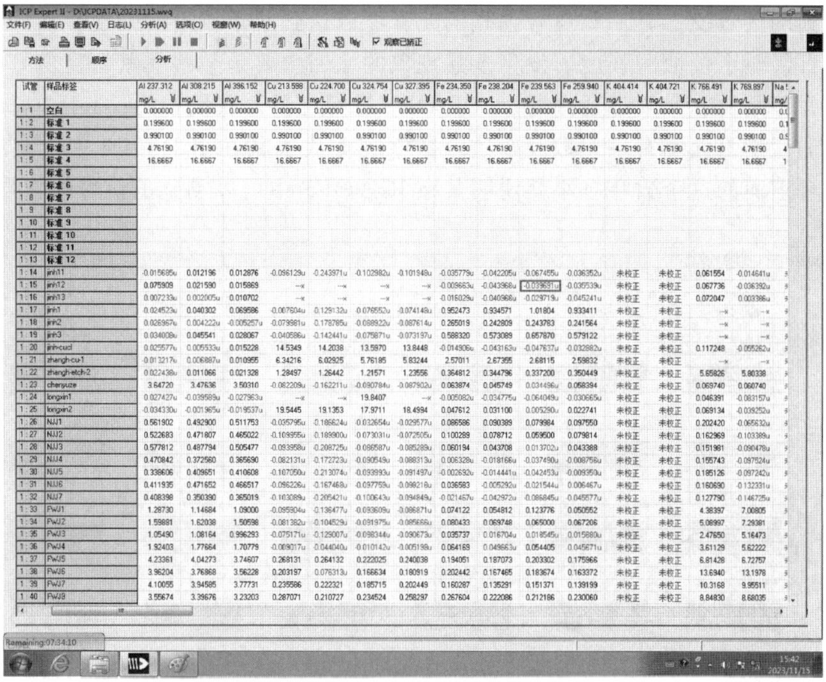

图 6-1-11　分析结果数据

在仪器的分析界面中，我们还可以看到标准曲线的信息（如图 6-1-12）和元素波长信号的信息（如图 6-1-13）。在标准曲线信息图中，成线性的标线都是比较理想的状态，而成点状的标线则是不能采用的数据。在元素波长信号信息图中，我们可以看到不同元素在不同波

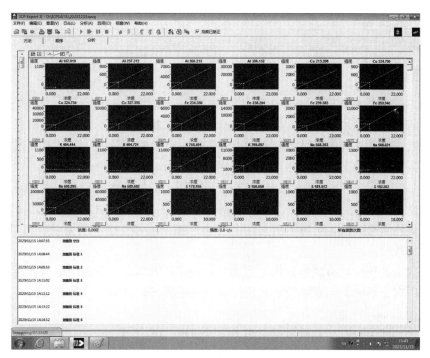

图 6-1-12　各元素标准曲线的信息

第六章　元素分析法　175

长下测试得到的信号值。有一些信号强烈的元素可以达到几千以上的强度，而一些偏弱的信号则只有几百甚至个位数的强度。发生上述现象的原因主要是某些元素自身信号在某一波长上不够强，并不是所有元素都适合通过 ICP-OES 进行定量。我们在图 6-1-1 中可以看到每一个可以测试的元素下面都有一个数字，这个数字越大代表其在 ICP-OES 中所能测得的信号就越差。元素下面的这个数字越小就说明其在 ICP-OES 中可以测到的信号就越强。

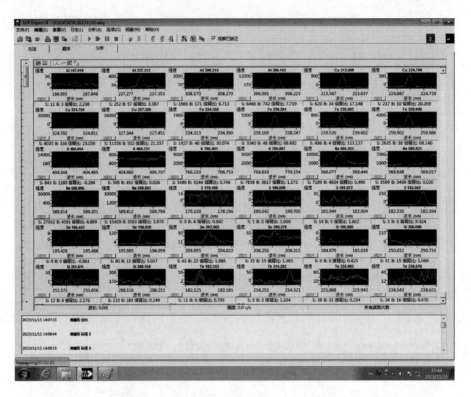

图 6-1-13　各元素在不同波长下的信号强度谱图

ICP-OES 在分析数据时需要根据元素波长的信号谱图进行对比计算，通常会选择谱图中信号最强的部分，即出峰最高的区域。但有时因为同时分析的不同元素之间存在波长相近的问题，导致在非常邻近的区域内会有两个及以上的元素峰值存在，这就需要仪器在选取参考时回避开其他元素的干扰，要选择目标元素曲线相对独立的其他部位。

如图 6-1-14 所示，Na 元素的 568.263 波长区段，两个元素的信号峰发生了高度重合，于是仪器选择了相对较远且信号强度较好的偏远区域进行该元素的浓度参考。图中 H 形标记的区段为最终入选区段，可以看到在这个位置干扰项的强度已降到最低，而目标元素 Na 的信号强度仍然较好。

在完成数据处理后，系统可以根据所选元素和样品名称生成分析结果报告。报告中包含此次测试的所有分析物、元素波长、对应的信号强度谱图以及最后计算得出的浓度结果，如图 6-1-15 所示。

在报告中，"%RSD" 为相对标准偏差，"SD" 为标准偏差，一般 ICP 重点考察 "%RSD" 这一项的数值，其数值越小表明其仪器稳定性越高，通常小于 5% 的 "%RSD" 值是比较理想的数据。

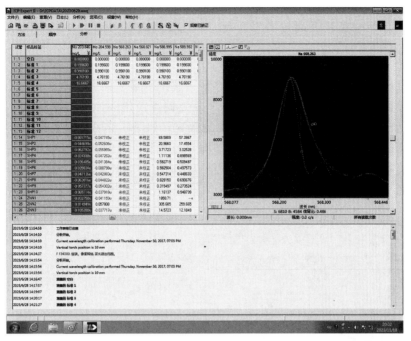

图 6-1-14　Na 元素的信号曲线

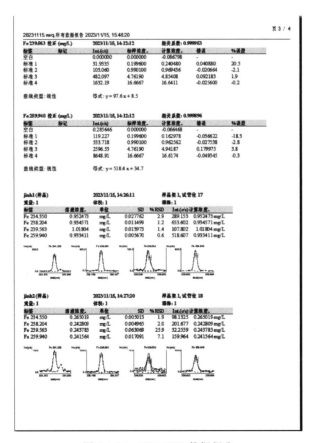

图 6-1-15　ICP-OES 数据报告

第六章　元素分析法　177

（二）测试结果影响因素分析

1. 空白背底对测试结果的干扰

在 ICP-OES 的分析测试中，需要排除多种干扰的因素才能获得理想的分析结果。除了要控制好样品的浓度和总溶解性固体的含量，还要确保使用的纯水、容器和工具没有污染。而一旦发生污染的情况，就会得到一些反常的数据。如图 6-1-16，测试预分析的元素是 B，仪器在测试后显示的所有样品的 B 浓度含量均为相同值。通常是不可能出现这种相同结果的情况，后经对比检查发现，出现这种异常情况的原因是测试采用的纯水空白样中含有较高浓度的 B 元素。

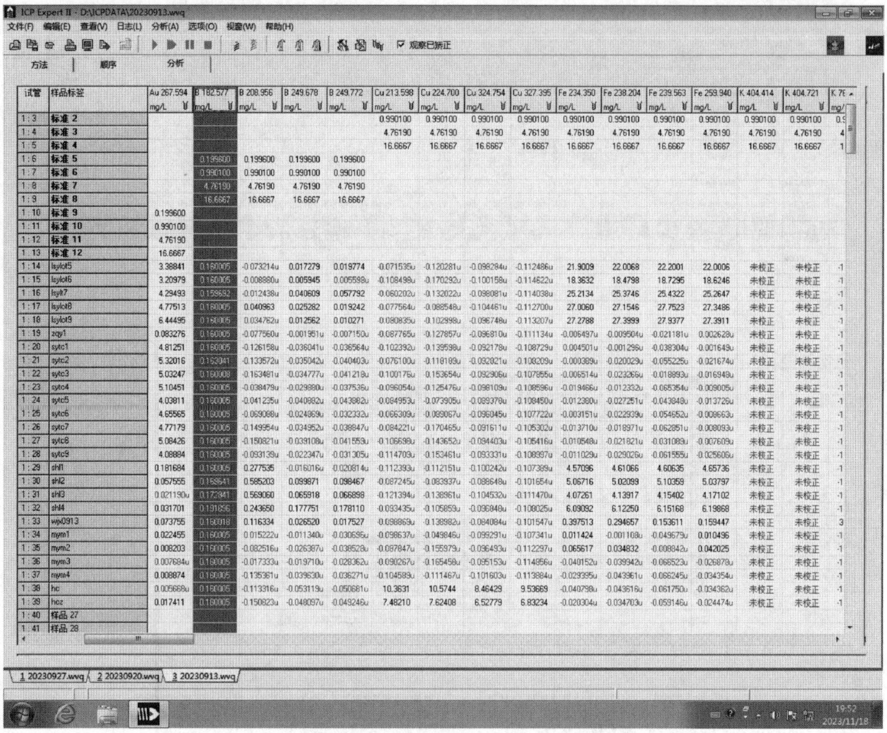

图 6-1-16　B 的含量出现相同数值异常测试结果

2. 样品浓度过高对测试的影响

相比起电感耦合等离子体质谱仪（ICP-MS）来说，ICP-OES 的分析通常并不强调样品稀释，除非是已知浓度较高的溶液。ICP-OES 对于样品总溶解性固体超过 0.2% 的样品仍然具有很强的适应性。在雾化器的组件中，管道内径是非常狭窄的，如果遇到容易沉淀或容易结块的高浓度样品，在运行中是很容易发生堵塞的。如图 6-1-17 的测试结果中出现有多个高浓度数值，其中 S 元素的含量竟达到 14000mg/L，Si 元素的含量也达到 113.58mg/L。在这个测试中多种元素的含量都超过正常的范围区间，如 S 元素、Sn 元素、Si 元素等浓度都远在 100mg/L 以上。这样的样品是非常容易造成雾化器管道堵塞的，应该严格把控样品的浓度，确保仪器的正常运行。

另外，雾化器还会由于以下两种情况造成堵塞，在测试结果中需要注意。

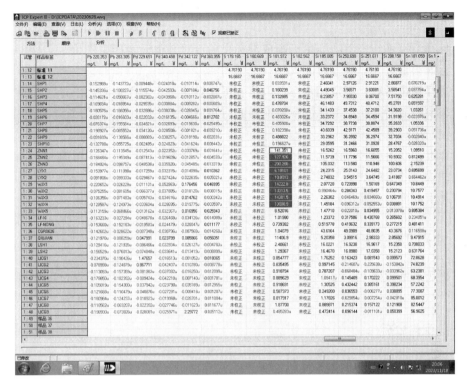

图 6-1-17　样品浓度过高出现异常的测试结果

（1）由高含量样品中的盐类在雾化器的环状气流通道形成盐分结晶引起堵塞，这种堵塞会引起样品信号减小。针对此种堵塞可以利用 3‰～5‰的王水溶液在线清洗几分钟，建议在使用同心雾化器开始和结束的时候利用酸空白和去离子水对雾化器冲洗几分钟。

（2）悬浮固体堵塞在雾化器中心的毛细管（直径仅为 0.3mm）中，针对此种堵塞的疏通方法是将雾化器拆下，将吸样管放置于纯水中，把仪器载气打开，并把流量调到 1L/min，如果雾化器不喷雾，按住雾化器喷嘴让载气反吹至吸样管端，在纯水中吹气泡，如此反复数次。另一种方法是采用一根较硬的头发丝从雾化器的出口处小心伸进去，将颗粒物反捅出去，一定不能采用金属丝或洗涤用毛刷丝或塑料丝等。

3. 含有氢氟酸的样品的测试

ICP-OES 的雾化装置和炬管都采用石英材质，如果样品中含有氢氟酸会对仪器的炬管和雾化装置组件形成很大威胁，因为氢氟酸会溶解石英材质，形成氟硅酸，而氟硅酸会进一步水解生成硅酸和氢氟酸。含有氢氟酸的样品会使仪器组件腐蚀损坏，降低使用寿命的同时也会影响仪器的灵敏度，甚至使仪器无法正常运行。我们需要杜绝对含有氢氟酸的样品进行 ICP OES 的分析。在前处理的过程中应该加入高氯酸充分赶走氢氟酸或者加入硼酸络合，硼酸的加入量大概是氢氟酸的 6 倍左右，然后再上机测试，否则应该使用适用于氢氟酸的进样系统。

4. 标准曲线线性不佳的原因分析

在 ICP-OES 的分析测试中会经常发现所得数据中存在显示"未校正"的结果，如图 6-1-17 中的 S 元素的 3 个波长都出现了这种情况。出现这种情况的原因就是标准曲线的线性不佳，无法直接给出结果。标准曲线线性不佳的原因有以下几点，在测试过程中须避免发生。

（1）标准溶液不纯：不纯的单标配成混标之后会对其他元素产生干扰。

（2）标准溶液失效：放置时间太长。

（3）进样系统污染：测定纯水空白，检查进样系统是否干净。

（4）玻璃器皿污染：配制标准溶液的器皿有污染。

（5）使用的纯水有污染。

（6）标准曲线溶液高点浓度太高，导致仪器检测信号溢出，使曲线弯曲。

（7）曲线上各点的酸度不匹配。

（8）标准溶液的含盐量相差较大，导致样品提升率、雾化效率、激发效率等不一致。

五、应用实例解析

以市售矿泉水为样本，对四种不同品牌的瓶装水和自来水五个样品进行定量和定性分析测试。

（一）定量分析

1. 确定分析目标和制备标准样品

市售瓶装矿泉水通常含有钠、钾、钙、镁等元素，而自来水中除了含有上述元素外，至少还会含有铁元素。设定仪器如图 6-1-18 所示，在"方法"项目中选择分析 Na、K、Ca、Mg、Fe 等元素，每种元素选择 4 条不同的波长。

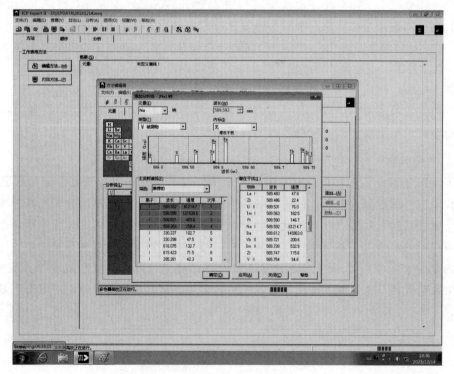

图 6-1-18 设定分析元素及其波长

根据确定好的元素进行标准样品的配制，选择含有上述五种元素的混合标样，分别量取 1×，4×，16× 和 64× 体积加纯水稀释成标准样品，标号为 1～4。将稀释后的浓度输入到"标样"选项中，设定完成。

2. 设定进样器顺序和待分析样品

在"顺序"选项中按照仪器的配备对自动进样器进行设定，确定进样顺序。按照该顺序将待分析的样品输入仪器列表当中，如图 6-1-19 所示。

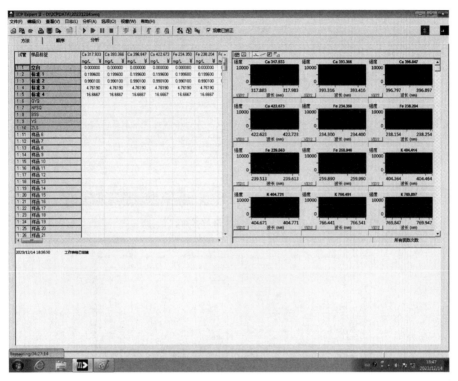

图 6-1-19　设定待测样品

在仪器控制界面检查载气的压力，蠕动泵管状态和冷凝水流速，确认状态正常后点亮等离子体，待稳定运行数分钟后即可开始测试。

3. 分析数据和出具报告

仪器自动运行完成后，即可得到分析结果。每一个样品都会给出分别对应每种测试元素的波长数值。数据窗口右侧是谱图窗口，内含全部数据的参考谱图和标准曲线的信息，如图 6-1-20 所示。

可以看到样品 YS 和样品 ZLS 的 Ca 元素数据没有显示，需要增大浓度上限值来获得准确的数据。可以挑选几个可靠性更高的数据来出具报告，每一种元素会有最多四个数据可供参考。如图 6-1-21 所示是本次分析数据报告中的某一页，通过对比发现 YS 牌矿泉水的 Ca 元素含量与自来水（ZLS 样品）相近，而 YS 牌矿泉水不含 Fe 元素，在自来水中则检出痕量的 Fe 元素，这是本组数据对比中最大的差异所在，其余测试元素 Mg、Na 和 Sr 的浓度也互有高低。虽然自来水样品中 Fe 含量数据的 RSD 值偏大，但仍然可以认为含有 Fe 元素。

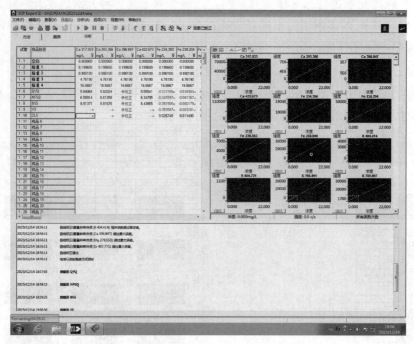

图 6-1-20　分析数据结果

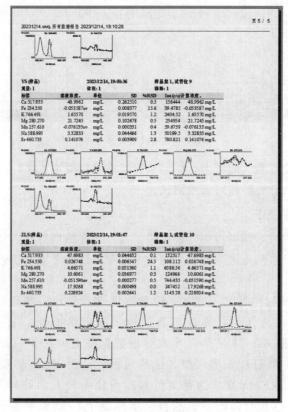

图 6-1-21　定量分析数据报告（节选）

（二）定性分析

在软件内打开 Semi 文件，进入定性分析模式，无需另外设置标准样品，可直接将所测样品置于进样器中，在软件列表中输入即可，如图 6-1-22 所示。准备好冷凝水和载气，点亮等离子体后即可开始进行定性分析。该模式会对每一种元素进行全谱扫描，以推断是否含有某种元素，但其所显示的定量数据并不是十分准确的，仅对判断是否含有该元素提供参考。在图 6-1-22 中，可以看到五个参与测试的样品数据，从 Ag 到 Zn 共有数十种元素呈现，显示为浅灰色的数据判定为不含有该元素，显示为黑色的数据判定为含有该元素。定性分析完成。

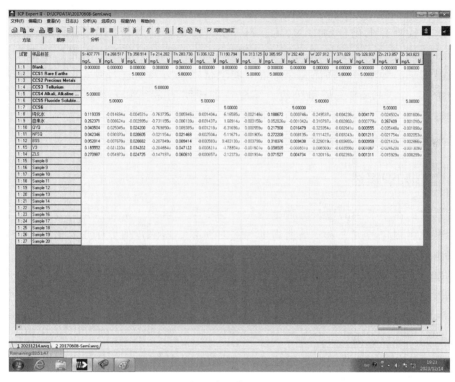

图 6-1-22 定性分析模式的设定及结果

📋 规范测试小贴士

在使用电感耦合等离子体光谱仪分析样品时，选择合理的分析方法进行测试，确保样品分析准确性。在制作标准样品时，要如实填写标样浓度，不可以为了得到想要的元素含量，随意改动标准样品各项参数。对于测试所得的数据和谱图，不得修改、伪造和篡改。对于测试结果有差异的样品，需要进行补测后得到准确的结果，不能以有争议的数据作为样品的最终测试结果。

参考文献

[1] 胡谷平，曾春莲，黄滨，等. 现代化学研究技术与实践——仪器篇［M］. 北京：化学工业出版社，2011.
[2] 万一千，苏成勇，童叶翔，等. 现代化学研究技术与实践——方法篇［M］. 北京：化学工业出版社，2011.

[3] 沈兰荪. ICP-AES光谱干扰校正方法的研究 [M]. 北京：北京工业大学出版社，1997.
[4] 黄承志，陈缵光，陈子林，等. 基础仪器分析 [M]. 北京：科学出版社，2017.

第二节　有机元素分析

C、H、N三种元素是组成有机化合物的重要成分，对于有机化合物中C、H、N以及其他元素的定性定量分析，是帮助确定未知化合物以及合成化合物的结构和纯度的重要分析手段。20世纪60年代之前，通常使用经典方法对有机化合物中的元素进行定性定量分析，如杜马法、李比希法、卡里斯法等。从20世纪60年代开始，现代分析技术手段逐步发展，有机化合物中的元素分析进入仪器化、自动化阶段。本小节讲述的方法为利用全自动元素分析仪，一次性检测有机化合物中N、C、H、S四种元素的含量。在分析有机合成材料时，可进行微量分析（1~10mg），几分钟即可获取测试结果，十分方便快捷。元素分析仪的原理是在高温富氧的环境中使样品完全燃烧，将燃烧产物分离后进行测定，与标准曲线计算得出化合物中N、C、H、S的质量分数。需要特别说明的是，由于本方法的基础是分析化合物完全燃烧后的产物，因此只适合检测能够充分燃烧的化合物，对于不能充分燃烧的样品，本方法很难获得准确的测试结果。

一、基础知识概述

质量分数：本小节中的质量分数是指化合物中某元素的质量与该化合物总质量的比值。

绝对误差：测定值减去真实值所得即为绝对误差。当测定值大于真实值时，绝对误差为正数；当测定值小于真实值时，绝对误差为负数。

系统误差：由于测定过程中某些固定的原因所造成的误差即为系统误差。产生系统误差的主要原因为仪器误差、方法误差、操作误差等。

准确度：分析结果与真实值的接近程度即为准确度。分析结果与真实值之间差别越小，则分析结果的准确度越高。

精密度：n次平行性测定结果相互接近的程度即为精密度。平行测定结果相互之间差别越小，分析结果的精密度越高。

二、仪器结构与原理

不同厂家的元素分析仪内部结构并不相同，此处以德国Elementar公司生产的Vario MICRO cube元素分析仪为例进行介绍。

（一）仪器结构

元素分析仪的内部结构如图6-2-1所示。主要分为四个部分：进样系统、燃烧反应系统、分离系统、检测系统。

1. 进样系统

进样系统由样品盘与进样球阀两部分组成。样品盘为圆盘状，外围均匀排列多个单独孔位，将称量好的样品按照测试顺序放入对应序号的孔位中，随着样品盘的转动，将样品依次

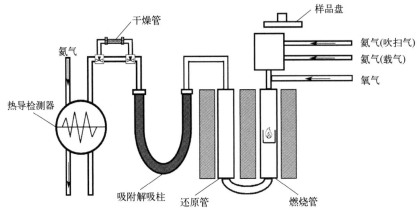

图 6-2-1 元素分析仪结构示意图

传送至测试孔位进行后续分析测试，实现自动进样。测试孔位下方为进样球阀，在进行分析测试时，进样球阀先转动 180°，样品盘转动将待测样品移至测试孔位，孔位中的样品落入进样球阀盲孔中，进样球阀转动 90°，关闭进样口，氦气吹出进样所带入的空气，球阀再次转动 90°，样品落入燃烧管中进行分析测试。

2. 燃烧反应系统

燃烧反应系统由加热炉、燃烧管、还原管三部分组成。设定程序利用加热炉对燃烧管和还原管进行温度控制，达到反应所需高温。样品在燃烧管中需要充分燃烧分解。燃烧管中放置灰分管（样品在灰分管中燃烧），氧化钨（高温催化氧化剂），刚玉球（高温氧化剂，吸收氟），石英棉（分隔支撑作用）。燃烧生成的气体随载气（氦气）进入还原管，被还原成稳定的气体，去除干扰气体，再进入分离系统。还原管中填充还原铜（除去过量氧气，将氮的氧化物转化为氮气），银丝（吸收卤素生成卤化银，去除卤素干扰），刚玉球（高温氧化剂，吸收氟），石英棉（分隔支撑作用）。

3. 分离系统

分离系统的主要作用为分离从还原管出来的混合气体。不同的元素分析仪采用的分离系统不同，Vario MICRO cube 元素分析仪采用的是程序升温控制的吸附解吸柱来进行气体分离。其原理是在接近室温时，N_2 将毫无阻碍地通过吸附柱，CO_2、H_2O 和 SO_2 被吸附。通过程序控制吸附解析柱升温，分别释放被吸附气体，由载气送入检测系统进行检测，达到将气体分离的目的。

4. 检测系统

元素分析仪通常使用热导检测器进行检测。热导检测器的主要原理是利用被测气体和载气的热导率不同来进行测试。热导检测器由热导池及检测电路组成，热导池中有一个参比池和一个测量池，这两个池腔由惠斯通电桥连接。高纯氦气通过参比池，待测气体通过测量池。由于气体热导率不同，当通过加热电阻丝的气体发生变化时就会引起电阻丝阻值的变化，这个信号以输出电压被记录为一个时间的函数，被数字化积分后用一个积分数来表示。通过对每个元素的校正，积分数对应样品中各元素的绝对质量，元素的绝对质量与样品质量的比值即样品中各元素的质量分数。

（二）测试原理

取少量样品紧密包裹在锡箔中，精确称量后将样品质量传输到电脑端元素分析仪软件中，选择合适的分析方法，将被测样品放入样品盘对应孔位中，设定程序加热燃烧管及还原管，待加热到指定温度后，样品盘转动释放样品到球阀中，氦气吹出进样所带入的空气，同时向燃烧管中通入氧气，球阀转动，样品落入燃烧管中，高温高氧的环境会使样品瞬间发生剧烈燃烧，燃烧管中的催化氧化剂保证了样品能够充分燃烧。经过初级燃烧和次级燃烧，被测样品中的 N、C、H、S 被转化为氧化产物 CO_2、H_2O、NO_x、SO_2、SO_3、N_2 等气体。此混合气体以 He 作为载气，进入还原管与填装的还原铜相互作用，把 N 的氧化物 NO_x 转化为 N_2，把 S 的氧化物 SO_3 转化为 SO_2，并除去过量的 O_2。经过还原管后剩下的气体中只含有 CO_2、H_2O、SO_2 和 N_2。以 He 为载气，导入分离系统。CO_2、H_2O、SO_2 被吸附在特制的吸附解吸柱上，N_2 被 He 直接带入热导检测器进行检测。氮气检测完毕后，吸附柱升温至 60℃，释放 CO_2，进入热导检测器检测，检测完毕后，吸附柱再次升温至 120℃，释放 H_2O，经热导检测器进行检测，检测完毕后，吸附柱最后升温至 210℃，释放 SO_2，随载气进入热导检测器进行检测。最后由计算机进行数据处理，得到最终测试结果。

分析过程中用到的氦气（作为吹扫气和载气）和氧气（作为助燃气体）在进入系统前全部经纯化管进行纯化，干燥和吸收挥发性的卤素和酸性气体，达到微量化学分析的要求。整个自动分析过程，包括参数的设置等均由仪器软件来完成，加氧量根据样品的成分通过软件进行调节。

三、元素分析仪测试操作规程

以德国 Elementar 公司生产的 Vario MICRO cube 元素分析仪为例。

（一）样品的制备及称量

1. 样品的要求

（1）纯净均匀的化合物。

（2）样品的质量需满足可以进行两次测试。

（3）盛装样品的容器最好是有一定厚度的干净干燥的玻璃或塑料小瓶。感光样品需用避光包装。

（4）禁止测试烈性化学品如强酸、强碱、爆炸物或能形成爆炸气体的样品。

（5）测试含氟、磷酸盐或含重金属的样品可能会影响仪器零件的使用寿命和分析测试结果。

2. 样品的称量

进行样品称量时，为了人员安全及避免样品污染，操作人员需穿着实验服、戴实验手套、口罩及护目镜进行操作。称量样品的微量电子天平需放置在专用稳定的天平台上，保证室内无气流干扰，保证恒定的温度湿度环境，方可进行称量。样品的称样量需要根据样品中待测元素的含量、仪器的测试范围、标准品的工作曲线范围来进行选择。根据样品形态的不同选择称量容器。当样品为固体微粒时，可选择锡舟作为容器。当称量体积大密度小的样品如纤维、泡沫塑料、多孔材料等物质时，可选用锡箔来包裹样品，再用成型装置压制成块。当称量液体样品时，可选择锡杯作为称量容器。称量时，先将容器置于天平上，去皮。若样品中含有金属、碱等成分难以完全燃烧，则需加入助燃剂（三氧化钨）来帮助样品充分燃烧，加入后同样需要去皮，使天平归零。用干净的取样匙、镊子或针筒注射器，将样品添加进容器内部，用镊子挤压容器排出空气，将样品密封包裹好，将其置于天平上读出被测样品的质量，传输到电脑端，放入仪器的自动进样盘中待分析。

（二）分析步骤

（1）清空自动进样盘中样品，拔掉仪器后方的气路封堵塞，打开仪器开关。

（2）打开电脑，打开 Vario MICRO 操作软件，仪器进行自检，自动进样盘归零。

（3）打开氦气和氧气的气瓶减压阀，调节氦气压力至 0.15MPa，软件显示 200mL/min 左右；调节氧气流速至 0.25MPa，软件显示 25mL/min 左右。

（4）待仪器稳定后，开始进行检漏。如果结果通过，可继续进行后续操作。如果检漏没有通过，则说明仪器内部存在漏气点，需要根据检漏结果对仪器进行漏气点排查，直至检漏通过为止。

（5）设定加热炉温度，燃烧管 1150℃，还原管 850℃，等待仪器升温达到设定温度，方可开始测试。

（6）做空白测试。编辑样品测试序列，在样品名称中选择"Blank"，样品质量输入 1mg，分析方法选择"Blank with O_2"，连续编辑两个空白测试后，分析方法选择"Blank without O_2"，继续做空白测试，直至 N、C、H、S 的信号积分面积低于规定值为止。

（7）使仪器达到稳定运行状态。编辑样品测试序列，在空白测试后编辑 3 列，样品名称选择"Run in"，称量三个相应质量的标准品，在样品质量中输入实际称得质量，根据样品质量及加氧量需求，选择对应的分析方法。

（8）测试标准物质。系统达到平衡后，称取两个相应质量的标准品，在样品质量中输入实际称得质量，在样品名称中选择相应标准物质，选择对应的分析方法，作为序列中标准物质进行标定。每两个标准品可标定十个样品，每测十个样品，需做两个标准品继续标定后续样品。

（9）进行样品测试。若样品易燃烧，则称量相应质量，选择对应方法。若样品不易燃烧，需要在样品中添加样品质量两到三倍的助燃剂（三氧化钨），选择对应方法。每个样品做两次平行测定，如果两次结果的绝对误差超过 0.3%，则需要再测一次，取三组中平行的两组。如果三次都不平行，则需要测两个标准品来检查系统稳定性，如果标准品测试结果平行，则排除仪器的问题，可能是样品存在问题，报告此样品的三次测试结果即可。如果两次标准品测试结果不平行，则说明仪器状态不稳定，需查明原因，直至两次标准品的测试结果平行后，再继续测试样品。

（10）样品测试完毕后，选中标准品序列（测试结果平行性号），点击"math"-"fator"进行数据校准，保存测试数据。

（11）待仪器降温至设定冷却温度，依次关闭软件，关闭电脑，关闭气瓶，关闭仪器主机，用封堵塞堵住仪器气体出口。将称量容器、标准品、助燃剂等放入干燥器内保存。

四、数据处理及测试结果影响因素分析

（一）数据处理

1. 数据及谱图解析

测试结束后，可得到数据表格 6-2-1 及谱图 6-2-2：

表 6-2-1 测试数据表格

名称	质量/mg	方法	N积分面积	C积分面积	H积分面积	S积分面积	N/%
yangpin	2.151	2mgChem80s	7079	28761	8524	2645	10.16
C/%	H/%	S/%	N校正因子	C校正因子	H校正因子	S校正因子	测试时间
59.68	6.13	12.35	0.9921	0.9981	0.9995	1.0088	13.11.2023 09:30

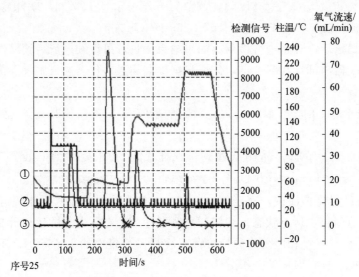

图 6-2-2 元素分析测试结果谱图

在测试数据表格 6-2-1 中，可获得样品名称、样品质量、分析测试方法、各元素的积分面积、校正因子以及测试时间等信息。N、C、H、S（％）栏则为测得的四种元素的质量分数。

在测试结果谱图 6-2-2 中，曲线①对照右侧纵坐标吸附解吸柱温度。曲线②对照右侧纵坐标氧气流速。曲线③对照右侧热导检测器检测信号值。横坐标为时间，单位是 s。左下角标注为样品序列号。

2. 标准曲线

元素分析仪测定的结果为检测器输出的检测信号，由仪器自动积分得到积分面积，需要与标准物质中各元素的含量进行校正计算，待测样品与标准曲线进行比对，最终得到待测元素的含量。标准曲线对于测试结果起到决定性的作用，因此，绘制标准曲线需要细致严谨。

以对有机合成化合物进行微量分析（取样量为 1～10mg）为例绘制标准曲线。首先确认标准物质为国家认证的有机元素分析用标准物质。待仪器空白测试符合测试要求，仪器状态稳定运行时，精确称量标准物质 6.0mg、5.0mg、4.0mg、3.5mg、3.0mg，选择分析方法 5mgChem90s；精确称量标准物质 5.0mg、4.8mg、4.3mg、3.8mg、3.2mg、2.8mg、2.5mg，选择分析方法 2mgChem80s；精确称量标准物质 2.2mg、1.9mg、1.6mg、1.3mg、

1.1mg、0.9mg、0.8mg、0.6mg、0.4mg、0.2mg、0.1mg，选择分析方法 2mgChem70s。按照以上顺序进行测试。测定完成后，选择非线性曲线计算方式，所得的校正曲线方程为：

$$Y = a + bx + cx^2 + dx^3 + ex^4 \tag{6-2-1}$$

式中，Y 为待测元素的绝对质量，单位是 mg；x 为待测元素对应产物的峰面积积分值；a、b、c、d、e 为拟合系数。

3. 定量计算方法介绍

被测样品中待测元素的质量分数可通过以下计算方法得出：

$$x = M \times DF \tag{6-2-2}$$

式中，x 为被测样品中待测元素实际测得的质量分数；M 为待测元素在标准曲线上的测定值，通过待测元素的绝对质量与样品的质量相比得出；DF 为待测元素的校正因子，通过标准物质中待测元素质量分数的计算值与在标准曲线上的测定值相比得出，校正因子的数值需在 0.9～1.1 之间，如果超过此范畴，需要重新制作标准曲线进行校正。

4. 分析结果表述

本方法测得的结果为 N、C、H、S 四种元素在样品中的质量分数，用百分数表示，小数点后保留两位。按照国际惯例，对于样品中只含有 N、C、H、S、O、Br、Cl、I 元素的化合物，本方法测得的质量分数允许误差为绝对误差±0.3%。每个样品做两次平行测试，两次数据之差小于允许误差，则认为结果准确。若两次数据之差大于允许误差，需要补做一次平行测试，取三次结果中相对相近的两组数据，如果三次数据之差均大于允许误差，则需要补测标准物质，验证仪器是否稳定。

（二）测试结果影响因素分析

1. 样品方面

由于取样量很少，被测样品的均匀程度对于测试结果的影响很大。样品中含有吸附水或溶剂会对测试结果产生影响。被测样品在常温常压环境中应状态稳定，易氧化、易挥发、易吸潮及难以燃烧等特殊样品用本方法测试可能不会得到理想的结果。对于内部孔隙较多的样品，空气吸附会对测试结果带来影响，建议将样品压缩处理后再进行测试。样品中如果含有碱金属或硅元素，燃烧管的温度不足以将其燃烧产物进行分解，会导致碳含量的测定值低于真实值。含金属的样品经灼烧生成的氧化物会附着并腐蚀石英材质的燃烧管壁，对燃烧管内的催化氧化剂也会造成损耗。如果待测样品中含有 P、B、F 元素，可能会出现燃烧不完全的情况，也可能产生杂质，减少仪器使用寿命，影响测试结果。

2. 操作方面

称取样品时包裹样品的锡舟很薄，质地很软非常易破损，称量时要小心操作。在称量硬质样品或尖锐样品时，如出现锡舟破损样品外露的情况，一定要更换锡舟重新称量，否则会影响测试结果。有些静电较大的粉末样品在包裹时容易沾到锡舟的外表面，称量时会沾到电子天平托盘上，造成称量的误差，影响测试结果，所以在操作时一定要注意检查锡舟外表面与天平托盘是否干净，避免此类状况的发生。如果称量时每称好一个样品就放入仪器进样盘中会很麻烦，可以将称好的样品先放在格子托盘内，待托盘装满再转移至样品盘中。需要注意的是，在转移的过程中，一定要注意样品的顺序、电脑中的测试序列、样品盘孔位的编号三方是否一致，一旦出现错误，会导致样品与测试结果不匹配，需要重新测试。

3. 仪器方面

如果灰尘或样品颗粒进入样品盘会对测试结果产生影响，如果球阀中进入杂质，会导致球阀漏气，所以要定期对样品盘和球阀进行清洗维护。燃烧管、还原管、干燥管中的填料为消耗品，与测试样品的次数有关，需要时时关注定期更换，保证仪器能够正常运行。元素分析仪中的气路与吸附解吸柱头部的银丝中，常常会有样品燃烧生成的杂质气体降温后沉积的粉末，需要定期清理更换。

五、应用实例解析

利用元素分析仪对一般有机化合物中 N、C、H、S 进行含量测定，能够得到准确可靠的实验数据。一些常见的有机化合物测试结果如表 6-2-2 所示。

表 6-2-2 有机化合物中 N、C、H、S 质量分数测定结果

	元素	$C_{25}H_{20}N_2O_3$	$C_6H_6O_3$	$C_7H_7NO_2$	$C_{12}H_{10}S_3$	$C_3H_7NO_2$	$C_4H_{11}NO_3$	$C_6H_{13}NO_5$	$C_8H_9NO_2$
N	测定值	6.94%	0.00%	10.22%	0.00%	15.78%	11.65%	7.83%	9.30%
		6.99%	0.00%	10.17%	0.00%	15.76%	11.62%	7.82%	9.31%
	平均值	6.97%	0.00%	10.20%	0.00%	15.77%	11.64%	7.83%	9.31%
	理论值	7.07%	0.00%	10.22%	0.00%	15.73%	11.57%	7.82%	9.27%
	绝对误差	−0.11%	0.00%	−0.03%	0.00%	0.04%	0.06%	0.00%	0.04%
C	测定值	75.72%	57.09%	61.19%	57.61%	40.38%	39.74%	40.40%	63.59%
		75.77%	57.01%	61.13%	57.73%	40.50%	39.69%	40.39%	63.56%
	平均值	75.75%	57.05%	61.16%	57.67%	40.44%	39.72%	40.40%	63.58%
	理论值	75.74%	57.14%	61.30%	57.56%	40.44%	39.66%	40.22%	63.56%
	绝对误差	0.01%	−0.09%	−0.14%	0.11%	0.00%	0.06%	0.17%	0.02%
H	测定值	5.10%	4.83%	5.11%	4.00%	7.89%	9.05%	7.27%	5.97%
		5.08%	4.83%	5.06%	4.00%	7.89%	8.95%	7.15%	6.00%
	平均值	5.09%	4.83%	5.09%	4.00%	7.89%	9.00%	7.21%	5.99%
	理论值	5.10%	4.81%	5.16%	4.03%	7.94%	9.17%	7.33%	6.01%
	绝对误差	−0.01%	0.02%	−0.08%	−0.03%	−0.05%	−0.17%	−0.12%	−0.02%
S	测定值	0.12%	0.14%	0.11%	38.47%	0.11%	0.13%	0.12%	0.13%
		0.13%	0.10%	0.09%	38.40%	0.16%	0.15%	0.07%	0.13%
	平均值	0.12%	0.12%	0.10%	38.43%	0.14%	0.14%	0.09%	0.13%
	理论值	0.00%	0.00%	0.00%	38.42%	0.00%	0.00%	0.00%	0.00%
	绝对误差	0.12%	0.12%	0.10%	0.01%	0.14%	0.14%	0.09%	0.13%

📖 规范测试小贴士

在使用元素分析仪分析样品时，选择合理的分析方法进行测试，确保样品燃烧完全。在称量样品时，要如实填写样品质量，不可以为了得到想要的元素含量，随意改动样品质量。对于测试所得的数据和谱图，不得修改、伪造和篡改。对于测试结果不平行的样品，需要进行验证后得到准确的结果，不能以不准确的测试数据作为样品的最终测试结果。

参考文献

[1] 王约伯，高敏. 有机元素微量定量分析 [M]. 北京：化学工业出版社，2013.
[2] 周心如，杨俊佼，柯以侃. 化验员读本化学分析 [M]. 5 版. 北京：化学工业出版社，2016.

第三节 光电子能谱分析

光电子能谱学是一门将光电效应应用于研究自由分子（或固体表面）电子结构的学科。通过用短波长的光辐照分子，即光子与分子发生碰撞，光子有一定概率会被分子吸收，导致电子从分子中发射出来，这些发射的电子被称为光电子。光电子发射后，分子失去了一个电子，变成了一个带正电的离子，这种现象被称为光电效应，最早在 1887 年由赫兹首次发现。1905 年，爱因斯坦提出了著名的光子学说，解释了这一现象遵循的规律，为我们对光的量子本性以及光与其他物质相互作用的量子本性提供了明确的认识。光电效应可以只吸收一个光子而发射一个自由电子，这被称为单电子过程，而光电子能谱学专注于研究这种单电子过程。

1960 年塞格巴恩研制出 X 射线光电子能谱设备。紫外光电子能谱（UPS）和 X 射线光电子能谱（XPS）能够直接测定原子、分子或固体的电子电离能，为深入了解它们的电子结构、化学键性质以及物质组成提供了直接手段。UPS 主要反映出分子外层价电子信息，而 XPS 则主要反映出原子内层电子信息，XPS 能够对固体样品的近表面区域的化学成分进行定性或半定量的分析，UPS 更适于研究价电子结构，这是因为 UPS 比 XPS 具有更高的光电离横截面。总体而言，光电子能谱学为我们深入理解光的量子本性以及光与物质相互作用的方式做出了显著贡献，为分子和固体表面的电子结构提供了有价值的洞察方法。

一、基础知识概述

我们使用的紫外光的光子能量一般小于 41eV，当用它照射分子时，只能使分子的价电子电离，即只有分子的较高占据能级的电子才有可能被激发出去。用 X 射线作光源辐照分子，不仅可以使分子的价电子电离，而且也可以把内层电子激发出来，通常使用的 X 射线光子的能量是 1000～1500eV，由于内层电子的能级受分子环境的影响很小，对于同一原子来说，它的内层电子结合能（从分子中把这个电子移到无限远处所需的能量）在不同的分子中相差很小，因此，原子的内层电子的结合能是特征性的。X 射线光电子能谱能够测量各内层电子的结合能，检测灵敏度为 1‰，它的空间分辨率可以达到 $10\mu m$，探测深度为 10nm，从而可以作为材料表面元素分析的有效工具，所以也被称为化学分析用电子能谱（ESCA）。

原子外层的电子是处于分立的能级上，当 X 射线作为激发光源入射时，特定能级上的电子会吸收 X 射线，如果能量足够高，就可以克服它的结合能成为自由电子，从而被能量分析器检测到。这样就可以测试得出射电子的动能和数量，进而得出 XPS 谱图，如图 6-3-1 所示。由于在这个过程中能量是守恒的，已知入射 X 射线的能量 $h\nu$，通过能量分析器也可以判断出来出射电子的动能 E_k，然后根据仪器的功函数 Φ_{sp}，通过公式 $E_b = h\nu - E_k - \Phi_{sp}$ 就可以计算出它特定轨道上的电子的具有指纹效应的结合能 E_b，进而得到原子组分信息。

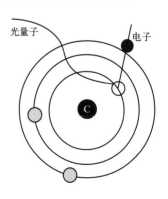

图 6-3-1 光电效应的基本原理

图 6-3-2 左侧是一个丙酮分子，它的元素组成是 C、H、O，由于 H 的电离截面很小，同时 H 电子成键时主要是提供电

子给其他元素，因此不作为探测对象。通过谱图可以看到 C 和 O 两种组分，三个 C 原子处于两种不同的化学环境，有 C═O 键和 C—H 键，其中 C 有明显的两个谱峰，这是因为它们结合能不一致所导致的，通过两个谱峰，我们还可以计算出它们的比例是 1∶2。所以通过 XPS 可以很好地帮助我们做化学态的鉴定。图 6-3-2 右侧分子含有 C—F 键，由于—F 是吸电子基团，可以看到 C—F 键和 C—H 键有明显的化学位移。原则上可以鉴定元素周期表中除 H 和 He（因为 H、He 没有内层能级）以外的全部元素。由于每种元素都有唯一的一套芯能级，可以起到"原子指纹"的作用，即使是周期表中相邻的元素，它们的同种能级的电子结合能也可以明显区分，因而通过不同的结合能可进行元素组成鉴别。

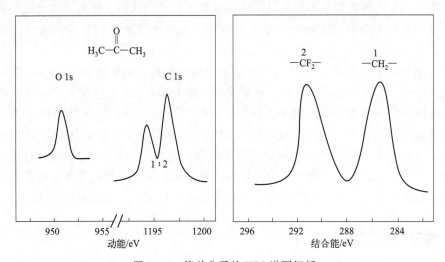

图 6-3-2　简单分子的 XPS 谱图解析

二、仪器结构与工作原理

以波兰 Prevac R3000 型紫外/X 射线光电子能谱联用仪为例。

光电子能谱仪主要由超高真空系统、X 射线源、紫外光源、能量分析器、检测器、计算机控制与数据处理系统以及其他附件等构成（图 6-3-3）。其工作原理如图 6-3-4。

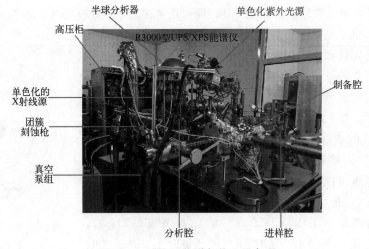

图 6-3-3　光电子能谱仪核心设备图

(一)超高真空系统

真空系统是进行表面分析及研究的重要条件,谱仪的激发源、样品室、分析室及探测器等都应安装在 10^{-10} mbar 的超高真空范围。

采用超高真空系统有两方面原因:首先,低能电子信号容易受残余气体分子散射的影响导致信噪比降低;其次,光电子能谱分析本身的表面灵敏度要求维持超高真空。研究表明,在 10^{-4} mbar 真空环境下,只需几秒表面就会吸附一层气体分子。本仪器采用三级真空泵系统:第一级为旋转机械泵,极

图 6-3-4 光电子能谱仪工作原理

限真空度为 10^{-2} mbar;第二级采用分子泵获得高真空,极限真空度为 10^{-8} mbar;第三级采用钛升华泵获得的超高真空能达到 10^{-10} mbar。

(二) X 射线源

X 射线源主要由灯丝、阳极靶及滤窗组成。由灯丝发射出的电子打到阳极靶上,只要电子具有足够的能量,就可以将靶材中原子内层的电子激发出来形成空穴,外层电子在弛豫过程中填补空穴后,产生 X 射线。

阳极靶材决定 X 射线跃迁的能量,靶材的自然线宽则影响谱图分辨率。实际上,X 射线能量为 1200~1500eV 时,元素周期表上几乎所有元素的光电子谱都能够观测到。本仪器采用的 X 射线光源为单色化的 Al 靶,其能量为 1486.6eV。

(三)紫外光源

UPS 的理论基础依然是光电效应,只是将 X 射线源改用紫外光源作为激发源。UPS 的光源是由气体放电时电子跃迁而产生的,常用的放电介质是惰性气体 He、Ne 等,He 最常用,一般选用 He I ($h\nu=21.22$eV) 或 He II ($h\nu=40.81$eV)。其中 He I 的相对强度大且没有其他干扰,是应用最广的激发源。图 6-3-5 为真空紫外灯的简易工作原理图。图 6-3-6 为 XPS 和 UPS 所测试的能级及谱图区别,UPS 光源的低能量使其更加灵敏。

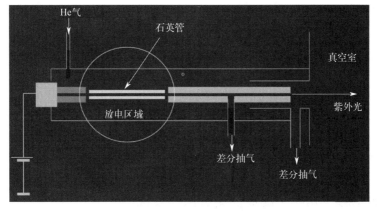

图 6-3-5 真空紫外灯工作原理图

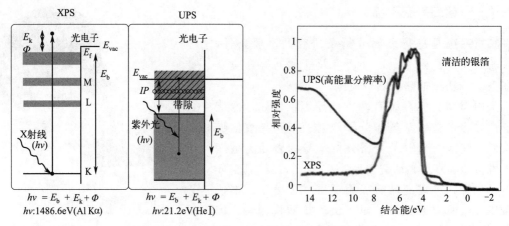

图 6-3-6　XPS 和 UPS 所测试的能级及谱图区别

（四）电子能量分析器和半球形分析器

电子能量分析器用于探测从样品中激发出来的不同能量电子的相对强度。半球形能量分析器由一对同心半球电极组成。在两个同心球面上加控制电压，进入分析器的电子在半球间隙电场的作用下，将按能量"色散"，能量为某一定值的电子被聚焦到出口狭缝，进入探测器。通过分析器的电子动能与加在分析器上的电位差及分析器的几何尺寸有关。

（五）检测器及数据处理系统

XPS 所能检测到的光电子流非常弱，需采用电子倍增器来测量电子的数目（即脉冲计数）。数据处理系统由在线实时计算机和相应的软件组成，在线计算机可对谱仪进行直接控制，并对实验数据进行实时采集和进一步处理。实验数据可由数据处理系统进行一定的数学和统计处理，并结合能谱数据库，获取对样品的定性和定量分析。

（六）氩离子枪、中和电子枪等附件

为了防止表面电荷的积累，在分析过程中可使用低能中和电子枪向样品表面提供电子，以补偿过剩的正电荷而达到中和的目的。维基盛达公司研究和发展了先进、高效的共轴中和电子枪新技术，中和电子枪安装在谱仪的透镜系统柱体内部并与其共轴，是一个稳定、大束流的低能电子枪。

XPS 中使用的离子枪具有以下功能：

（1）清洁样品表面，用于分析的样品要求十分清洁，在分析前常用溅射离子枪对样品进行表面清洗，以除去附着在样品表面的污物。

（2）逐层刻蚀试样表面，进行试样组成的深度剖面分析。

本仪器采用氩离子枪。

三、紫外/X 射线光电子能谱仪测试操作规程

以波兰 Prevac R3000 型紫外/X 射线光电子能谱联用仪为例。

(一) 操作规程

(1) 确认冷凝水处于打开状态 (仪器侧面有水流量显示计, 正常 XPS 为 3.5L/min, UPS 为 2L/min)。

(2) 确认控制面板上检测器高压的连线接到了相应的接口上 (XPS 为 High, UPS 为 Low)。

(3) 确认紫外光源和紫外单色器之间的阀门处于关闭状态。

(4) 加载偏压电源 (voltage-2.5-enter-output on)。将输出线插到分析腔操纵器 (manipulator) 的接地线插口。

(5) 将高纯氦气纯化系统的电源插上预热 (半小时使气流稳定)。

(6) 预热微波发生器 (UPS microwave generator)。打开总电源, 挡位打至高压开 (HV on), 等待指示灯 (filament OK) 亮了后, 挡位打至高压关闭 (HV off)。

(7) 给紫外光源通氦气 (He)。检查液氮是否在三分之一以上。等待流量计通电半小时左右后, 打开减压阀 (两个小格即可), 将流量计打到阀控的位置, 慢慢加气, 加到 4.8 左右, 此时紫外光源前级泵 (FG2) 压力是 2.3×10^{-1} mbar 左右。打开紫外光源和紫外单色器之间的阀门, 这时紫外单色器的压力 1×10^{-7} mbar 左右, 待稳定之后, 微波发生器 (UPS microwave generator) 挡位打至高压开 (HV on)。

(8) 等待反射值 (reflection) 稳定后, 通过调节流量计将反射值调至 0.1 或 0.0。

(9) 打开测试软件, 进行下列操作:

set up—Low pass; set up—Excitation energy—将 current excitation Energy 和 Default Excitation Energy 设置为 21.218—点击 Set—点击 OK。点击 calibration—voltage—pass energy—5eV—MCP 调为 1350—binding energy 设置为 15—Energy offset 设置 1.8eV。

(10) 在传输 (transfer) 状态将样品调到测试位置, 然后由传输变到加热 (heating) 位置。

(11) 打开检测器控制面板上的高压 (HV) 开启检测器。

(12) 根据测试软件上校准 (calibration) 窗口中特征峰的位置和强度调节信号倍增值 (MCP) 和样品位置 (注意: 信号倍增值不能超过 1450, 也不能太强, 太强会将检测器烧坏, 摄像头电子信号越强, 越容易烧坏检测器)。

(13) 关闭校准窗口, 点击 run set up, 选择需要的任务栏, 在前面打√, 双击进入任务栏, 检查下方的激发能 (excitation energy) 是否是 21.218eV, 通过能量 (pass energy) 是否是 5eV, 设置好扫描范围和扫描次数。

(14) 关闭任务栏, 回到设定 (set up) 面板, 设置样品 (sample) 文件名 (file name), 选择存储的文件格式和存储位置。

(15) 点击开始 (start), 开始检测。

(16) 检测完成后, 关闭检测器高压。

(17) 关闭微波发生器高压, 仪表 (meter) 拨到摄氏度, 看温度下降再拨回百分比, 关闭总电源。

(18) 关闭 UV 光源和单色器阀门。

(19) 关闭氦气 (He) 供给。关减压阀, 流量计阀控开至 UV source FG2 压力的上限 (4×10^{-1} mbar), 排净后关闭流量计阀控。

（二）注意事项

（1）工作状态中不检测时，可关闭检测器与光源（关闭控制面板上检测器的高压和微波发生器的高压）。

（2）高纯氦气系统与微波发生器都要预热。

（3）传样时要用传送模式，测试用加热或降温模式（heating or cooling）。

（4）pass energy 的 E_p 越小，分辨率越高，但往往信噪比会差；MCP 相当于光电倍增，所以如果信号过于强就调小 MCP 数值（最大值是 1450）。

（5）微波发生器反射值信号不稳的原因：气流不稳，气体不纯，微波传输管破坏。

（6）分析腔操作臂接偏压时两个 BNC 接口，一号没有信号就换成二号。

（7）没有信号的原因：

① 检查有没有调到 heating 或者 cooling 位置。

② 换到另外一个加偏压的 BNC 上。

③ 仔细检查样品是否接触好。

④ 样品本身导电特别差，用 flood gun 来补充电荷。

（三）样品制备及要求

XPS 主要分析固体样品，可以是片状、块状或粉末状。样品在超高真空下应稳定，无腐蚀性，无磁性，无挥发性。安装时应尽量使样品与样品托有良好的电接触。块状样品可直接夹在样品托上或者用导电胶带粘在样品托（图 6-3-7）上进行测定，样品托直径为 3cm，推荐尺寸为 1cm×1cm。粉体样品可采用双面导电胶带直接固定在样品台上，但测试时可能会引进胶带的成分。

XPS 信息来自样品表面几个至十几个原子层，在实验技术上要求样品表面能够代表样品的固有表面。离子束溅射刻蚀通常可以检测材料表面十至几百纳米范围内组分随深度的变化情况。缺点是会引起样品表面晶格的损伤、择优溅射和表面原子混合等现象，但是其优点更为突出，即可以分析表面层较厚的体系。

注意：由于光电子带有负电荷，其运动轨迹在弱磁场作用下也可发生偏转。如样品有磁性，则光电子不能到达分析器，更得不到正确的谱图。样品磁性很强时，还有可能使分析器及样品架发生磁化。因此，磁性样品禁止进入分析室。但对具有弱磁性的样品，可以通过退磁的方法去掉磁性，然后进行测试。

图 6-3-7　XPS/UPS 样品托

四、数据处理及测试结果影响因素分析

对样品进行表面化学分析，首先应当做全谱扫描，能量范围通常选取 0～1200eV，因为几乎所有元素的最强峰都在这一范围内。将实验谱图与标准谱对照，根据元素特征峰及其化学位移初步确定表面的化学组成。然后根据需要选取某些元素的峰，进行窄区高分辨扫描以获得更加精确的信息。具体步骤如下：

（1）鉴别总是存在的元素（如 C、O）。

（2）鉴别样品中主要元素的强谱线和有关的次强谱线，利用各元素的峰位表确定其他强峰对应的元素，同时注意有些元素的个别峰可能相互干扰或重叠。

（3）鉴别剩余的弱谱线，假设它们是未知元素的最强谱线。

自旋轨道分裂形成的双峰结构对于元素识别有重要作用，特别是当样品中含量少的元素的主峰与含量多的另一元素非主峰相重叠时，双峰结构是识别元素的重要依据。进行全谱或宽谱扫描的另一个重要目的就是为窄区扫描提供能量设置范围的依据。

根据全谱扫描确定窄区扫描的合适能量范围，对目标元素进行窄区域高分辨细扫描。进行窄区扫描是为了获取更加精确的信息，如结合能的准确位置，鉴定元素的化学状态，或者为了定量分析获得更为精确的计数，或为了峰的分解和积分等处理。与全谱扫描相比，窄区扫描具有更长的扫描时间、更小的通过能量、更小的扫描步长及更小的接收狭缝，从而可以提高测试的分辨率并获得足够精确的信息。

通常窄区扫描分析步骤如下：

① 对曲线进行平滑处理。

② 对出现的重叠峰进行解叠，对曲线的峰数、峰位、峰高、峰宽进行人为的曲线拟合。

③ 对谱峰进行荷电校正，可用离子中和枪或采用内标元素峰。

经上述处理之后，可对样品中元素化学价态及化学结构进行准确的分析。定量分析目前应用最多的是元素灵敏度因子法。该法利用特定元素谱线强度作为参考标准，测得其他元素的相对谱线强度，用谱峰面积除以灵敏度因子即可求得各元素的相对含量，表 6-3-1 为本仪器中各元素的灵敏度因子。

表 6-3-1 R3000 型 XPS/UPS 联用仪的灵敏度因子对照表

元素	轨道	灵敏度因子	元素	轨道	灵敏度因子	元素	轨道	灵敏度因子	元素	轨道	灵敏度因子
Ag	3d	5.198	Eu	4d	2.21	Na	1s	1.685	Si	2p	0.283
Al	2p	0.193	F	1s	1	Nb	3d	2.517	Sm	$3d^{5/2}$	2.907
Ar	2p	1.011	Fe	2p	2.686	Nd	3d	4.697	Sn	$3d^{5/2}$	4.095
As	3d	0.57	Ga	$2p^{3/2}$	3.341	Ne	1s	1.34	Sr	3d	1.578
Au	4f	5.24	Gd	4d	2.207	Ni	2p	3.653	Ta	4f	2.589
B	1s	0.159	Ge	$2p^{3/2}$	3.1	O	1s	0.711	Tb	4d	2.201
Ba	4d	2.627	Hf	4f	2.221	Os	4f	3.747	Tc	3d	3.266
Be	1s	0.074	Hg	4f	5.797	P	2p	0.412	Te	$3d^{5/2}$	4.925
Bi	4f	7.632	Ho	4d	2.189	Pb	4f	6.968	Th	$4f^{7/2}$	7.498
Br	3d	0.895	I	$3d^{5/2}$	5.337	Pd	3d	4.642	Ti	2p	1.798
C	1s	0.296	In	$3d^{5/2}$	3.777	Pm	3d	3.754	Tl	4f	6.447
Ca	2p	1.634	Ir	4f	4.217	Pr	3d	6.356	Tm	4d	2.172
Cd	$3d^{5/2}$	3.444	K	2p	1.3	Pt	4f	4.674	U	$4f^{7/2}$	8.476
Ce	3d	7.399	Kr	3d	1.096	Rb	3d	1.316	V	2p	1.912
Cl	2p	0.77	La	3d	7.708	Re	4f	3.327	W	4f	2.959
Co	2p	3.255	Li	1s	0.025	Rh	3d	4.179	Xe	$3d^{5/2}$	5.702
Cr	2p	2.201	Lu	4d	2.156	Ru	3d	3.696	Y	3d	1.867
Cs	$3d^{5/2}$	6.032	Mg	2s	0.252	S	2p	0.57	Yb	4d	2.169
Cu	2p	4.798	Mn	2p	2.42	Sb	$3d^{5/2}$	4.473	Zn	$2p^{3/2}$	3.354
Dy	4d	2.198	Mo	3d	2.867	Sc	2p	1.678	Zr	3d	2.216
Er	4d	2.184	N	1s	0.477	Se	3d	0.722			

图 6-3-8 为某钙钛矿电池材料的 UPS 谱图，我们可以从 UPS 谱图的截止边、峰位以及相应的位移信息来揭示界面处价电子的性质。$h\nu=21.22\text{eV}$，为紫外光的能量；E_f 为费米能级；E_vac 为真空能级，Φ_sub 为基底的功函数。对于金属来说，费米能级处的电子具有最大的动能，我们用 E_cutoff 来表示具有最低动能的二次电子截止边的能量，以真空能级为参照，则金属的功函数有如下的关系式：

$$\Phi_\text{sub}=h\nu-E_\text{cutoff} \qquad (6\text{-}3\text{-}1)$$

E_cutoff 取图中左侧起峰处切线的横坐标 15.81eV，可计算出该材料的功函数 Φ_sub 为 $21.22\text{eV}-15.81\text{eV}=5.41\text{eV}$。

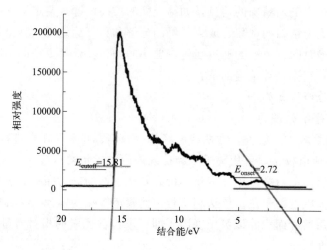

图 6-3-8　某钙钛矿电池材料的 UPS 谱图

有机分子沉积在金属衬底表面后，当薄膜的厚度增大到一定程度时，来自衬底的信号由于非弹性散射的作用会被屏蔽掉，此时 UPS 谱图上的谱峰更多地反映了有机材料的分子轨道信息。有机分子中最高占据轨道（HOMO 能级）对应的出射电子具有最大的动能，则出射电子的高能截止边的位移（HOMO 能级与费米能级之间的能级差）用 E_onset 来表示，这一数值常用来代表有机分子的空穴注入势垒。E_g 为材料的带隙能，则上述参数之间的关系式如下。

$$IP=E_\text{HOMO}+\Phi_\text{org/sub} \qquad (6\text{-}3\text{-}2)$$

$$E_\text{a}=IP-E_\text{g} \qquad (6\text{-}3\text{-}3)$$

$$E_\text{HOMO}=E_\text{onset}+\Phi_\text{sub} \qquad (6\text{-}3\text{-}4)$$

E_onset 取图中最右侧起峰处切线的横坐标 2.72eV，可计算出 $E_\text{HOMO}=2.72\text{eV}+5.41\text{eV}=8.13\text{eV}$。

五、应用实例解析

我们以催化中常用到的 TiO_2 材料为例，如图 6-3-9 所示，钛的外层电子排布是从 1s 轨道到 4s 轨道，在实际测试时通常只以 Ti 的 2p 轨道作为特征谱峰，这个谱峰有两个裂分，分别为 $2p^{1/2}$ 和 $2p^{3/2}$ 轨道峰，由该谱图可以很好地确定 Ti 元素的存在及其化学态。Ti 的外层电子结构除了 2p 轨道以外，也包含 1s、2s 和 3s 轨道等，只选 2p 轨道作为特征谱峰的原因如下。

如表 6-3-2 所示，由于 1s 轨道是最内层的，它的束缚能接近 5keV，但我们常用的探测

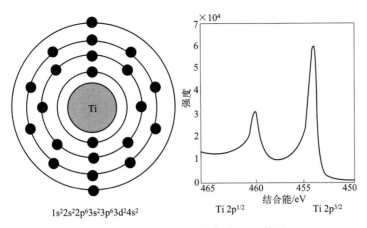

$1s^22s^22p^63s^23p^63d^24s^2$

图 6-3-9　TiO_2 的电子排布及 XPS 谱图

激发光源是 MgKα 和 AlKα，它的能量都在 1.5keV 以下，所以对于 5keV 的结合能常用的光源是无法激发的，探测不到 1s 的信号。

表 6-3-2　各元素不同轨道结合能

元素	K 1s	L1 2s	L2 $2p^{1/2}$	L3 $2p^{3/2}$	M1 3s	M2 $3p^{1/2}$	M3 $3p^{3/2}$	M4 $3d^{3/2}$	M5 $3d^{5/2}$	N1 4s	N2 $4p^{1/2}$	N3 $4p^{3/2}$
H	13.6											
He	24.6											
Li	54.7											
Be	111.5											
B	188											
C	284.2											
N	409.9	37.3										
O	543.1	41.6										
F	696.7											
Ne	870.2	48.5	21.7	21.6								
Na	1070.8↑	63.51	30.65	30.81								
Mg	1303.0↑	88.7	49.78	49.50								
Al	1559.6	117.8	72.95	72.55								
Si	1839	149.7	99.82	99.42								
P	2145.5	189	136	135								
S	2472	230.9	163.6	162.5								
Cl	2822.4	270	202	200								
Ar	3205.9	326.3	250.6↑	248.4	29.3	15.9	15.7					
K	3608.4	378.6	297.3	294.6	34.8	18.3	18.3					
Ca	4038.5	438.4↑	349.71	346.2↑	44.3↑	25.4	25.4					
Sc	4492	498	403.6	398.7	51.1	28.3	28.3					
Ti	4966	560.9↑	460.2↑	453.8↑	58.7↑	32.6↑	32.6↑					

X 射线源	光子能量/eV
Mg Kα	1253.6
Al Kα	1486.6
Ag Kα	2984.3
Cr Kα	5414
Ga Kα	9250

当 X 射线激发电子时，只有很小的概率被吸收，称作光电离截面 σ。如图 6-3-10，各轨道在运用不同能量激发时产生的概率不同，一般随着光子能量增加，电离截面减小，对于 1486.6eV 的铝靶，2p 轨道的电离截面即使和最近的 2s 轨道相比也有约一个数量级的差别，因此虽然可以探测到 2s、3p 等轨道的信号，却并不使用其谱峰作为参考。从图 6-3-11 可以看出 Ti 的 2p 谱峰比 Ti 的 2s 谱峰高约一个数量级，特殊情况例如其他元素的谱峰有重叠或有俄歇峰干扰时，才会选择其他的谱峰作为参照。

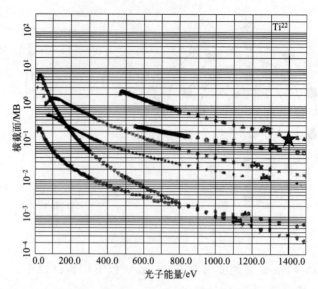

图 6-3-10　激发能量和电离截面的关系

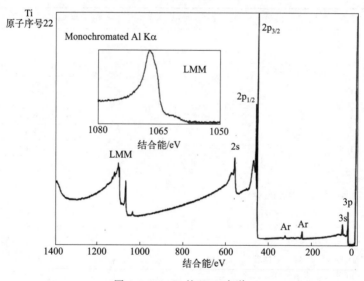

图 6-3-11　Ti 的 XPS 全谱

如图 6-3-12(a)，金属 Ti 的标准结合能为 454.1eV，图 6-3-12(b) 中可见金属 Ti、TiN、TiO_2 等的结合能并不是固定的，例如形成氧化物后会向高结合能位移（氧化后外层电子减少，原子核对电子的束缚变强），称之为化学位移，通过观察这种化学位移，可以帮助区分它的化学态。

对于含有二次电子峰（俄歇峰）的体系如 Cu 来说，如图 6-3-13，二价 Cu 较易区分，一价 Cu 和零价 Cu 的化学结合能的位置非常接近，从 2p 的普通结合能很难区分，此时应借助其俄歇峰，零价 Cu 的俄歇峰在 568eV，一价 Cu 在 571eV。

X 射线的穿透能力可以达到微米级，但是只有最接近表面的电子才能在没有能量损失情况下出射从而被能量分析器所检测，距离材料表面 20~30nm 以下的电子在向外扩散的过程中会与周围的原子发生非弹性碰撞而损失能量，这些也是能够被分析器检测到的，如图 6-3-14 所示，在谱图中，该峰的动能较小，从而构成了本底，所以在全谱中，本底是呈台阶状的。

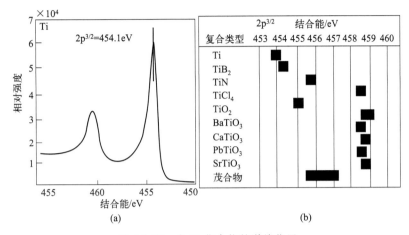

图 6-3-12 含 Ti 化合物的谱峰位置

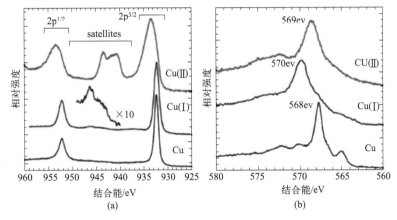

图 6-3-13 Cu 的 XPS 窄区谱图

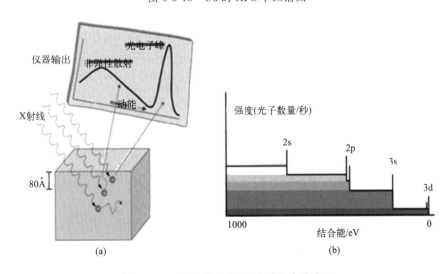

图 6-3-14 实际样品 XPS 全谱的台阶来源

根据公式 $E_b = h\nu - E_k - \Phi_{sp}$（图 6-3-15），可以将所得横坐标为动能的谱图转化为横坐标为结合能的谱图，这样不论是 Mg 靶或 Al 靶，采集的数据都可以在同一标准下进行分析。

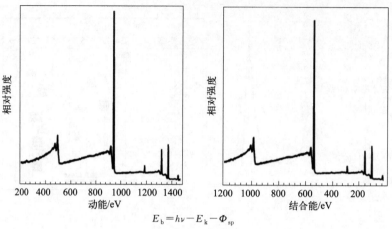

图 6-3-15　XPS 谱图中横坐标的区别

📋 规范测试小贴士

对于 XPS 的谱图，在平滑处理时，应完整保留各特征峰并对噪声部分统一平滑，禁止单独平滑某一谱峰以改变其元素含量。对于 UPS 谱图应该严格取各截止边的切线与 X 轴的交点数值作为结合能数据，禁止通过选取类似区域的切线来微调结合能数据。制样时，应保证原始样品未被污染，禁止在原始样品基础上喷涂或滴涂其他样品。

参考文献

[1] 王建祺，杨忠志. 紫外光电子能谱学 [M]. 北京：科学出版社，1988.
[2] 刘世宏，王当憨，潘承璜. X 射线光电子能谱分析 [M]. 北京：科学出版社，1988.
[3] 左志军. X 光电子能谱及其应用 [M]. 北京：中国石化出版社，2013.
[4] 黄惠忠. 表面分析化学 [M]. 上海：华东理工大学出版社，2007.
[5] 王殿勋，徐广智. 紫外光电子能谱与分子轨道 [J]. 化学通报，1981，7：90-95.
[6] 余成卓. 利用光电子能谱研究聚合物太阳能电池中阴极界面层的工作机理 [D]. 长春：吉林大学，2018.

第七章 质谱分析法

质谱分析法是一种利用质谱仪对被测样品离子的质荷比进行测定和分析的方法。其基本原理是使试样中各组分在离子源中发生电离，生成不同质荷比的带电荷离子，通过测量不同离子的运动轨迹和能量损失等参数，得到离子质荷比与丰度等信息，从而实现对样品的分析和鉴定。质谱法广泛应用于多个领域，包括有机化学、生物化学、药物代谢、毒物学等领域。质谱分析可以用于物质成分分析、定量分析和挥发性低物质检测等方面的分析。

第一节 液相色谱-质谱联用分析

液相色谱-质谱联用分析（LC-MS）是以液相色谱为分离手段，质谱为液相色谱系统的一种检测器，已经成为分析复杂样品的主要手段。通过液相色谱-质谱联用分析，我们可以获得分析物的保留时间、离子强度以及质荷比信息，可实现对分析物的定性和定量分析。液相色谱-质谱联用分析被广泛应用于蛋白质组学、脂质组学、代谢组学、超分子化学等领域。

一、基础知识概述

液相色谱法（liquid chromatography），流动相是液体的色谱法。
固定相（stationary phase），色谱系统中负责保留由流动相带入的分析物的部分。
流动相（mobile phase），沿一定方向通过或沿固定相渗透的流体。
反相色谱法（reversed-phase chromatography），流动相的极性大于固定相极性的液相色谱法。
质荷比（m/z），离子质量与原子质量单位之比，再除以其电荷数所形成的无量纲量。
总离子流色谱图（total ion chromatogram），离子电流总和对保留时间作图得到的色谱图。
基峰色谱图（base peak chromatogram），基峰离子信号对保留时间作图得到的色谱图。
质量色谱图（mass chromatogram），对于给定质荷比的离子，其信号强度对保留时间作图得到的色谱图。
平均质量（average mass），按照同位素组成加权计算出来的分子或离子质量。
单一同位素质量（monoisotopic mass），用每种元素最丰富的同位素的质量计算得到的离子或分子的精确质量。
锁定质量（lock mass），将一种已知质荷比的标准化合物与待分析样品一起引入离子源，通过校正仪器漂移引起的质荷比位移来实时校准。

选择反应监测（selected reaction monitoring），通过两个或多个质谱阶段记录的与特定前体离子对应的一个或多个特定产物离子的数据。

多反应监测（multiple reaction monitoring），对来自一个或多个前体离子产生的多个产物离子的选择反应监测。

同位素峰簇（isotopic peak cluster），由一组元素组成相同，同位素组合不同的离子形成的峰。

二、仪器结构与工作原理

如图 7-1-1 所示，液相色谱-质谱联用仪主要由高效液相色谱仪和质谱仪构成，其中质谱仪的基本结构主要包括离子源、质量分析器和检测器，有些质谱还装有离子淌度池，具有离子淌度功能。其基本工作原理是由高效液相色谱仪将样品分离并引入质谱仪中，待测物在离子源内发生离子化产生气态离子，随后依次进入离子淌度池和质量分析器，将碰撞截面积（CCS）和质荷比（m/z）不同的离子分离，最后在检测器中被收集和检测。下面将详细介绍每部分结构的工作原理。

（一）高效液相色谱仪

高效液相色谱仪主要由溶剂输送单元、自动进样器、柱温箱和检测器组成。在高压泵的作用下，A 和 B 两个通道内的流动相经过在线脱气和混合后被输送到色谱柱中。在高效液相色谱法中，反向色谱的使用较为广泛。常规的反向色谱柱一般采用键合有 C8、C18 等非极性基团的硅胶颗粒作为填料，使用水与甲醇/乙腈混合液作为流动相，使得不同待测物在流经色谱柱时，根据与固定相的疏水相互作用不同而分离。然而对于一些强极性化合物以及在实验条件下易形成离子形式的化合物，反向色谱柱保留较弱，常使用亲水作用色谱柱来分离。亲水作用色谱柱常采用未经修饰或键合极性基团的二氧化硅颗粒作为固定相，同样采用水与甲醇/乙腈混合液作为流动相，基于待测物在流动相和固定相表面的水合相之间的分配不同而实现待测物的分离。

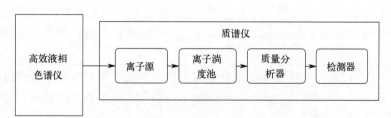

图 7-1-1 液相色谱-质谱联用仪（配有淌度池）构造图

（二）质谱仪

1. 离子源

由于待测物从色谱柱末端流出会携带大量的流动相液体，因此常搭配大气压离子源使用，如电喷雾离子源（ESI），大气压化学离子源（APCI）和大气压光致电离离子源（APPI）等。

ESI 的原理是当溶液流经带有高电压的毛细管时，在高压以及雾化气辅助的作用下形成带电液滴，带电液滴经高温脱溶剂气干燥后，表面溶剂逐渐挥发，使得液滴逐渐变小，表面电荷密度增大，当其表面电荷间的斥力克服表面张力时引发库仑爆炸，形成更小的雾滴，如此循环往复直至产生气态离子。ESI 适合分析极性化合物、难挥发和热不稳定化合物。

APCI 的原理是使样品溶液在雾化气流的辅助下形成喷雾，随后经加热气化被气流带往电晕针，电晕针通过高压放电可以使得一些中性气体分子以及溶剂电离，形成反应离子，反应离子再与分析物发生质子转移和电荷转移使分析物离子化。

APPI 的原理与 APCI 相似，不同之处在于 APPI 内的离子化是由光能引发的。分析物可吸收光能形成自由基离子，自由基离子通过与溶剂发生质子转移形成离子，不过这种直接大气压光致电离方式的离子化效率较低，所以通常引入掺杂剂以辅助分析物离子化。此时，掺杂剂会吸收光能产生自由基离子，再与气态溶剂分子发生质子转移，最后再将质子转移到分析物上。和 ESI 相比，APCI 和 APPI 更适合分析中等极性至非极性的小分子。

2. 离子淌度池

离子淌度技术是一种气相电泳分离技术，常见的种类有漂移管离子迁移法（DTIMS）、行波离子迁移法（TWIMS）和捕集离子淌度质谱法（TIMS）等。其中，DTIMS 和 TWIMS 两种方法的基本原理是通过电场移动离子，使得离子与淌度池内的缓冲气体发生碰撞以减慢离子的移动速度，从而电荷、质量、尺寸、形状不同的离子因离子迁移率不同而被分离。通常，带电荷数越小、CCS 值越大的离子具有较低的离子迁移率，漂移时间越长。相比之下，电荷数越大、CCS 值越小的离子具有较高的离子迁移率，会先漂移出淌度池。TIMS 方法则采用与气流相反的梯度电场捕获离子，根据与气体的摩擦不同，离子将稳定固定在电场的不同位置，通过逐渐降低电场强度依次洗脱离子。DTIMS 方法由于采用均匀电场，可直接测定离子的 CCS 值，而 TWIMS 和 TIMS 方法则需要已知 CCS 值的校准物构建校准曲线来计算未知物的 CCS 值。

3. 质量分析器

质量分析器能将离子源中产生的不同离子按照质荷比大小分离，是决定质谱性能的核心部件。液质联用中常见的质量分析器有飞行时间质量分析器、四极杆质量分析器、轨道阱质量分析器等。

飞行时间质量分析器的原理是使离子在高压直流电场中加速，利用不同质荷比离子获得的速度不同，在无场飞行管中飞行时间不同而分辨质荷比。然而由于相同质荷比离子在加速前的位置、初始速度、运动方向不同，到达检测器的时间有微小差异，导致线性飞行时间质量分析器的分辨率有限。通过在飞行管中放入一个电场式反射器，能够有效地补偿相同质荷比离子的动能差异，大大提高飞行时间质量分析器的分辨率。此外，为了使飞行时间质量分析器更匹配于如 ESI 等连续离子源，还需要在与连续离子束垂直的方向施加一脉冲高压，将离子引入飞行时间管中进行分析，这种质量分析器也被称为正交加速飞行时间质量分析器。

四极杆质量分析器由四根平行的、截面为双曲面的电极构成。相对的两个电极分别加上了正负直流电压 U 和相位差为 $180°$ 的射频电压 V，相邻的两个电极电压大小相等，极性相反，使得四极杆包围的空间形成一个双曲面电场。通过调节四极杆上的电压即可实现离子的扫描和筛选。当同时改变 U 和 V，并保持比值恒定，四极杆可扫描不同质荷比的离子，当固定 U 和 V，只有特定质荷比的离子才可以通过四极杆，当只施加射频电压时，四极杆还可作为离子通道使全部离子通过。

轨道阱质量分析器由纺锤形中心电极和筒状外电极构成，电极间施加的直流电压形成了四极-对数的静电场。离子可围绕中心电极旋转并沿轴向进行简谐运动，简谐运动可在外电极诱导产生像电流，经数模转换后产生时域信号，再经傅里叶变换转换成频率谱，最终被转换成质谱。轨道阱质量分析器具有超高分辨率和质量精确度，在未知物鉴定方面具有一定潜力。

在商品化的质谱仪器中，有时单一的质量分析器不能满足实际测试需要，可采用将同种或不同种质量分析器串联的方式以实现多种扫描功能，如三重四极杆质谱仪、四极杆飞行时间杂合质谱仪、线性离子阱轨道阱杂合质谱仪等等。

4. 检测器

检测器的作用是将离子的能量转换为电信号，进而被记录分析。常用的检测器有电子倍增器和微通道板。这两种检测器的原理都是基于让离子撞击检测器表面释放出二次电子，二次电子反复撞击从而连续放大二次电子数目，再通过记录二次离子数目以达到检测的目的。

三、液相色谱-质谱联用仪测试操作规程

以沃特世 ACQUITY UPLC H-Class PLUS/SYNAPT XS 为例。

（一）开关机

1. 开机

依次打开电脑、交换机和液相色谱仪的各个模块。打开氮气发生器的电源使压力为 100psi（1psi＝6894.76Pa），打开氩气和氦气减压阀，使压力为 7psi。然后打开质谱开关，等到质谱信号灯不再闪烁，再打开"Masslynx"软件，初始化后质谱信号灯变为粉红色。打开机械泵，当 TOF 真空度小于 1.0×10^{-6} 时，可点击运行开始正常测试。

2. 关机

将质谱放真空，等待"Turbo Speed"＜5％，关闭软件，此时质谱指示灯变成白色。依次关闭液相色谱仪、质谱仪、氮气发生器、氩气和氦气。

（二）仪器校准

1. 校正"Veff"值

① 将亮氨酸脑啡肽通过参比流路注入质谱，喷雾位置切换到质量"Lock Spray"流路，通过调节参比毛细管的电压使亮氨酸脑啡肽的信号强度大于 1.00×10^5，分辨率大于 20000。

② 在系统采集设置中分别输入亮氨酸脑啡肽理论分子量和实际测得的分子量，点击计算，再点击更新完成校正。

2. 优化检测器，设置锁定质量以及校准质量轴

将亮氨酸脑啡肽通过参比流路注入质谱，待其信号稳定后，在"MS Console"界面分别点

击"Detector Setup"和"LockSpray Setup",根据向导完成优化和设置。再将甲酸钠校准液通过样品流路注入质谱,在"MS Console"界面点击"Create Calibration",根据向导完成校准。

(三)日常操作

(1)准备超高效液相色谱系统:根据实验需求在溶剂瓶内放入相应的流动相,并在软件端操作灌注液相系统。

(2)设定质谱调谐参数并选择样品流路:选择测试的离子模式(正谱、负谱),分析模式(灵敏度模式、分辨率模式、高分辨模式、增强高分辨模式),一级质谱或二级质谱模式,并在"ES(+/−)"标签页调节离子源参数,在"Fludics"标签页选择样品流路。

(3)编辑液相方法:设置流动相种类、梯度与运行时间,再以初始流动相比例平衡系统,并保存液相方法。

(4)编辑质谱方法:根据实验目的选择相应的质谱模式,此处以串联质谱(MS/MS)模式为例。

① 设置采集参数:点击"MS/MS"图标,输入采集时间范围,选择采集模式,设定母离子和扫描时间以及碰撞能量大小。

② 设置参比流路:点击"LockSpray"图标,设置是否需要实时校准。如需实时校准,则需点击"Method Events",设置自动吸取"LockSpray"事件,并勾选"Enable"。

③ 保存质谱方法。

(5)编辑进样列表:在"Masslynx"页面新建空白样品表,在样品表中输入样品名,选择已保存的质谱方法和液相方法,并输入样品瓶位置以及进样体积。

(6)开始采集:当液相流速界面的等压差小于50psi,选择列表中需要运行的序列,点击采集按钮开始采集。

(7)结束测试:在"MS Tune"界面点击待机,并冲洗色谱柱,最后以100%有机相保存色谱柱,并把流速降为0。

四、数据处理

1. 数据的查看与导出

① 用"Masslynx"软件打开数据文件,根据需要打开总离子流图、质量色谱图或基峰色谱图,按住鼠标右键沿着色谱峰的宽度拖动一段距离,打开相应色谱峰对应的质谱图,并在色谱或质谱图界面,将当前谱图导出成常用格式,如文本格式和图片格式。

② 用"DriftScope"软件打开离子淌度文件,查看漂移时间图和二维图,并将当前谱图导出为图片格式。

2. 谱图的分析

(1)定性分析

定性分析主要依赖保留时间、质荷比以及化合物的CCS值。

依靠色谱保留时间定性要求在完全相同的色谱条件下,待测物的保留时间与标样的保留时间相对偏差应在±2.5%以内。

对于高分辨质谱来说,质荷比定性可通过与软件计算出的质荷比和同位素峰比对来实现。一般分析软件中都带有元素组成分析工具,通过输入测量的质量数和可能的元素组成,软件会计算出可能的分子式，以辅助定性分析。ESI 作为一种软电离技术，一般会产生完整的分子离子峰，谱图干净易于分析。然而除了产生 $[M+nH]^{n+}$ 和 $[M-nH]^{n-}$ 型离子外，还会产生 $(M+nNa)^{n+}$、$(M+nK)^{n+}$、$(M+nNH_4)^{n+}$ 型离子，分析谱图时应注意此类峰的出现。

如果想进一步获得化合物的结构信息，则需要进行串联质谱（MS/MS）分析以获得分子的碎片信息，根据化合物的裂解规律和途径还原出整个分子结构，这对未知物的结构解析具有极大帮助。

随着离子淌度技术的发展，CCS 值为液相色谱质谱联用分析提供了又一定性维度，通过搜索 CCS 值数据库，可实现对脂质种类和代谢产物等未知物的鉴定。此外，在二维图中，不同种类的物质会沿着独特的质量迁移率相关线出现，这有助于对样品中不同成分进行种类归属。

（2）定量分析

① 外标法

外标法是指采用不同浓度的标准品，依据其峰面积绘制标准曲线，再在相同测试条件下取得待测物的峰面积，将其代入标准曲线获得浓度的方法（图 7-1-2）。此方法受基质影响较大，应尽量将标准溶液配制于与待测物相同的基质中，且该基质不能含有待测物。

② 标准加入法

标准加入法是指直接将不等量的标准品加入几份等量待测样品中并绘制标准曲线的方法，将标准曲线外延至与横坐标轴相交，交点处对应的浓度即为待测物的浓度（图 7-1-3）。

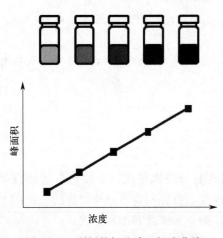

图 7-1-2 利用外标法建立标准曲线

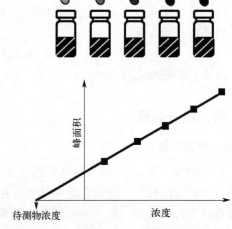

图 7-1-3 利用标准加入法建立标准曲线

③ 内标法

内标法是指将一定量与待测物物理化学性质相似的内标物分别加入一定量对照品和待测样品中，通过测定内标物和对照品的峰面积计算出校正因子 f，再由校正因子、内标物和待测物的峰面积计算出待测物浓度的方法，计算方法如下：

$$f = \frac{A_i c_r}{A_r c_i}$$

$$c_s = f \times \frac{A_s c_{si}}{A_{si}}$$

式中，c_i 和 A_i 分别是对照品中加入内标的浓度和峰面积，c_r 和 A_r 分别是对照品的浓度和峰面积，c_{si} 和 A_{si} 分别是样品中加入内标的浓度和峰面积，c_s 和 A_s 分别是样品中待测物的浓度和峰面积。

五、应用实例解析

1. 一级质谱（MS）分析

一级质谱法可检测设定范围内所有带电离子的质荷比和强度，常被用于待测物的定性分析。电喷雾质谱的多电荷特性使其能够在较小的质荷比范围内分析生物大分子，因此采用一级质谱法可对蛋白、多肽、核酸等进行分子量的检测。由于蛋白和多肽上的氨基易于质子化，可用正离子模式检测。

在牛血清白蛋白的一级质谱图[图 7-1-4（a）]中，由于带上多电荷，质荷比主要分布在 1000～2000 的范围内。当带电荷数较少时，电荷数可由同位素峰簇来计算，电荷数 $n = \dfrac{1}{\Delta u}$（Δu 为同位素峰之间的质荷比差）。但是对于分子量较高的蛋白质，质谱的分辨率往往不足以观测到同位素峰簇，此时可以用任意相邻两组峰的质荷比计算出电荷数。此计算基于两个假定：一个是任意相邻质谱峰所差电荷为 1，另一个是所有电荷为阳离子（通常为质子）加合产生，对于质荷比为 m_1 和 m_2 的任意两组相邻峰有

$$nm_1 = M + nH$$
$$(n-1)m_2 = M + (n-1)H$$

式中，M 为分子量，H 为质子的质量，n 为电荷数。

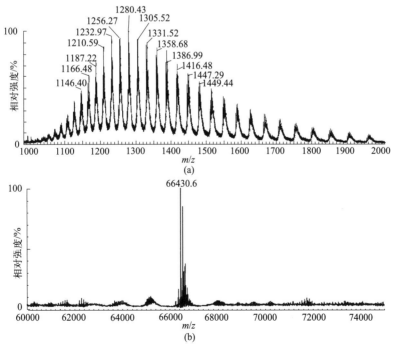

图 7-1-4　牛血清白蛋白的一级质谱图（a）和去卷积图（b）

联立可得 $n = \dfrac{m_2 - 1}{m_2 - m_1}$，此时 $M = nm_1 - n$，可由每一个质谱峰计算出蛋白的分子量，然后再取平均值以减小误差。除此之外，还可以用软件对质谱图进行去卷积处理，如图 7-1-4 (b) 所示，去卷积后得到的分子量是 66430.6Da。

此外由于电喷雾质谱软电离的特性，还可采用一级质谱法测定 DNA 二级结构的分子量。核酸具有多个磷酸基团，易于去质子化，可用负离子模式检测。如图 7-1-5 所示，两条序列为 d($G_4T_4G_4$) 的单链 DNA 可通过氢键相互作用，在醋酸铵缓冲溶液中形成双分子 G-四链体结构，此结构可在负离子模式下被检测。

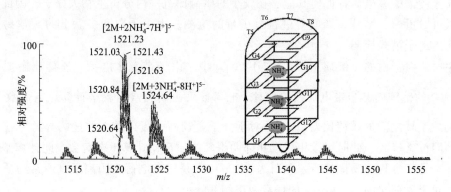

图 7-1-5　双分子 G-四链体结构的一级质谱图

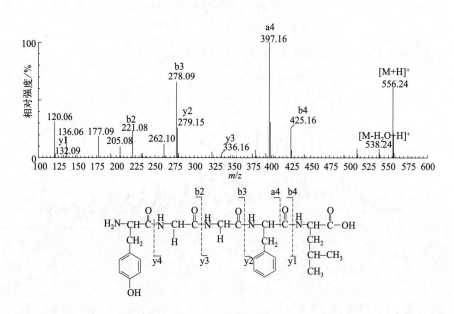

图 7-1-6　亮氨酸脑啡肽的串联质谱图以及在质谱图中产生的碎片离子

2. 二级质谱分析

(1) 亮氨酸脑啡肽的定性分析

串联质谱法可通过施加一定碰撞能量，使母离子产生丰富的碎片，从而实现对化合物结构的鉴定，例如多肽序列的测定。如图 7-1-6 所示，亮氨酸脑啡肽母离子在碰撞室中与高速氩气碰撞活化后,沿着肽链发生了断裂。在 20eV 的能量下主要产生了 a、b、y 三种离子,以及苯丙氨酸 ($m/z=120.06$) 和酪氨酸 ($m/z=136.06$) 对应的亚胺离子。由 $b_i+y_{5-i}=[M+H]^+ +1 (i=1,2,3,4)$ 可找到一系列 b/y 离子对,其中相邻离子对质荷比之差为一个氨基酸残基的质量,由此可以得到氨基酸的序列信息。将这种从头测序的思想与蛋白质酶解技术相结合,还可进一步对未知蛋白进行结构鉴定。

(2) 亮氨酸脑啡肽的定量分析

二级质谱法除了可以用于结构的鉴定,还常用于定量分析。在多反应监测(MRM)模式下,可以选择性监测特定的母离子和子离子对,以排除基底干扰,提高检测的灵敏度。以亮氨酸脑啡肽为例,首先配制一系列浓度的亮氨酸脑啡肽标准液,然后优化碰撞能量使分子离子峰产生丰富的亚胺离子碎片($m/z=120.06$),再以标准液浓度为横坐标,峰面积为纵坐标绘制标准曲线。如图 7-1-7 所示,亮氨酸脑啡肽标准品的浓度和峰面积成良好的线性关系。

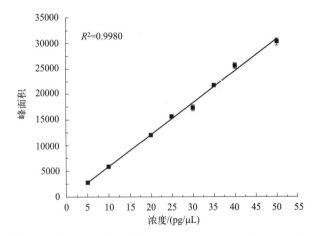

图 7-1-7 以不同浓度的亮氨酸脑啡肽标准品建立的标准曲线

3. 离子淌度质谱分析

离子淌度与质谱法相结合可以实现异构体的分离。如图 7-1-8 所示,麦芽四糖和异麦芽四糖具有相同的原子组成和分子量,仅使用质谱无法区分这两种构型。但是由于两种糖的糖苷键连接方式不同,其结构紧密程度不同,在淌度池内的漂移时间也不同。如图 7-1-8 所示,麦芽四糖由于结构更为紧密,漂移时间比异麦芽四糖短,即使将两种糖混在一起,两种糖也能被很好地分辨开。

除了能够分辨同分异构体,离子淌度功能还能够区分不同电荷态的离子。如图 7-1-9 所示,在 β 环糊精和金刚烷复合物(CD-AdH)的质谱图中,复合物在离子化的过程中存在非特异性聚集,产生了 [(CD-AdH)+H]$^+$ 和 [2(CD-AdH)+2H]$^{2+}$ 这两种离子。由于质荷比相同,单电荷和双电荷峰在质谱图中发生重叠 [图 7-1-9(a)]。然而由于两种离子带电荷数不同,漂移时间也不同,可在二维图中分开。将二维谱图中的两组峰 [图 7-1-9(b)、(c)] 分别导出至 Masslynx 软件中,可以看到 $m/z=1286.47$ 处的两组峰被拆分成了一组单电荷峰和一组双电荷峰,分别对应着 [(CD-AdH)+H]$^+$ 和 [2(CD-AdH)+2H]$^{2+}$ 这两种离子,不同电荷态的离子由此分开。

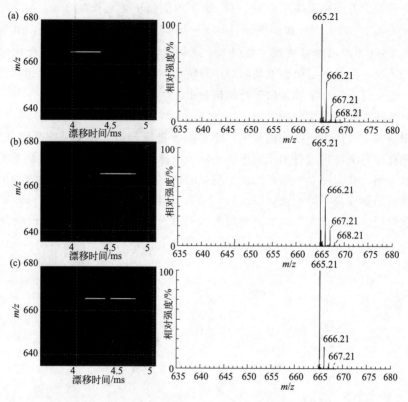

图 7-1-8　麦芽四糖（a）、异麦芽四糖（b）和两种糖混合物（c）的二维图和质谱图

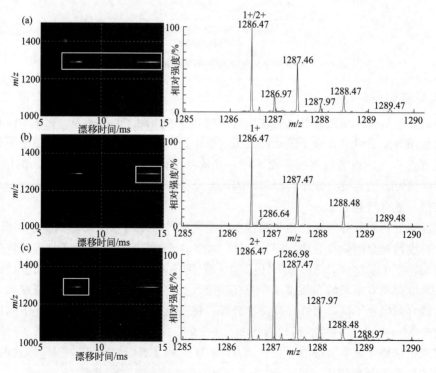

图 7-1-9　β 环糊精和金刚烷复合物（CD-AdH）的二维图及其对应的质谱图

> 📋 **规范测试小贴士**

（1）对采集数据所用的仪器参数应翔实地记录，包括色谱条件、质谱采集模式、离子源内参数等等，确保数据的可重复性。

（2）对分析软件导出的文本文件，不应进行任何修改，编造不符合事实的数据。此外，对原始数据应做好备份，确保数据的可追溯性。

参考文献

[1] 汪聪慧. ATC 016.2 液相色谱质谱联用技术 [M]. 北京：中国标准出版社，2015.

[2] 台湾质谱学会. 质谱分析技术原理与应用 [M]. 北京：科学出版社，2019.

[3] Ashcroft A E, Sobott F. Ion-mobility-mass spectrometry: Fundamentals and applications [M]. London: Royal Society of Chemistry, 2021.

[4] Wu Q, Wang J, Han D, et al. Recent advances in differentiation of isomers by ion mobility mass spectrometry [J]. Trac-Trend Anal Chem. 2020, 124: 115801.

[5] Wang H, Guo C, Li X. Multidimensional mass spectrometry assisted metallo-supramolecular chemistry [J]. CCS Chem. 2022, 4: 785-808.

[6] Paglia G, Williams J P, Menikarachchi L, et al. Ion mobility derived collision cross sections to support metabolomics applications [J]. Anal. Chem. 2014, 86: 3985-3993.

第二节 气相色谱-质谱联用分析

气相色谱（gas chromatography，GC）是一种色谱技术，它采用气体作为流动相，利用不同溶质在固定相和流动相之间的作用力（分配系数、吸附、离子交换等）的差别，对溶质中各组分进行分离、分析的方法。质谱（mass spectrometry，MS）法是在电场或磁场中将处于运动状态的带电粒子按它们的质荷比进行分离，通过测量各种离子峰的强度并与标准谱图对比，从而进行物质的定性和定量分析的检测方法。气相色谱-质谱联用技术（gas chromatography mass spectrometry，简称 GC-MS）是将气相色谱与质谱结合在一起的分析技术。该分析技术能够实现复杂样品的高效分离和鉴定，主要应用于挥发性和半挥发性有机化合物的分析，有机化合物的定性和定量分析，如鉴定多环芳烃、有机溶剂、对羟基苯甲酸酯的分离与测定；鉴定和监测环境中有机污染物的含量和种类；鉴定研究药物的代谢过程和代谢产物；鉴定食品中农药残留、添加剂、有害物质；鉴定生物组织中药物分布、代谢产物等。

一、基础知识概述

质荷比（mass charge ratio），离子的质量与它所带电荷的比值，写作 m/z。

离子丰度（abundance of ions），检测器检测到的离子信号强度。

基峰（base peak），在质谱图中，指定质荷比范围内强度最大的离子峰叫作基峰。基峰的相对丰度为 100%。

离子相对丰度（relative abundance of ions），以质谱图中指定质荷比范围内最强峰为 100%，其他离子峰对其归一化所得的强度。

总离子流图（TIC 图，total ion chromatogram），总离子流图是指在选定的质量范围内，所有离子强度的总和对时间或扫描次数所作的图，由样品中所有离子的色谱图加和得到。

质量色谱图（MC 图，mass chromatogram），指定某一质荷比的离子强度对时间或扫描所作的图，也是我们通常所说的质谱图。

单离子色谱图（SIC 图，single ion chromatogram），全扫描质谱中提取的单个特定质荷比离子的色谱图，同样还有多离子色谱图（MIC 图，Multi-ion Chromatogram）。

全扫描 SCAN，指定质量范围内的离子全部扫描并记录，得到正常的质谱图，这种质谱图可以提供未知物的分子量和结构信息，可以进行谱库检索。

选择离子监测 SIM（selection moniring），此种扫描方式只针对选定的离子进行检测，而其他离子不被记录。通过仅监测感兴趣的离子，SIM 可以降低背景干扰和噪声，提高检测的灵敏度和特异性，提供更准确的定量结果。与扫描整个质量范围的方式相比，SIM 可以更快、更有效地检测感兴趣的化合物。

二、仪器结构与工作原理

（一）气相色谱-质谱联用仪的结构

气相色谱-质谱联用仪主要由四大部分组成：色谱部分、接口部分、质谱部分和数据处理部分。

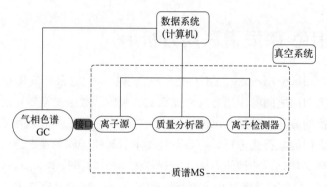

图 7-2-1　气相色谱-质谱联用仪（GC-MS3000）结构示意图

色谱部分包括：气路系统、进样系统、分离系统、温控系统和检测记录系统。

接口部分在 GC-MS 联用仪中主要有两个作用：压力匹配和组分浓缩。

质谱部分的基本组成包括：离子源、质量分析器、离子检测器和真空系统。作用是对色谱部分分离出的单个组分进行鉴定。质谱仪按照使用的质量分析器分类，可以是四极质谱仪、磁式质谱仪，也可以是飞行时间质谱仪和离子阱。目前使用最多的是四极质谱仪。

数据处理系统：计算机系统是 GC-MS 的另外一个组成部分，用于处理和分析质谱数据。

（二）气相色谱-质谱联用仪工作原理

在色谱分析中，待分析样品被注入进样器并加热汽化，载气携带样品通过色谱柱，柱内固定相分子与组分分子发生吸附、脱附、溶解等作用，因每种组分的作用力和反应时间不同，混合样品中的组分得以分离。被分离的组分进入检测器系统，由检测器转换为电信号送至计算机系统，将其转换为可读的数据如峰高、峰面积等，绘出色谱图。通过对比标准品色谱图和已知的色谱峰，可进行定性分析；测量各组分的峰高或峰面积，则可进行定量分析。

接口部分用于协调联用仪器的输出和输入状态。在 GC-MS 联用仪中，从气相色谱流出的气体中，含有大量的载气，接口需要排除这些载气，使被测物浓缩后进入离子源。气相色谱柱出口的压力高达 10^5 Pa，质谱离子源的真空度通常在 10^{-3} Pa 左右，接口部分需要将两者进行压力匹配，使质谱离子源能够正常工作。

在质谱仪中，高能电子流轰击样品分子（或化学电离等方法），使分子失去电子，变成带正电的分子离子和碎片离子。这些离子按其质荷比（m/z），在磁场的作用下在不同的时间到达检测器。检测器将其转化为电信号。

数据处理系统将来自色谱仪和质谱仪的电信号进行整合处理，离子源不断产生离子进入分析器，计算机将每个生成的质谱的所有离子强度相加，生成总离子流图，总离子流图的形状和普通的色谱图相一致，可以认为是用质谱作为检测器得到的色谱图，通过这种方式，可以得到化合物的结构信息和含量信息，生成完整的样品分析结果。

三、气相色谱-质谱联用仪测试操作规程

以 EWAI GC-MS 3100 为例，包括样品前处理方法和进样方式。

（一）样品前处理

利用样品基质与目标物之间的物理化学特性差异，从样品基质中提取和分离目标物，主要步骤有：

（1）提取：采用液-液/液-固萃取法、消化法、柱色谱萃取法等分离方法，同时尽量减少干扰杂质的含量。

（2）净化：除去干扰杂质，同时避免目标物的损失，可用液-液分配法、柱色谱法、薄层层析法、低温冷冻法等。

（3）衍生：采用化学反应或物理变化等手段改变样品性质，使其更适合于气相色谱分析。

（4）浓缩：使用氮气吹干、旋转蒸发等方法，将目标物浓度浓缩至能够被分析仪器检测出来的程度。

（二）操作规程

1. 开机准备

在启动质谱之前，应该检查以下几项：

（1）所有部位的密封圈必须正确安装。
（2）仪器须良好接地。
（3）GC-MS 传输线已正确连接。
（4）毛细管色谱柱与汽化室和质谱离子源导线连接无误。
（5）气路系统供气正常，所有加热区未加热。
（6）保证使用的氦气纯度。

2. 质谱系统的启动

质谱系统的启动分为程序开启和手动开启。程序开启按照设备使用手册或操作指南进行操作。手动开启质谱仪操作如下：

(1) 确认供电和部件正常，开启机械泵开关。

(2) 打开主机上盖，轻按 RF 按键数秒。

(3) 机械泵声音正常后，开主机电源，手动开启分子泵。

(4) 分子泵转速达到正常值后，通过真空规查看真空度数值是否达到要求。

(5) 真空正常后，通过 GC 主机面板或实时分析工作站操作系统，设定需要的温度参数（汽化室、传输线、离子源等）。

3. 设定方法参数

在"质谱状态"对话框内，待分子泵状态和真空正常后，进入方法栏设定 GC 和 MS 条件参数：

(1) GC 参数可通过 GC 仪器控制面板或 GC-MS 实时分析工作站设定。

(2) MS 参数在工作站方法目录下设置（见图 7-2-2）。包括设定离子温度及其他参数。

(3) GC 的柱前压、柱流量及其他气路参数可通过仪器上的控制面板调节设定。

(4) 点击实时分析工作站中准备按钮，等待各部分温度（柱箱、离子源、进样口、接口等温度）稳定，柱前压稳定和吹扫流量测试完成之后，进样分析。

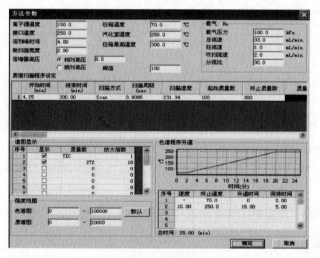

图 7-2-2　工作站方法参数设置示意图

4. 开始检测

仪器状态稳定后，点击实时分析工作站中的"开始"按钮，出现"是否启动色谱主机"对话框。此时从 GC 进样口进样，点击 GC 开始程序升温，同时工作站开始采集数据。

5. 数据的存储与调用

测试数据可以存储为".gph"和".ewr"两种格式，其中".gph"格式文件在实时分析工作站打开，".ewr"格式在后处理工作站打开。

6. 待机

本次测试完成后，气质联用仪可以进入待机状态。在待机状态下，保持仪器稳定运行，可随时准备进行样品分析。

7. 关机

（1）当日测试全部完成后，通过气相色谱仪的控制面板上的复位键，将气相色谱仪复位，各温度区开始降温。

（2）实时分析工作站的采集页面，单击"通讯"下拉菜单中"关闭主机"，主页面弹出如图7-2-3所示图框，离子源温度开始降温，直至降到规定温度（默认）后，分子泵开始关闭。

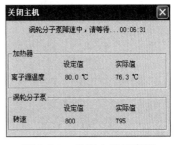

图 7-2-3 关闭主机示意图

（3）分子泵转速降至 800 后，可安全关闭主机。

（4）依次关闭质谱主机电源、色谱仪电源，关闭载气。

（三）GC-MS 常用的进样方式

1. 顶空进样法

顶空进样法主要用于固体、半固体、液体样品基质中挥发性有机化合物的分析，如水中的挥发性有机物（VOCs）、茶叶中香气成分等。

2. 吹扫捕集法

吹扫捕集法指向样品中连续通入惰性气体、液体或者固体，将样品中的挥发性组分吹扫出来。适用于固体、液体等样品基质中挥发性有机化合物的富集和直接进入气相色谱仪进行分析。

3. 吸附浓缩法/热脱附法

吸附浓缩法/热脱附法利用吸附剂将目标化合物从复杂的样品基质中浓缩分离出来。

4. 固相萃取法

固相萃取法利用固体吸附剂将液体样品中的目标化合物吸附，再用洗脱液洗脱或加热解吸，达到分离和富集目标化合物的目的。特别适用于水中有机物或其他样品中的一些挥发成分的分析。

四、数据处理及测试结果影响因素分析

（一）定性分析

定性分析的流程如图 7-2-4 所示：

注意，气质联用仪的定性分析依赖于已知的质谱图数据库。如果待测化合物不在数据库中或数据库中信息有限，定性分析可能会变得困难，需要通过分子离子峰和碎片信息进行解谱。此外，定性分析结果通常需要与其他分析手段（如核磁共振、红外光谱等）的结果相互验证，以获得更准确的化合物鉴定结果。

（二）定量分析

以 GC-MS 3100 的后处理工作站为例。

（1）打开指定文件（此步骤与定性分析相同）。

（2）设置定量参数积分：数据文件打开后，点击"定量"菜单中（如图 7-2-5 所示）的

"设置定量参数",选择定量方法、定量方式、每个浓度水平重复次数,输入标样浓度。

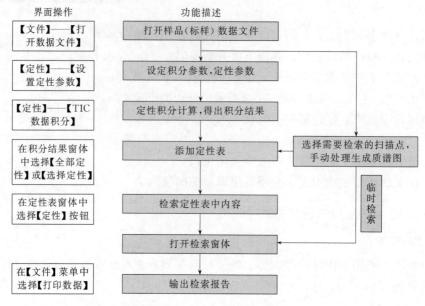

图 7-2-4　定性分析流程示意图

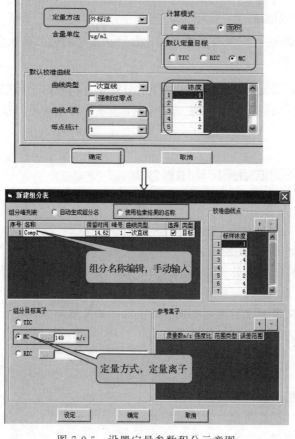

图 7-2-5　设置定量参数积分示意图

(3) 绘制标准曲线，绘制过程如图 7-2-6、图 7-2-7、图 7-2-8 所示。

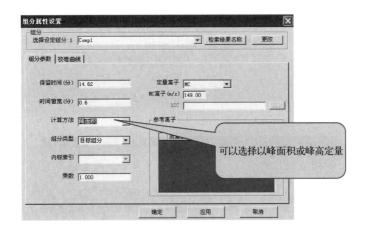

图 7-2-6　定量分析标准曲线绘制示意图 1

标准曲线绘制完成后，打开样品数据文件，如图 7-2-9 所示，点击"定量积分"。

(4) 打印结果。

(三) 测试结果影响因素

GC-MS 测试结果容易受到多种因素的影响，主要有：
(1) 采样方式、采样量、样品的保存方式。
(2) 气相分离和质谱条件：载气纯度和流速、进样口温度和压力、色谱柱的类型和性能、检测器类型和灵敏度。
(3) 样品提取方法、净化步骤等处理过程。
(4) 仪器参数和试剂选择、离子源污染、供电系统杂峰等外部因素。
(5) 环境因素如温度、湿度和风向等，以及操作人员进样技巧和数据处理方法等。

五、应用实例解析

GC-MS 的谱图数据是三维的，通常会得到总离子流图和质谱图两个图。GC-MS 的定性与定量方法有外标法和内标法等。

(一) 测定环境空气中 65 种挥发性有机物（内标法定量）

1. 仪器及材料

气相色谱-质谱联用仪 GC-MS 3100，过滤器，气体流量计，石英毛细管色谱柱（60m×250μm×1.4μm），固定相为 6%氰丙基苯基-94%二甲基聚硅氧烷，气体浓缩仪。

标准气体：各组分摩尔分数为 1μmol/mol，内标标准气体（组分为一溴一氯甲烷、1,4-二氟苯、氯苯-d5），4-溴氟苯标准气体，氦气，氮气（纯度≥99.999%）。

2. 实验条件
(1) 气体浓缩仪条件见下表 7-2-1。

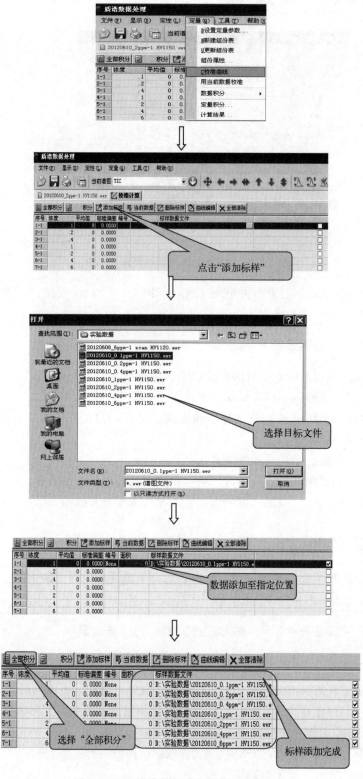

图 7-2-7 定量分析标准曲线绘制示意图 2

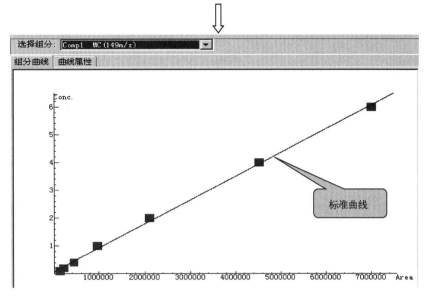

图 7-2-8　定量分析标准曲线绘制示意图 3

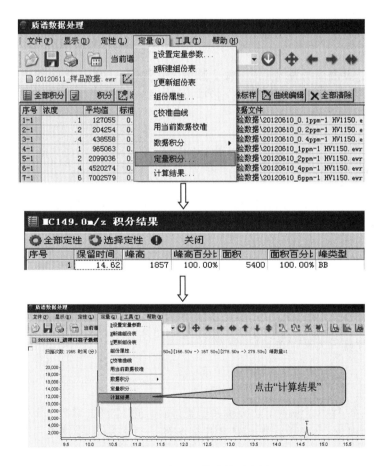

图 7-2-9　定量积分计算示意图

表 7-2-1　不同类型气体浓缩仪的条件参数

浓缩仪类型		非液氮制冷型、电制冷型
进样流速/(mL/min)		50
浓缩系统的管线和阀体温度/℃		120
第 1 阶段(去除水、N_2、CO_2 等)	捕集温度/℃	−30
	捕集流速/(mL/min)	50
	解吸温度/℃	300
	烘烤温度/℃	300
	烘烤时间/min	8
第 2 阶段(富集 VOCs,去除水、N_2、CO_2 等)	捕集温度/℃	−25
	捕集流速/(mL/min)	50
	解吸温度/℃	300
	烘烤温度/℃	300
	烘烤时间/min	3
	样品转移时间/min	3.0
第 3 阶段(聚焦进样)	捕集温度/℃	整合至第 2 阶段
	捕集流速/(mL/min)	
	解吸温度/℃	

(2) 色谱条件

进样口温度：140℃。进样模式：分流进样，分流比 10∶1。载气：氦气。柱流量（恒流模式）：1.0mL/min。程序升温：35℃保持 5.0min，5℃/min 升至 150℃，保持 7.0min，10℃/min 升至 200℃，保持 4.0min。溶剂延迟时间：5.0min。

(3) 质谱条件

离子源：电子轰击离子源（EI）。离子源温度：230℃。离子化能量：70eV。传输线温度：250℃。扫描方式：Scan 或 SIM。全扫描范围：35～300u。目标化合物的定量离子和辅助离子见标准 HJ 759—2023。

3. 结果与讨论

(1) 绘制校准曲线。分别绘制高浓度校准曲线（Scan 模式）和低浓度校准曲线（SIM 模式），参数见标准 HJ 759—2023。

(2) 建立线性校准方程。以目标化合物与对应内标物摩尔分数比为横坐标，定量离子峰面积比为纵坐标，建立线性方程。

(3) 总离子色谱图，见图 7-2-10。

（二）食品中农药残留的检测（SIM，外标法定量）

1. 仪器及材料

GC-MS 3100 气相色谱质谱联用仪，粉碎机。

样品：梨，甘蓝，大米（市售）。

2. 实验条件

(1) 色谱条件

DB-5MS 毛细管柱（30m×0.25mm×0.25μm）。进样量：1μL。载气为 He（纯度≥99.99％）。进样口温度：250℃。色谱程序升温条件：20℃/min 的速度升至 220℃，5℃/min 的速度升至 280℃，保留 10min。

(2) 质谱条件

离子源：EI 源。离子源温度：250℃。扫描方式：SIM 扫描。定性定量离子如表 7-2-2 所示。

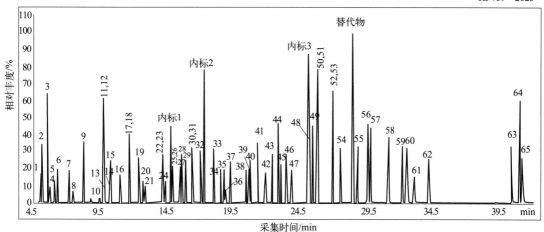

1—丙烯；2—二氟二氯甲烷；3—1,1,2,2-四氟-1,2-二氯乙烷；4——氯甲烷；5—氯乙烯；6—1,3-丁二烯；7——溴甲烷；8—氯乙烷；9——氟三氯甲烷；10—丙烯醛；11—1,2,2-三氟-1,1,2-三氯乙烷；12—1,1-二氯乙烯；13—丙酮；14—异丙醇；15—二硫化碳；16—二氯甲烷；17—顺-1,2-二氯乙烯；18—甲基叔丁基醚；19—正己烷；20—1,1-二氯乙烷；21—乙酸乙烯酯；22—2-丁酮；23—反-1,2-二氯乙烯；24—乙酸乙酯；内标1——溴一氯甲烷；25—四氢呋喃；26—三氯甲烷（氯仿）；27—1,1,1-三氯乙烷；28—环己烷；29—四氯化碳；30—苯；31—1,2-二氯乙烷；32—正庚烷；内标2—1,4-二氯苯；33—三氯乙烯；34—1,2-二氯丙烷；35—甲基丙烯酸甲酯；36—1,4 二噁烷；37——溴二氯甲烷，38—顺1,3 二氯丙烯；39—二甲二硫醚；40—4-甲基-2-戊酮；41—甲苯；42—反-1,3-二氯丙烯；43—1,1,2-三氯乙烷；44—四氯乙烯；45—2-己酮；46—二溴一氯甲烷；47—1,2-二溴乙烷；内标3—氯苯-d_5；48—氯苯；49—乙苯；50/51—对/间二甲苯；52—邻二甲苯；53—苯乙烯；54—三溴甲烷（溴仿）；替代物—4-溴氟苯；55—1,1,2,2-四氯乙烷；56—对乙基甲苯；57—1,3,5-三甲苯；58—1,2,4-三甲苯；59—间二氯苯；60—对二氯苯；61—氯代甲苯；62—邻二氯苯；63—1,2,4-三氯苯；64—六氯丁二烯；65—萘

图 7-2-10　摩尔分数为 5.0nmol/mol 的 65 种挥发性有机物及内标物的总离子色谱图

表 7-2-2　所检测农药定性定量离子

序号	农药名称	CAS 号	英文名称	定性离子	定量离子
1	敌敌畏	62-73-7	phsphoric acid	79,185	109
2	速灭磷	7786-34-7	mevinphos	164,192	127
3	乙酰甲胺磷	30560-19-1	acephate	94,183	136
4	丙线磷	13194-48-4	ethoprophos	200,242	158
5	久效磷	6923-22-4	monocrotophos	67,97	127
6	甲拌磷	56-38-2	phorate	121,260	75
7	α-六六六	319-84-6	α-HCH	109,219	181
8	乐果	60-51-5	dimethoate	87,93	125
9	β-六六六	319-85-7	β-HCH	109,219	181
10	γ-六六六	58-89-9	lindane	109,219	181
11	δ-六六六	319-86-8	δ-HCH	109,219	181
12	甲基对硫磷	298-00-0	methyl parathion	200,246	263
13	七氯	76-44-8	heptachlor	100,274	272
14	甲基嘧啶磷	29232-93-7	pirimiphos methyl	276,290	305
15	倍硫磷	55-38-9	fenthion	153,169	278
16	喹硫磷	13593-03-8	quinalphos	157,298	146
17	p,p'-DDE	72-55-9	p,p'-DDE	316,246	318
18	氟硅唑	85509-19-9	nustar	123,206	233
19	o,p'-DDT	789-02-9	o,p'-DDT	237,165	235
20	乙硫磷	563-12-2	ethion	153,199	231
21	三唑磷	24017-47-8	triazophos	172,257	161
22	p,p'-DDT	50-29-3	p,p'-DDT	245,165	235

3. 样品前处理

样品切碎混匀，置于具塞瓶，脱水、脱色。加二氯甲烷振摇，滤纸过滤，氮气吹至干，定容、备用。大米磨粉置于具塞瓶，加氧化铝、活性炭及二氯甲烷，振摇过滤，滤液浓缩，定容，备用。

4. 结果与讨论

(1) 标准曲线的绘制

配制系列浓度混标溶液，在上述分析条件下上机测定，以峰面积为纵坐标，相应的浓度为横坐标建立标准曲线，所得曲线方程、相关系数（部分）等如表 7-2-3 所示。

表 7-2-3 所检测农药的标准曲线（部分）

序号	农药名称	保留时间	工作曲线	相关系数(R^2)	浓度范围
1	敌敌畏	6.06	$y=45830x+3028$	0.9792	0.1~0.8
2	速灭磷	7.67	$y=44507x+1882$	0.9958	0.1~0.8
3	乙酰甲胺磷	7.76	$y=5827.7x-443.4$	0.9906	0.1~0.8
4	丙线磷	10.83	$y=19842x-328.6$	0.9983	0.1~0.8
5	久效磷	10.28	$y=15590x+535.3$	0.9985	0.1~0.8
6	甲拌磷	10.63	$y=49185x-230.1$	0.9941	0.1~0.8
7	α－六六六	10.72	$y=509610x-6158$	0.9616	0.02~0.8
8	乐果	10.98	$y=43790x-2538$	0.9857	0.1~0.8

(2) 标准谱图

根据实验确定各种农药的保留时间，进行 SIM 离子监测，质谱扫描程序设定（部分）如表 7-2-4 所示。

表 7-2-4 SIM 扫描时间程序（部分）

保留时间	扫描离子(m/z)
0.00~8.20	79,94,109,127,136,164,183,185,192
8.20~10.00	158,200,242
10.00~11.20	67,75,87,93,97,109,121,125,127,181,219,260
12.30~15.00	153,169,200,237,241,247,258,260,263,272,276,277,278,286,290,305,314,337

对此混标进行扫描，扫描结果如图 7-2-11、图 7-2-12 所示。

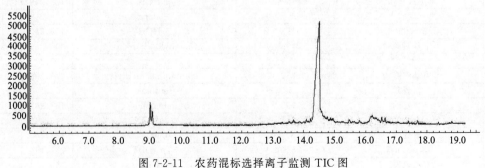

图 7-2-11 农药混标选择离子监测 TIC 图

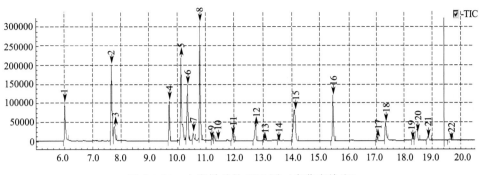

图 7-2-12 大米样品的 TIC 图（农药未检出）

（三）芝士香精组成成分的检测（吹扫，直接进样）

1. 仪器

GC-MS 3100 气相色谱（四极）质谱联用仪，1μL 微量注射器。

2. 实验条件

（1）色谱条件

Equity-5（30m×0.25mm×0.25μm）石英毛细管柱。进样口：260℃。分流进样，进样量 0.1μL。分流比：50∶1。柱前压：60kPa。吹扫流量：2mL/min。柱温：35℃。保持1.5min，以 5℃/min 速率升温至 270℃，保持 3min。

（2）质谱条件

离子源：EI 源。离子源温度：150℃。电子能量：70eV。接口温度：260℃。倍增器高压：1140。扫描方式：全扫描。扫描质量数范围：28.5～400u。扫描周期：0.6s。

3. 实验结果

样品谱图如图 7-2-13 所示。

样品成分分析结果（部分），如表 7-2-5 所示（仅列举相对含量 5% 以上成分的检测结果）。

表 7-2-5 芝士香精挥发性成分分析结果（部分）

峰号	保留时间/min	中文名称	英文名称	CAS 号	分子式	相对含量/%	匹配度/%
9	11.08	己酸	hexanoic acid	142-62-1	$C_6H_{12}O_2$	15.96	90
17	21.23	丁酸-2-丁氧-1-甲基-2-氧代乙醇酯	butanoic acid, 2-butoxy-1-methyl-2-oxoethyl ester	492-70-8	$C_{11}H_{20}O_4$	11.22	91
22	27.14	月桂酸乙酯	dodecanoic acid, ethyl ester	106-33-2	$C_{14}H_{28}O_2$	8.13	92
23	27.39	丁位十一内酯	2H-pyran-2-one, 6-hexyltetrahydro-	710-04-3	$C_{11}H_{20}O_2$	5.62	93
24	29.86	丁位十二内酯	2H-pyran-2-one, 6-heptyltetrahydro-	713-95-1	$C_{12}H_{22}O_2$	13.92	90
28	35.19	十六酸（棕榈酸）	n-hexadecanoic acid	57-10-3	$C_{16}H_{32}O_2$	10.15	91

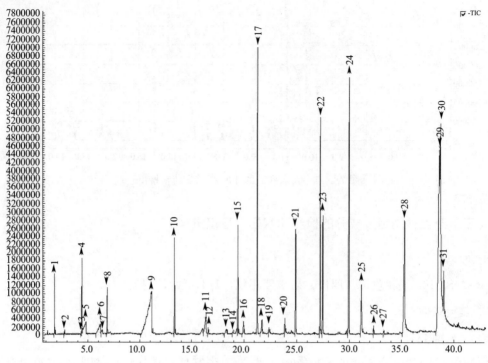

图 7-2-13 芝士香精全扫描谱图

规范测试小贴士

当使用 GC-MS 进行样品分析时，首先要确保仪器处于良好的工作状态：定期对仪器进行维护和保养，包括清洁进样口、色谱柱和检测器，以及检查仪器的性能指标。GC-MS 联用仪使用的毛细管色谱柱，须根据需要选择适当的柱型和柱规格，并且要正确地安装，合理地确定操作条件。

对于 GC-MS 数据库中尚无谱图的未知化合物，若其结构与其他分子相类似，谱图对比容易产生误判，须人工进行解析，以确定其谱图鉴定结果的准确性。当未知化合物的质谱图为两种以上分析物的混合谱图，且在色谱峰上可以被部分分离，则可通过观察和描绘碎片离子的色谱峰来判断哪些碎片离子属于同一个分析物，从而提高数据库比对的成功率。

参考文献

[1] Holmes J C, Morrell F A. Oscillographic mass spectrometric monitoring of gas chromatography [J]. Applied Spectroscopy, 1957, 11 (2): 86-87.
[2] 汪聪慧. 有机质谱技术与方法 [M]. 北京: 中国轻工业出版社, 2011.
[3] 中华人民共和国生态环境部网站. 中华人民共和国国家生态环境标准:《环境空 65 种挥发性有机物的测定》HJ 759—2023 [EB/OL]. (2023-08-01) [2023-11-20].
[4] 东西分析.《GC-MS3100 在农药检测领域中的应用》[EB/OL]. [2023-11-20].

第八章
磁共振分析法

1945年，核磁共振现象和电子顺磁现象分别被美国物理学家和苏联物理学家发现。随着核磁弛豫理论、化学位移与偶合、脉冲傅里叶变换、魔角旋转、交叉极化及去偶技术的发展，核磁共振成为定性和定量分析物质结构强有力的工具。磁共振分析对物质的结构解析表征精确度高、稳定性高、重现性好且原位无损，是解析物质结构必不可少的表征方法。磁共振分析提升了人类对于物质在分子层面的认知，促进了化学、生物、医学等领域的快速发展。固体核磁在聚合物高分子结晶、生物大分子、无机材料和药物多晶型结构表征等领域有着广泛应用。电子顺磁的研究对象为自由基、三重态分子、过渡金属离子和稀土离子、晶格缺陷等。低场核磁主要用于检测分子的弛豫时间，应用于高分子材料、石油勘探、食品检测等领域。

本章将分别介绍固体核磁、电子顺磁和低场核磁的相关理论基础、仪器的基本操作规程和相关应用实例。

第一节 固体核磁共振波谱分析

核磁共振（nuclear magnetic resonance，NMR）是一种基于核磁矩在外部磁场中产生的共振吸收现象的物理过程。固体核磁共振波谱是一项基于NMR原理的分析技术，专门用于研究固态样品中的现象。与液态核磁共振谱学相比，固体核磁共振波谱在样品的物理状态和信号检测方面呈现出独特的优势。它被广泛用于探究材料科学、化学、生物学等学科中材料的微观结构以及蛋白质分子的结构与组成。

固体核磁共振波谱仪在固体核磁共振波谱研究中发挥着重要作用，通过对核磁共振现象的理解和仪器的精密设计，成为深入探究物质的结构和性质的有力分析工具。本节将围绕固体核磁共振波谱相关知识、固体核磁共振波谱仪的操作及应用实例解析展开介绍。

一、基础知识概述

（一）原子核的性质

核的磁性。原子核的磁性是由其中的质子和中子的自旋运动引起的，形成核磁矩。根据量子力学原理，核的自旋量子数（I）决定了核磁矩的最大可测分量，即核磁矩的取值必须是普朗克常数除以2π的整数或半整数倍。这个最大分量被称为自旋量子数（I）。在外磁场的作用下，核

具有 $2I+1$ 个不同的状态,即磁量子数(m)的可能取值为 $m=0$, ± 1, ± 2, ……$\pm I-1$, $\pm I$。在没有外磁场的情况下,这些状态的能量是相同的。

(1) 原子核的电四极矩(核电四极矩)

对于自旋量子数大于 1/2 的核,其具有核电四极矩的性质。如图 8-1-1 所示,核电四极矩(eQ)表现为核上的电荷分布不再是球对称的,而是呈椭球形状,其轴与磁矩和角动量的轴平行。核电四极矩的存在使得核在磁场中表现出特定的形状,分为两种情况:当 eQ>0 时,形成 z 方向拉长的椭球;当 eQ<0 时,形成 z 方向压扁的椭球。

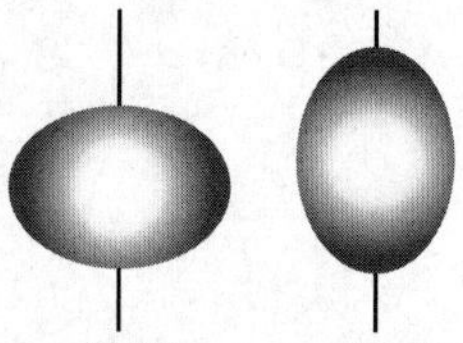

图 8-1-1 具有正、负四极矩的形状示意图

(2) 孤立自旋运动

原子核由中子和质子组成,具有自身的旋转运动,即自旋。根据自旋量子数,原子核可以分为三类:自旋量子数 $I=0$, $I=1/2$ 和 $I>1/2$。不同自旋量子数的核在磁场中表现出不同的性质,其中 $I=1/2$ 和 $I>1/2$ 的核可以产生核磁共振现象。

(3) 与交变磁场的相互作用

在核磁共振实验中,样品被放置在垂直于静磁场方向的线圈中。通过施加交变电压,产生垂直于静磁场的交变磁场。通过调节交变场的持续时间,使核的磁矩垂直于静磁场,从而感应出交变磁通量。这一过程中,核的进动频率与自旋进动频率相匹配。

(二)核磁共振现象与核磁共振实验

1. 核磁共振现象

核磁共振是指在外磁场作用下,具有非零核磁矩的核,其自旋能级发生塞曼分裂,吸收特定频率的射频辐射的过程。有两种不同的理论解释核磁共振现象:核磁吸收观点和核磁感应观点。核磁吸收观点认为,处于磁场中的自旋能级发生分裂,当电磁波频率与能级间的能量差相匹配时,发生核磁共振吸收。核磁感应观点则认为磁化强度在交变磁场中引起周期性变化,导致交变电流产生。

2. 核磁共振产生的条件

(1) 存在磁性核,即具有非零核磁矩的原子核。根据自旋量子数的不同,元素周期表可以划分为不同的类别。具体而言,$I=0$ 的核不产生核磁共振,$I=1/2$ 的核可以在磁场中发生磁共振,$I>1/2$ 的核被称为四极核,也可以观察到核磁共振现象。

(2) 施加外部磁场。磁性核必须放在一个外部的稳定磁场中,这会造成具有不同自旋状态的核磁矩在能量上的分裂,这种能量差称为共振条件。

(3) 射频辐射。磁性核在外部磁场中时,施加射频(RF)脉冲,能够激发磁性核从一个自旋状态跃迁到另一个自旋状态。当射频辐射的频率与某个特定原子核在静磁场中能级间跃迁的能量差相对应时,原子核吸收能量并从较低能级跃迁到较高能级,这个现象就称为核磁共振。当射频场关闭后,原子核从高能级回到低能级时释放出的能量可以被检测到,从而获得 NMR 信号。

3. 弛豫过程

根据玻尔兹曼定律,高能级磁核与低能级磁核保持一定比例的平衡。弛豫过程分为横向弛豫过程和纵向弛豫过程,描述了高能级磁核向低能级磁核传递能量的过程。

二、仪器结构与工作原理

（一）固体核磁共振谱仪工作原理

固体核磁共振技术以固态样品为研究对象，相较于液体核磁共振，在分子的快速运动受到限制的情况下，提供了对材料结构和性质的独特视角。静态和魔角旋转是主要的固体核磁共振技术，前者分辨率较低，后者通过样品的快速旋转提高了分辨率。

核磁信号只有在核磁化矢量位于 xy 平面时才能被检测到（图 8-1-2）。射频脉冲通过将磁矩从 z 轴转向 x 或 y 轴，使核磁共振信号能够被检测到。观测时，射频脉冲关闭，此时核磁信号处于自由衰减状态，而射频脉冲在千伏级别，核磁信号仅为毫伏级别。当观测信号时，射频脉冲处于关闭状态，NMR 信号在毫伏，而射频脉冲是在千伏。

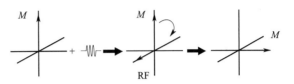

图 8-1-2　射频脉冲作用图解

核磁共振信号检测过程通过使用探头产生激励射频场和检测核磁共振信号（图 8-1-3）。探头需要在样品上高效施加射频功率，并高灵敏地检测 NMR 信号。探头的类型多种多样，包括宽带探头、FG MAS 探头和原位探头等。

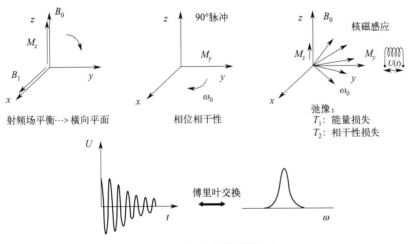

图 8-1-3　核磁信号检测过程

当宏观磁化矢量在 xy 平面上（z 方向）时，通过施加 $\pi/2$ 脉冲，宏观磁化矢量被倾倒到 xy 平面。核自旋系统向平衡态恢复的过程在 xy 平面内可以用指数函数描述，导致检测线圈检测到一个衰减的 cosine 信号（图 8-1-4）。在实际样品中，可能存在数百种自旋系统，它们的共振频率各不相同。射频脉冲激发所有频率，检测线圈同时检测到所有频率的信号，形成自由衰减信号（FID）。

在磁场中，原子核感受到一个小的局部磁场，导致化学位移。这是由于原子核外电子运动产生的小磁场与外加磁场方向相反。化学位移的计算是在局部磁场和外磁场的比例下进行的。为了消除不同仪器频率下的差异，通常使用 ppm（百万分之一）作为单位，并使用参照样品进行校正。

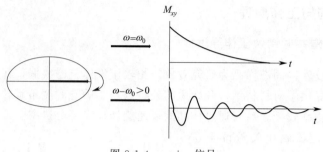

图 8-1-4 cosine 信号

（二）固体核磁共振谱仪结构

固体核磁共振谱仪主要由磁体、机柜、探头、前置放大器和控制台、记录单元等部分组成。

（1）磁体：提供静磁场，保持超导状态需要液氦冷却，而液氦则通常由液氮保护以减缓液氦蒸发。

（2）探头（探测器）：位于磁体中，用于产生激励射频场和检测核磁共振信号。根据不同需求选择不同类型的探头，如宽带探头。

（3）射频脉冲系统：用于产生射频脉冲，操控核磁化矢量。

（4）前置放大器和控制台：用于处理、放大和控制从探头中接收到的信号。

（5）记录单元：用于记录和分析核磁共振信号，通常使用傅里叶变换进行信号处理。

为了保持线圈处于超导状态，内部维持低温，通常使用液氦冷却。液氮用于保护液氦不过快蒸发，维持低温状态。液氦和液氮的不足可能导致失超，即线圈不再具有超导性质。

维护 NMR 波谱仪的稳定性需要定期添加液氦和液氮，维护人员需要注意及时补充冷却介质。

三、固体核磁共振谱仪测试操作规程

首先对待测样品进行研磨，以获得细碎粉末，或对薄膜状或弹性体等样品采用剪刀剪成细碎沫状。随后将待测样品均匀地装填入清洁的转子中，并紧密封闭转子端口，将转子下端的半个斜面涂黑作为标记。

将待测转子置入磁体导管中，并在"mas Pneumatic Unit Control"界面中进行操作，点击"EJECT"取出可能未取出的转子，随后点击"INSERT"将待测转子放入磁体上部的导管。在"mas Pneumatic Unit Control"界面设置目标转速并确认转速稳定后，返回"topspin"主界面。

在确定待测核共振频率范围时，根据待测核选择适当的"Filter"和 $\lambda/2$ 拉杆位置。建立与待测核相同的实验文件，设定实验采样参数，包括扫描次数（NS）、扫描谱宽（SW）、中心频率（O1P）等。

随后进行探头调谐和匹配。调谐过程中，将频率范围 $\lambda/2$ 拉杆调整至与所选通道核相匹配的位置，并执行"wobb"操作进行调谐。完成调谐后，执行"rga"以自动优化接收增益数值，然后输入"zg"开始采样。

在采样结束后,点击"STOP"停止样品管的旋转,并在转速降至"0"后点击"EJECT"取出样品。

四、数据处理

(一) 傅里叶变换

通过傅里叶变换把数据从时域（FID）转化为频域（处理命令：efp）。该命令包括了充零与窗函数。

NMR 谱图处理点数（SI）值越大,谱图分辨率越好,反之 SI 值越小,谱图分辨率越差,但是信噪比会更好。

① 当核磁采集数据点数值（TD）设定合适,FID 上真实信号与噪声的比例恰当时（约 2∶1）,设定 $SI=\frac{1}{2}TD$;

② 当 TD 值设定过大,FID 上噪声过多时,在保证谱图分辨率的前提下,为提高谱图信噪比,可以设定 $SI=\frac{1}{4}TD$ 或更小;

③ 当 TD 值设定过小,FID 出现截尾现象,需要零填充,可以设定 $SI=2TD$ 或更大。充零就是在 FID 末端加上大小为零的点;通常充零的点数为 TD 的 1 倍或 2 倍,通过这种方法可以提高数字分辨率,通常可以提高谱图的质量。

采集到的 FID 前端部分主要为信号,后面主要为噪声,通常处理时会给 FID 使用数字滤波（窗口函数）。窗口函数就是给 FID 乘以一个函数以达到不同的处理目的,比如最常见的指数型窗口函数（em）和高斯型窗口函数（gm）。

④ 对指数函数来说,LB 越大,FID 信号衰减越快,信噪比越好,但分辨率相对越差,LB 越小,FID 信号衰减越慢,分辨率相对越好,但信噪比降低太多。比如对于 ^1H 谱来说,灵敏度比较高,信噪比较强,希望提高分辨率,可将 LB 设小些,一般为 0~0.5。

⑤ 对于 ^{13}C 谱图,分辨率好,但信噪比差,因此 LB 会设大一些,可提高信噪比。

(二) 调整相位

相位的校正是一阶函数：$y=ax+b$（y 指最终每个信号的相位角,a 指"PHC1",b 指"PHC0",x 指不同频率）。

0 级相位调整是指给所有信号以同样角度的校正,1 级相位则是根据不同频率来调整相位（每一个信号的相位调整角度各有不同）,因此我们通常找到最大峰调 0 级相位以后,以它为参考,软件自动计算,然后用 1 级相位调节。

"apk"自动计算"phc0"和"phc1",当谱图中有很多活泼 H 的宽峰时,用"apk"调不好。而"pk"是用处理参数中已有的"phc0"和"phc1"来做相位校正。

在 BRUKER 仪器中,首先对最大峰进行零级相位调整 PH_0,然后以一级相位调整 PH_1 来调节其他的峰,如图 8-1-5 所示。

(三) 基线较准

基线校准常用命令如下。

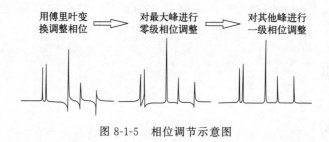

图 8-1-5　相位调节示意图

ABS：自动基线校正并积分。
ABSN：自动基线校正但不积分。
ABSF：分段基线校正，由 ABSF1 和 ABSF2 定义基线校正的区域。
ABSD：特殊的运算法则进行基线校正。
BASL：打开基线校正选项窗。

（四）化学位移校准

在核磁共振波谱学领域，由于样品环境、仪器磁场均匀性以及系统固有频率等因素的影响，实际测得的共振频率（sample frequency，sf）往往与理论预测值存在偏差。为确保 NMR 谱图的精确解析，有必要对实验测得的共振频率进行精确的校正。在此过程中，引入了谱图参考频率（spectrum reference，sr）的概念，该频率通过以下校正公式进行计算：$sr = sf - bf1$。其中，sf 代表样品中特定原子核的共振频率，而 bf1 则指代锁场器（eddy current lock）所设定的参考频率，亦即系统在锁场器稳定状态下的频率基准。通过此校正步骤，能够有效消除系统误差，从而实现对 NMR 谱图中化学位移的精确校准，为后续的谱图解析和分子结构分析提供可靠的数据基础。

（五）寻峰

谱图寻峰常用命令如下。
pp：手动寻峰。
ppf：全谱寻峰。
pps：显示谱寻峰。

（六）保存并导出数据

最后将数据进行保存并导出。

五、应用实例解析

（一）1D 脉冲序列——单脉冲（one pulse）及示例

如图 8-1-6 所示，单脉冲实验的基本组成要素包含：
(1) 射频脉冲激发前的准备：弛豫时间（D1）。
(2) 射频脉冲（RF）的激发：脉宽（P1）、功率（PLW1）、激发的中心频率（O1P）、激发的宽度（SW）。
(3) 采样：采样时间（AQ）、采样点数（TD）、采样驻留时间（DW）、采样接收器的

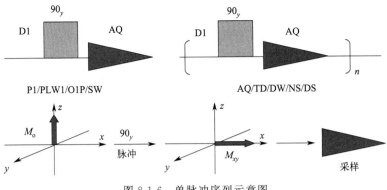

图 8-1-6 单脉冲序列示意图

增益（rg——合理使用 ADC 的动态范围）。扫描次数（NS）（为了累加信噪比），空扫次数（DS）（为了让样品达到温度平衡）。

在射频脉冲和采样接收之间的间隔时间，叫做"pre-scan delay"或"dead time"（DE），这个针对不同的探头、不同的原子核在 edprosol 表里有一个系统设置，通过 getprosol 可以直接读取到实验参数列表中。

图 8-1-7 所示的是 ZSM-5 分子筛的 ^{27}Al MAS NMR 谱图。0 处的小峰归属于六配位的 Al 物种；55 处的峰归属于四配位的骨架 Al 物种。四配位的铝原子通常构成分子筛的骨架结构，对其催化活性起着关键作用。不同化学位移的 Al 原子具有不同的化学环境和重要性，并且对分子筛的理化性质和催化活性具有显著影响。

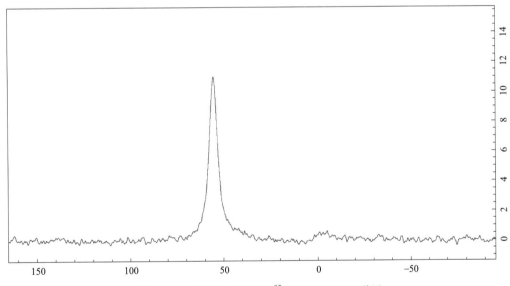

图 8-1-7 ZSM-5 分子筛的 ^{27}Al MAS NMR 谱图

（二）1D 脉冲序列——高功率去偶（high-power decoupling, hpdec）

如图 8-1-8 所示，高功率去偶脉冲序列在结构上类似于传统单脉冲（onepulse）实验，但其显著区别在于，测量过程中在质子频道上实施附加的异核去偶脉冲，以压制核间相互作用的影响。

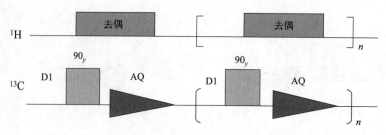

图 8-1-8 高功率去偶序列示意图

实验参数的设定应包括选择适当的去偶技术，常用的去偶技术包括连续波去偶（continuous wave decoupling，CWD）或复合脉冲去偶（composite pulse decoupling，CPD）程序。去偶的功率（如去偶功率 plw12）、脉冲宽度（如去偶脉宽 pcpd2）以及去偶脉冲的频率偏置（如去偶位置 O2）需要精细调整以优化谱信号的质量。

在进行去偶时，应使去偶持续时间不超过 50ms。若需延长去偶时间以超过此限制，必须适当降低去偶功率，并通过增加等待时间 d1 以减少占空比（duty cycle），以此保证样品不受过度加热以及保持合理的谱线宽度。

当利用此技术进行定量分析时，应确保恢复时间 d1 足够长，以允许系统完全恢复至平衡态，通常设置为横向弛豫时间 t1 的五倍或更长，以保证测量数据的准确性与可复制性。

图 8-1-9 所示的是 Silicalite-1 分子筛的 ^{29}Si hpdec MAS NMR 谱图。位于－103 处的信号代表 $[Si(OSi)_3(OH)_1]$ 物种，－112 与－115 处的峰归属于不同化学环境的 $[Si(OSi)_4]$ 物种。

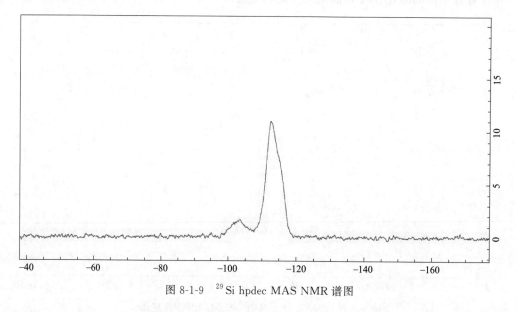

图 8-1-9　^{29}Si hpdec MAS NMR 谱图

Si hpdec NMR 谱图通常用于研究分子筛中硅（silicon）原子的环境和化学位移。分峰拟合结果是通过对 NMR 谱图中各峰进行数学拟合得出的结果，确定不同化学环境或不同化学状态下硅原子的贡献程度和分布。分析 Si hpdec 谱图的分峰拟合结果需要考虑以下几个方面：

（1）化学位移和峰的位置：对于 Si hpdec 谱图，不同的化学环境或化学状态下的硅原子通常会导致不同的峰出现在不同的化学位移处。分峰拟合结果将这些峰归属于不同的化学环境，并给出它们的化学位移值。

(2) 峰的强度和面积：拟合结果通常给出每个峰的强度或面积。这些信息可以提供不同化学环境下硅原子的相对丰度或贡献程度。

(3) 线宽和形状：谱峰的线宽和形状也是分析的重要指标。它们可以反映出样品中不同硅原子环境的动态性质、相互作用和结构特征。

(4) 拟合参数的精度：拟合过程中得出的参数，比如拟合峰的位置、宽度、强度等，其精度对于结果的解释和分析非常重要。高质量的拟合需要考虑到实验条件、噪声水平以及对不同化学环境下信号的分辨能力等因素。

(5) 化学信息的解释：根据分峰拟合结果，可以尝试解释不同峰的来源和含义。例如，不同化学位移的峰可能对应于分子筛中不同形态或配位状态的硅原子，这些硅原子可能处于不同的环境中，如框架硅、外表面硅或者掺杂原子等。通过分峰拟合，可以得到不同 Si 物种。

（三）1D 脉冲序列——交叉极化（cross polarization，CP）

交叉极化技术普遍用于通过从富核（通常为氢或氟）向稀核（标记为 X）转移极化，以实现在稀核检测中的信号增强，方便获得一些较弱信号的物种的 NMR 谱。

如图 8-1-10 所示，该脉冲序列的具体结构由三个关键组成部分构成：富核的激发脉冲、用于极化转移的锁定场脉冲，以及在收集数据期间施加于富核的去偶脉冲。

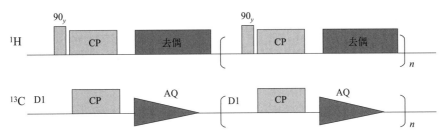

图 8-1-10 交叉极化序列示意图

除必须精确控制的氢核的 90°激励脉冲和各项去偶参数外，交叉极化过程中的匹配功率（即 SP 匹配功率 spw0），以及在富核与稀核之间传递极化的接触时间（p15），亦需要通过实验手段细致调整以达到最优化配置。

对于接触时间与信号采集的持续时间来说，合理调配两者的长短对实验结果影响重大。一般而言，接触时间设置不宜超过 10ms，以避免过量的弛豫损耗，而信号采集时间则应限定在 50ms 以内，以保证信号的强度及分辨率。

交叉极化技术在定量分析方面的应用受到限制，因为由其产生的信号强度不直接与检测核的数量成比例，而是受核周围富核的浓度、空间距离，以及分子基团的运动特性等因素影响。

以 ^{13}C CP-MAS NMR 数据为例，该谱图通常包含了样品中不同化学环境下碳原子的信息，对于固体材料的结构和性质提供重要线索。下面是分析 ^{13}C CP-MAS 谱图的一般步骤。

(1) 观察峰位置和化学位移

首先，观察 ^{13}C CP-MAS 谱图中不同化学位移处的峰。化学位移代表了不同化学环境下的碳原子。比较谱图中的峰位置和已知化合物的 ^{13}C 化学位移，可以初步归属峰对应的化学基团或化合物。

(2) 峰强度和峰面积

分析谱图中峰的强度和面积，这些参数可以提供不同化学环境下碳原子的相对丰度。这有助于理解样品中不同组分或结构的相对存在量。

（3）谱峰的形状和线宽

谱峰的形状和线宽可以提供有关样品中化学环境的信息。较宽的峰可能表示样品中存在不同结构或异质性，而较窄的峰可能表明化学环境较为均一或者结晶性较高。

（4）化学环境的归属

根据谱图中峰的位置、强度和形状等特征，尝试归属不同化学环境对应的碳原子。这可能涉及样品中的不同结构单元、官能团或化学基团。

（5）结合其他实验数据

将 ^{13}C CP-MAS 谱图的分析与其他实验数据或分析技术相结合，比如 X 射线衍射、红外光谱、化学分析等，有助于更全面地理解样品的化学和结构性质。

（6）理解晶体结构和性质

通过分析 ^{13}C CP-MAS 谱图中不同化学环境下峰的分布和特征，尝试理解样品的晶体结构、晶体化学环境以及可能的化学反应或变化。

综合以上步骤，分析固体核磁中 ^{13}C CP-MAS 谱图需要深入的谱图解析技能、化学知识以及对固体材料性质和结构的理解。

图 8-1-11 为 Silicalite-1 分子筛中四丙基铵阳离子的 ^{13}C CP-MAS NMR 谱图。位于 62.8、16.4 与 13.3~8.3 处的峰分别归属于与 N 连接的亚甲基、亚甲基与甲基上的碳。其中，甲基碳由于受到 MFI 分子筛中两种不同孔道的影响，而出现了峰的裂分。

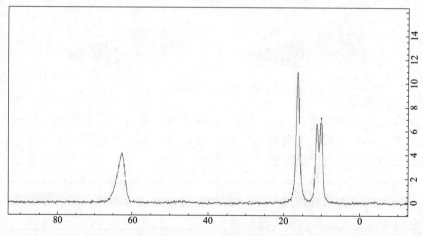

图 8-1-11　Silicalite-1 分子筛中四丙基铵阳离子的 ^{13}C CP-MAS NMR 谱图

（四）1D 脉冲序列——CP90

CP90 脉冲序列用于 t1 弛豫时间很长（如 ^{29}Si、^{31}P 等）或灵敏度很低（如 ^{15}N）的杂核的 90°脉宽测定（图 8-1-12）。

脉冲序列在 CP 的锁场脉冲之后在 X 通道增加一个 90°脉冲。

固定 X 通道 90°脉冲的激发功率（plw11），改变其对应的脉宽值 p1，即可得到信号强度随扳转角度呈余玄曲线变化的谱图，通过两个零点的脉宽值之差除以 2 即可得到对应的 90°脉宽值。

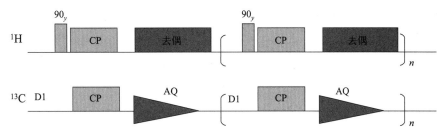

图 8-1-12 CP90 脉冲序列示意图

（五）2D 脉冲序列——double quantum-single quantum（DQSQ）

在核磁共振谱学中，DQ-SQ 谱图是一种特殊类型的多维核磁共振谱图。这种谱图能够提供有关分子内部的相互作用、化学环境和分子结构的信息。DQ-SQ 谱图是通过对样品中的核磁共振信号进行双量子和单量子相互作用的观测而得出的。它提供了分子内部磁偶极偶合的信息，这种偶合通常出现在分子内部自旋系统之间，例如分子内部的自旋相互作用、空间位置和分子构象等。当谈到 DQ-SQ 谱图时，可以考虑以下几个方面：

（1）双量子和单量子共振：DQ-SQ 谱图涉及双量子和单量子过程。在核磁共振中，单量子过程是核自旋从一个能级跃迁到另一个能级，而双量子过程涉及两个核自旋同时发生能级跃迁。这两种过程可以提供不同的信息，有助于研究核自旋之间的相互作用。

（2）自旋偶合和距离信息：分子中的核自旋之间的偶合信息可以通过 DQ-SQ 谱图得到展现。这种偶合通常与核之间的相互作用、空间位置和分子结构相关。通过谱图中峰的位置、强度和形状，可以推断出不同自旋之间的相对距离和它们之间的相互作用类型（比如标量偶合常数等）。

（3）分子构象和动态行为：分子的构象和动态行为对谱图的形状和特征也会产生影响。例如，当分子存在构象变化或动态运动时，谱图可能会显示出不同的峰、峰的分裂或强度变化。这可以帮助研究者了解分子内部结构的动态性质。

（4）深入谱图分析：解释 DQ-SQ 谱图需要深入的谱学知识和实验技术。这需要考虑自旋系统之间的相互作用、化学环境、样品制备和实验条件等因素。通常需要进行谱峰归属和与理论模拟相结合的分析方法，以确定谱图中各峰的来源和含义。

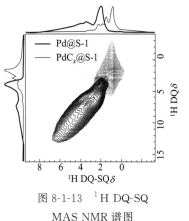

图 8-1-13 所示为 PdC$_x$@S-1 与 Pd@S-1 两个样品的 ^{1}H DQ-SQ MAS NMR 谱图。相对于 Pd@S-1，在 PdC$_x$@S-1 中观察不到 3.0~7.0 范围内的相关信号，这

图 8-1-13 ^{1}H DQ-SQ MAS NMR 谱图

一范围的信号通常与硅羟基巢（silanol nests）相关联。这表明 PdC$_x$@S-1 样品中 Si—OH 基团的数量较 Pd@S-1 样品要更少，样品中氢键相互作用更弱。

（六）2D 脉冲序列——heteronuclear correlation（HETCOR）

HETCOR MAS NMR 谱图是固体核磁共振谱学中的一种重要谱图类型，用于研究不同核之间的相互作用，尤其是在含有不同核类型的固体样品中。以下是分析固体核磁中 HET-

COR MAS NMR 谱图的一般步骤。

1. 观察谱图特征

谱图的纵轴通常表示质子（^1H）的化学位移，横轴表示另一种核（如^{13}C、^{15}N等）的化学位移。观察并记录交叉峰（cross-peaks）的位置和强度。

2. 解释交叉峰

交叉峰代表不同核之间的相互作用，例如质子和^{13}C之间的相互关系。对于HETCOR MAS NMR 谱图，这些交叉峰可以提供有关分子中不同核之间距离和关联的信息。

3. 分析化学环境

根据交叉峰的位置和强度，尝试将其归属给特定的化学环境或化学键。比较交叉峰的化学位移与已知化合物或文献报道的化学位移，可以推断峰所代表的官能团或基团。

4. 关联强度分析

通过比较交叉峰的强度或面积来评估不同核之间的关联程度。较强的交叉峰可能暗示更近距离的核之间的相互作用或者较强的偶极偶合。

5. 化学结构信息

HETCOR MAS NMR 谱图提供了关于样品中化学键和官能团之间的关联信息。根据交叉峰的特征，可以推断出样品中的特定官能团、键合模式或化学环境。

6. 结合其他技术

将 HETCOR MAS NMR 谱图的信息与其他实验技术结合使用，比如 X 射线衍射、红外光谱、化学分析等，有助于更全面地理解样品的化学组成和结构特征。

7. 峰形状和线宽分析

分析谱峰的形状和线宽，这些信息有助于理解样品的晶体结构、动态性质以及谱图信号的特性。较宽的峰可能指示样品中的异质性或不均匀性。

图 8-1-14 所示的是 PdC_x@S-1 和 Pd@S-1 的 2D ^1H-^{29}Si HETCOR 谱图，利用^1H和^{29}Si核之间的偶极相互作用，进一步阐明了 PdC_x@S-1 和 Pd@S-1 中不同结构片段之间的空间关联。PdC_x@S-1 的谱图显示出 Q^4 硅原子与形成氢键的 Si—OH 基团之间的显著相关性[图 8-1-14(a)]。而 Pd@S-1 样品的谱图显示了与框架 Q^3 位点以及邻近 Si—OH 基团的强相关性，从而表明了它们之间的空间近距离关系[图 8-1-14(b)]。

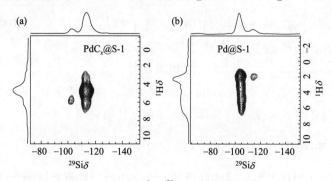

图 8-1-14　2D ^1H-^{29}Si HETCOR 谱图

> 规范测试小贴士

固体核磁光谱测试时数据的收集与处理是一项复杂的任务，在实践中需要特别注意以下几个方面，避免引起测试结果不准确或学术诚信问题。

（1）数据选择性：在使用NMR谱图进行问题分析时不得选择性展示对研究结论更有利的谱图，而忽略其他谱图。

（2）过度修饰：固体核磁信号处理可能需要对基线进行校正、去噪以及其他增强信号可读性的措施。当这些操作超越了合理调整的范畴而变成了过度美化图像，会掩盖样品的实际特性或实验条件的不足，可能会引起数据造假。另外，对谱图的任何改动，从扣除背景噪声到峰的归一化，都应在研究方法部分明确记录。

（3）误导性数据解释：对于所获得的核磁数据，提出的解释需基于坚实的实验依据和科学推理。如果研究者故意基于错误或不完整的数据提出结论，以获得预期的研究结果，这种行为将违背学术诚信原则。

参考文献

[1] 于吉红，闫文付. 纳米孔材料化学［M］. 北京：科学出版社，2016.

[2] 辛勤，罗孟飞，徐杰盛. 现代催化研究方法新编［M］. 北京：科学出版社，2018.

[3] Bai R S, He G Y, Li L, et al. Encapsulation of palladium carbide subnanometric species in zeolite boosts highly selective semihydrogenation of alkynes［J］. Angew. Chem. Int. Ed.，2023，62，e202313101.

[4] Gordon C, Engler H, Tragl A S, et al. Efficient epoxidation over dinuclear sites in titanium silicalite-1［J］. Nature，2020，708-713.

[5] Wang W Y, Xu J, Deng F. Recent advances in solid-state NMR of zeolite catalysts［J］. Natl. Sci. Rev. 2022，9，nwac155.

[6] Wang X M, Qi G D, Xu J, et al. NMR-spectroscopic evidence of intermediate-dependent pathways for acetic acid formation from methane and carbon monoxide over a ZnZSM-5 zeolite catalyst［J］. Angew. Chem. Int. Ed.，2012，51，3850-3853.

[7] 布鲁克核磁培训部. 固体核磁共振波谱仪教材，2020.

第二节 电子顺磁共振波谱分析

电子顺磁共振（electron paramagnetic resonance，EPR），也被称为电子自旋共振（electron spin resonance，ESR），是一项用于检测含有未配对电子物质（如自由基、顺磁性过渡金属离子）的磁共振技术。这项技术已经被广泛地应用到许多科学领域包括化学、材料学、物理、生物、医学和食品科学等。

一、基础知识概述

（一）基本原理

电子顺磁共振是一种磁共振技术，它与核磁共振（NMR）非常相似。但是，该技术测量的不是样品中的核跃迁，而是检测未成对电子在外加磁场中的跃迁过程，这是因为电子和质子一样有"自旋"且拥有"磁矩"属性。在磁场中，电子自旋形成的磁矩导致电子形成类似磁棒的排布，并使未成对电子能级分裂成两个能量不同的能级。此时，我们可以对其进行测量，允许跃迁必须满足 $\Delta M_S = \pm 1$，$\Delta M_I = 0$。电子自旋磁矩与磁场的相互作用、电子自旋能级分裂、吸收谱和EPR谱见图8-2-1。

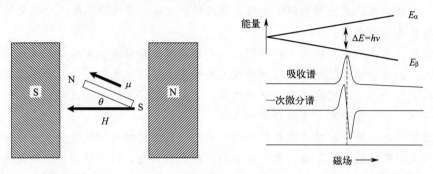

图 8-2-1　电子自旋磁矩 μ 和磁场 H 的相互作用、电子自旋能级的分裂、吸收谱及EPR谱

根据经典电磁学，电子自旋形成的磁体磁矩与磁场间的相互作用关系为：

$$E = -\boldsymbol{\mu}H = -\mu H \cos\theta \tag{8-2-1}$$

据此，我们可以利用固定频率的微波（电磁波）来激发部分处于低能量能级的电子，使其跃迁到高能量能级。为了提高跃迁的发生概率，保持外部磁场在特定的准确强度，从而使得低能级和高能级之间的能量差完全匹配微波频率。常用频率见表8-2-1。

表 8-2-1　EPR谱仪常用频率

波段	微波频率/GHz	波长/mm	样品管直径/mm	磁场($g=2.0$)/G
X	~9.8	30	4	3497
Q	~35	8.6	2	12500
W	~94	3	0.9	33542

如果磁场强度和微波频率达到"完全匹配"状态，即满足下式时，则可产生EPR共振（或吸收）。

$$h\nu = g\beta H \tag{8-2-2}$$

式中，h 为普朗克常数；ν 为微波频率；β 为玻尔磁子；H 为磁场强度；g 是一个无量纲的因子，称为 g 因子。值得一提的是，g 因子是一个共振吸收的特征值，同种结构的顺磁性物质表现出相同的数值，因此 g 因子又被称为顺磁物质的指纹，所处配体场（或晶体场）对自旋-轨道偶合作用会影响其大小。大部分凝聚态材料、无机材料和有机自由基的 g 值为 2.003 ± 0.004。

（二）研究对象

EPR的研究对象是含有单电子的物质，主要包括自由基、缺陷、含单电子的过渡金属和稀土离子、晶体中的缺陷等。其中，自由基包括简单自由基、双基或多基。例如：二苯基苦基肼基（DPPH）为单基（图8-2-2）；双基中则含有两个自由基，不过由于这两个自由基相隔较远，其相互作用小，与单自由基类似；在三线态分子中也含有2个单电子，不过这两个电子的距离很近，相互作用很强。

图 8-2-2　DPPH自由基

二、仪器结构与工作原理

（一）仪器工作原理

EPR 谱仪分为连续波和脉冲波两大类。所谓连续波，是指在检测样品的过程中，微波不间断地作用在样品上；与此相对应，脉冲波是指微波辐射是非连续的，检测时微波未作用于样品。本节主要介绍连续波 EPR 谱仪。使用连续波 EPR 谱仪采集谱图时，将样品暴露于固定频率微波辐射当中，同时改变外部磁场，这种模式是 EPR 谱仪常见的工作模式，即扫场模式。目前最常见的 X 波段连续波谱仪将微波频率固定在 9～10GHz，通过扫描外部磁场来实现共振。微波经波导管传导至谐振腔，当微波频率 ν 和磁场强度 H 满足共振条件时，放置在谐振腔中的样品发生共振而吸收能量。原始的微波吸收信号通过调制系统转化为一次微分信号，也就是最终计算机上呈现的 EPR 谱图。

（二）仪器结构

EPR 谱仪主要由磁场系统、微波系统、谐振腔、调制系统、检测系统、数据处理系统等构成。如图 8-2-3 所示。

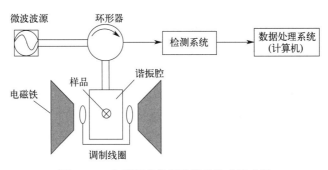

图 8-2-3 电子顺磁共振谱仪的构成示意图

1. 磁场系统

磁场系统用于提供稳定均匀且可以线性变化的磁场，后者用来诱导塞曼分裂。目前，常用的磁体包括四种：永磁体、电磁体、超导磁体和脉冲磁场。永磁体是指能够长期保持稳定磁性的磁体，常用于成像技术或扫频 EPR。最常用的磁体是电磁铁，通过调整通过线圈的电流强度可以实现测试区域的磁场强度的控制。为了避免温度变化对磁体的影响，通常采用恒温循环冷却水维持磁体温度恒定。

2. 微波系统

微波波源（又称微波桥）产生顺磁共振谱仪所需的激发能量，微波系统主要由微波发生器、定向偶合器、前置放大器、衰减器等电子器件组成，可实现微波的调谐、增益放大及衰减等控制。

3. 谐振腔

谐振腔也叫样品腔，是放置样品的地方。为了得到最强的信号，样品的中心须与谐振腔中心重合。

4. 调制系统

在谐振腔的两侧放置一对亥姆赫兹线圈从而产生调制频率为 100kHz 的射频场。原始的微波吸收信号通过调制系统转化为一次微分信号。

5. 检测系统

连续波谱仪最常用的探测器是肖特基二极管,其易被静电冲击损坏。

三、 EPR 谱仪测试操作规程

(一)样品制备和注意事项

EPR 谱仪可以检测不同物理状态的样品,包括:溶液(各向同性),冷冻样品(各向异性),粉末固体或黏稠液体(各向异性),单晶(各向异性)。

由于 EPR 具有极高的检测灵敏度,在制样及测试时,需要注意以下几点:

(1) 排除来自溶剂、原料、顺磁管(特别是紫外线等高能射线辐照后)及其沾染的痕量顺磁性污染物质(高放大倍数测量时)等的影响。

(2) 样品中不得含有金属单质。

(3) 样品浓度一般控制在 1mmol/L 以下。

(4) 水溶液样品低温冷冻时,体积膨胀,可能导致样品管炸裂。要使溶液从底部逐渐冷却,然后再转移到液氮中(77K)中保存,再检测,不得用测试用杜瓦直接冷却。

(5) 高浓度的顺磁中心可能存在自旋偶合作用,导致自旋信号消失,需要高度稀释或低温。

(6) 样品本身若有磁性,还需要注意其对谱仪和信号的影响。

(7) 可以吸收微波的溶剂,需要使用毛细管或扁平池测量。

(8) 磁场范围。任何一个样品,首先要做全场扫描,即宽谱,如 0～800mT(1mT=10G);第二条谱才开始限定磁场范围,为了获得准确的 g 值,磁场范围尽可能窄,同时还要优化其他参数。

(9) 待测样品的自旋浓度确定。一般选择与待测样品相似的标准样,将其配成一系列标准浓度。例如:对于自由基溶液样品,可用 DPPH、TEMPO 等在 10～100μmol/L 浓度范围内配制成几个准确浓度。在这个浓度范围内,信号强度与浓度成正比,先测试标准样品,取信号的积分,绘制工作曲线。再测待测样并做积分,在标准曲线上找到待测样信号所对应的浓度。

(10) 对于螯合剂和某些生物大分子,它们有可能淬灭一些金属离子的 EPR 信号,如 ETDA 可以直接淬灭 Mn^{2+} 的 EPR 信号。

(二)仪器操作规程

以日本电子 JES-FA200 型谱仪为例。

JES-FA200 型谱仪,其磁场控制范围:10mT～1.37T;最大微波功率:200mW;微波频率范围:8.75～9.65GHz;检测限:$7×10^9$ 个电子/0.1mT;检测温度:室温或 77K。粉末样品,可填充样品管 1cm 左右,液体样品需使用毛细管。

1. 准备工作

(1) 熟悉仪器的各部结构作用和操作方法。

(2) 将适量的待测样品放入顺磁管内,用封口膜封住管口,并将顺磁管外壁擦拭干净。

2. 开机

(1) 打开循环制冷机组电源，检查制冷机组的运行情况。

(2) 打开主机电源，确保电压正常（110V）。

(3) 打开谱仪控制电脑开关。

(4) 打开计算机，根据测试要求不同，输入相应的用户名和密码。

(5) 检查"WATER""GUNN""MAGNET POWER"三项运行情况。

(6) 预热30min，待仪器稳定后，开始测试。

3. 样品分析和数据采集

(1) 进入工作界面。

(2) 将样品管固定在样品托上，调整样品管高度，再次擦拭样品管外壁。垂直移动到谐振腔正上方，将样品管下端小心插入谐振腔中。

(3) 点击"Q-DIP"，输入工作功率（1mW），按回车，选择"AUTOTUNE"，调试仪器。

(4) "AUTOTUNE"完成后，点击"AFC"至开启状态，再根据测试要求编辑所有参数，开始采集数据。

4. 停止采集

(1) 待采样结束后，将工作功率改为零，并按回车。

(2) 如需中途停止测试，可点击"STOP"，然后按正常停止操作。

(3) 取样品管或换样时，需调节微波功率为零，按回车，并再次确定工作功率为零后，方可取放样品管。

5. 数据处理

(1) 待采样结束后，进入数据处理程序。

(2) 对所得结果进行分析，并将数据转存为文本文件保存。

6. 关机次序

(1) 盖好谐振腔。

(2) 退出工作系统并关闭计算机。

(3) 关闭谱仪。

(4) 关闭主机电源。

(5) 关闭循环制冷机组电源。

（三）优化测试参数

为了获得准确的EPR信号，需要对调制幅度、调制频率及微波功率等进行调节，以获得最佳的信噪比和准确的g值。各个仪器参数的影响如下：

(1) 调制幅度：调制幅度越小，谱线的分辨率越高，但信号会变弱。通过减小调制幅度，可以分辨相互叠加的多种信号。

(2) 微波功率：依具体情况而定，需要防止在功率饱和的情况下测试。信号的微波功率饱和曲线也可以用来分辨相互叠加的两种或两种以上的信号。

(3) 扫描时间及扫描次数与信噪比的关系：扫描时间t的影响为$S/N \propto \sqrt{t}$，即信噪比增加一倍，扫描时间需要增至 4 倍。扫描次数的影响：信号 S 和噪音 N 与扫描次数 n 的关系为 $S \propto n$ 且 $N \propto \sqrt{n}$，即信噪比 $S/N \propto \sqrt{n}$，若要将信噪比提高一倍，则需要扫描次数增至 4 倍。

（4）时间常数 Tc：用来压制噪声，信噪比 S/N 与 $\sqrt{Tc}$ 成正比，但设置过大会导致信号失真、畸变，需要注意判断。

四、数据处理

（一）数据导出

针对 FA-200 EPR 谱仪所得数据，首先，将原始数据复制，记录"data length""x-range min""x-range""micro frequency"。再将数据前部的实验参数部分去掉，后面查找 d，去掉 d 以后的所有数值，保存。然后打开 Origin 软件，将数据导入 Origin，插入一列 X，右键"filled column with"→"row numbers"，然后"set column values"，输入公式："(col(X)－1)×x-range/(data length-1)＋x-range min"。

（二）g 值计算

g 值计算公式为：$g = h\nu / H\beta$，其中 $h = 6.6262 \times 10^{-34}$，$\beta = 9.2741 \times 10^{-28}$，$\nu =$ "micro frequency" $\times 10^6$，"micro frequency" 可以从 EPR 数据表格里找到，$H =$ 磁场强度（横坐标，单位是 mT）×10。为了确保 g 值计算的准确性，每半年需要标定谱仪一次，即考察标准样品的 g 值是否变化。

（三）超精细偶合解析

未成对的电子除了受自身轨道运动的影响，还受到邻近原子核磁矩的影响，使得电子顺磁共振谱线发生分裂，这种现象称为超精细偶合。超精细偶合常数（hyperfine coupling constant）是指相邻谱线的间距，又称为 A 值。在溶液体系里，测量得到的谱线两两间距往往是相等的，称为各向同性超精细偶合常数 A_{iso}。核自旋量子数分为三种情况：质量数和原子序数均为奇数，I 为半整数，如对于 ^{1}H、^{19}F，$I=1/2$，对于 ^{23}Na，$I=3/2$；质量数为偶数，原子序数为奇数，I 为整数，如对于 ^{14}N，$I=1$；质量数与原子序数均为偶数，如对于 ^{12}C 等，$I=0$。$I=0$，称为非磁性核，$I \neq 0$，称为磁性核，因为存在超精细相互作用，EPR 谱线出现分裂。

当未成对电子同时受到几个相同磁性核作用时，谱线分裂数目为 $2nI+1$，其强度符合二项式展开（杨辉三角），n 为磁性核的数目，I 为该磁性核的核自旋量子数。以含有 n 个 $I=1/2$ 核为例，其谱线数目和强度规律如表 8-2-2 所示。

表 8-2-2　EPR 谱线数目及相对强度（以含有 n 个 $I=1/2$ 核为例）

等价原子数(n)	谱线数目($2nI+1$)	EPR 谱线的相对强度
1	2	1∶1
2	3	1∶2∶1
3	4	1∶3∶3∶1
4	5	1∶4∶6∶4∶1
5	6	1∶5∶10∶10∶5∶1

对于 ^{67}Zn（$I=5/2$），谱图中会出现几条超精细谱线呢？根据 $2nI+1$，$2\times 1\times 5/2+1=6$，应该有 6 条。同理，对于 ^{73}Ge（$I=9/2$），其应该出现 10 条超精细谱线。对于甲基自由基，自由电子受到 3 个磁性氢核的作用，产生超精细偶合，会出现 4 个谱峰，比例符合 1∶3∶3∶1。

五、应用实例解析

（一）常见自由基的室温谱图

1. DPPH 自由基

DPPH 是人工合成的稳定自由基，常用作校正 EPR 谱仪磁场的标准品。其分子结构如图 8-2-2 所示，三个苯环的共轭作用和空间位阻使得中心 N 原子上的单电子稳定。称取一定量的 DPPH 暗紫色固体粉末，加入一定量的无水甲醇配制成为 0.5mmol/L 的 DPPH 溶液。用移液枪移取 40μL 该溶液并装入两端开口的 1.5mm 内径玻璃毛细管中，管口采用黏土封堵。将制备好的样品管置于 EPR 谱仪中检测。仪器参数设置如下：调制幅度=0.6G；调制频率=100kHz；磁场扫描宽度=100G；微波功率=2.3mW；时间常数=164ms；扫描次数=1。DPPH 自由基的谱图如图 8-2-4 所示，分子中的游离电子同时受到 2 个相同 ^{14}N 核（$I=1$）作用，因此谱线分裂数为 $2nI+1=2\times 2\times 1+1=5$，比例为 1∶2∶3∶2∶1。

2. TEMPO 自由基

TEMPO（2, 2, 6, 6-四甲基哌啶氧化物），橙色晶体或粉末，是一种哌啶类的氮氧自由基。TEMPO 自由基有一系列衍生物，如 4-COOH-TEMPO、4-NH$_2$-TEMPO 和 4-OH-TEMPO，它们都是典型的氮氧自由基。图 8-2-5 为 TEMPO 自由基及其系列衍生物的分子结构示意图。

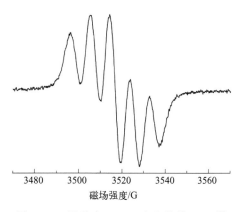

图 8-2-4 甲醇中 DPPH 自由基的 EPR 谱

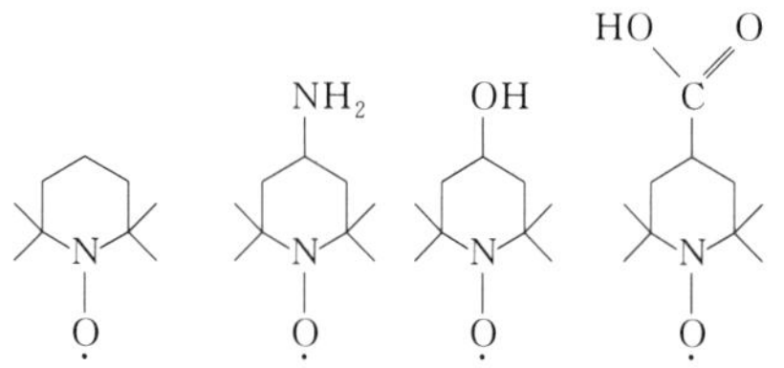

图 8-2-5 TEMPO 自由基及其系列衍生物的分子结构

准确称取 2mg 4-COOH-TEMPO 固体放于烧杯中，加入一定量的水溶解配制成为 1.0mmol/L 的 4-COOH-TEMPO 溶液，放入 4℃ 冰箱避光保存。移取 15μL 样品装入 0.8mm 内径玻璃毛细管。仪器参数设置如下：调制幅度=0.3G；调制频率=100kHz；磁场扫描宽度=50G；微波功率=2mW；时间常数=82ms；扫描次数=1。TEMPO 自由基的 EPR 谱图如图 8-2-6 所示，室温下分子运动快，谱图中含有三条相对强度接近 1∶1∶1 的谱线，呈现出各向同性的特点。氮氧自由基上的单电子仅受到1个^{14}N核（$I=1$）作用，谱线的分裂数为$2I+1=2×1+1=3$，比例为1:1:1。三条谱线是由氮原子的超精细偶合引起的，峰与峰之间的距离为17.1G，即为氮原子的超精细偶合常数（A_{iso}）。

3. ABTS·+ 自由基

ABTS[2,2′-联氮-二(3-乙基-苯并噻唑-6-磺酸)二铵盐]在氧化剂如H_2O_2或$K_2S_2O_8$作用下生成蓝绿色ABTS·+自由基，具有稳定的EPR信号。ABTS·+阳离子自由基的分子结构如图8-2-7所示。在pH7.2的中性条件下，混合H_2O_2溶液和ABTS溶液，再加

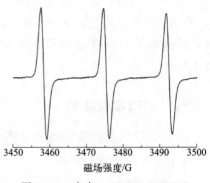

图 8-2-6 水中 4-COOH-TEMPO 自由基的 EPR 谱

入一定量的辣根过氧化物酶加速ABTS的氧化，室温下反应10min。采集该混合物的EPR谱图即为ABTS·+自由基的EPR谱图（图8-2-8）。样品管采用0.8mm内径的玻璃毛细管。仪器参数设置如下：调制幅度=3G；调制频率=100kHz；磁场扫描宽度=100G；微波功率=2.3mW；时间常数=164ms；扫描次数=1。

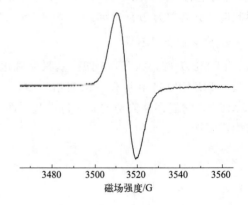

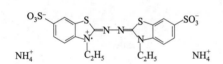

图 8-2-7 ABTS·+ 自由基的分子结构

图 8-2-8 水中 ABTS·+ 自由基的 EPR 谱

（二）常见过渡金属离子的室温谱图

1. 二价铜离子（Cu^{2+}）

过渡金属元素铜（Cu）的常见顺磁性离子价态为二价。Cu^{2+}的外层电子排布为$3d^9$，有一个未配对电子，因此具有顺磁性。在离心管中混合200μL $CuCl_2$溶液和100μL铜试剂（二乙基二硫代氨基甲酸钠，DDC），DDC试剂与Cu^{2+}形成Cu^{2+}-DDC复合物，该复合物在水中易沉淀析出，但在正丁醇溶剂中溶解度好，显黄色，加入600μL正丁醇，振荡混匀后离心，取上层有机相采集谱图（图8-2-9）。样品管采用1.5mm内径的玻璃毛细管。仪器参数

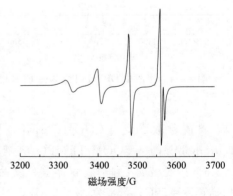

图 8-2-9 正丁醇中 Cu^{2+}-DDC 的 EPR 谱

设置如下：调制幅度＝4G；调制频率＝100kHz；磁场扫描宽度＝500G；微波功率＝2.3mW；时间常数＝164ms；扫描次数＝1。^{63}Cu和^{65}Cu的核自旋均为3/2，因此谱图中含有$2I+1=2\times3/2+1=4$条超精细谱线，其中第四条谱线存在裂峰，这可能是由于$CuCl_2$中存在铜的两种同位素（Cu^{65}和Cu^{63}）。

2. 二价锰离子（Mn^{2+}）

过渡金属元素锰（Mn）最常见的顺磁性离子价态为二价。Mn^{2+}的外层电子排布为$3d^5$，存在未配对电子，具有顺磁性。取15μL溶于1% HNO_3的1mg/mL锰标准溶液置于0.8mm内径玻璃毛细管中检测。仪器参数设置如下：调制幅度＝5G；调制频率＝100kHz；磁场扫描宽度＝670G；微波功率＝6.3mW；扫描次数＝1。水中Mn^{2+}的EPR谱图如图8-2-10所示，^{55}Mn的核自旋为5/2，因此呈现出$2I+1=2\times5/2+1=6$条超精细谱线。

3. 一价锌离子（Zn^+）

过渡金属元素锌（Zn）的一价态Zn^+的外层电子排布为$4s^1$，存在一个未配对电子，具有顺磁性。^{67}Zn的核自旋为5/2，因此谱图呈现出$2I+1=2\times5/2+1=6$条超精细谱线。$^{67}Zn^+$的EPR谱图如图8-2-11所示。

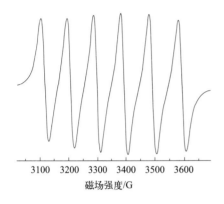

图8-2-10 水中Mn^{2+}标液的EPR谱

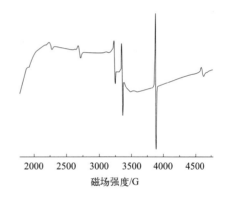

图8-2-11 $^{67}Zn^+$的EPR谱

（三）TEMPO自由基的低温谱图

在室温下，TEMPO自由基谱图（图8-2-6）表现出各向同性的特点，呈现三个相对强度接近1∶1∶1的谱线。然而在低温下，尤其是当温度低于溶液凝固点时，分子运动减慢且呈现出各向异性的特点，使得谱图接近固态样品的谱图。可以观察到室温下谱线窄而高，而低温下谱线明显加宽变矮。

低温下TEMPO自由基的EPR谱图如图8-2-12所示。样品中TEMPO自由基的浓度为0.55mmol/L，且溶液中含有65%的蔗糖从而进一步减缓分子运动，采集温度为$-70℃$。仪器参数设置如下：调制幅度＝1G；调制频率＝100kHz；磁场扫描宽度＝140G；微波功率＝0.126mW；时间常数＝164ms；扫描次数＝12。

g张量和超精细偶合A张量都具有各向异性，表示为：g_{xx}、g_{yy}、g_{zz}、A_{xx}、A_{yy}、A_{zz}。对于轴对称的晶体，g张量表现为轴对称方向的$g_{//}$和垂直于对称轴的$g_{\perp}$，对于对称性低的晶体，则三个方向的g值均不等，A张量亦是如此。对于黏度低的溶液样品，例如室温下水溶液中 TEMPO 分子无规则快速翻转，从谱图中只能读出 g 和 A 值的平均值，即 g_{iso} 和 A_{iso}。然而当溶液在低温下凝固限制 TEMPO 分子翻转时，从谱图中可以得到 g 张量和 A 张量各向异性的数值，其中 g_{xx}、g_{yy} 和 g_{zz} 以及 A_{xx} 和 A_{yy} 这两组数值由于彼此接近，难以直接通过图 8-2-12 读出，只有通过进一步的软件拟合才能得到具体数值，而 A_{zz} 则可以通过谱图直接读出。

（四）自旋捕捉

活性氧（reactive oxygen species，ROS）是一个集合术语，特指氧在不完全还原后形成的化学物质，包括超氧自由基（$O_2^{·-}$）、羟基自由基（$OH^·$）和非自由基形式的氧化剂如过氧化氢（H_2O_2）、单线态氧（$^1O_2$）等。这些 ROS 分子均具有高反应活性，半衰期十分短暂，因此各类 ROS 分子很难被直接测量。对于短寿命的 ROS，可以采用自旋捕获（spin trapping）的方法，将自旋捕捉剂加入样品中，与 ROS 形成加合物，该加合物具有较长的半衰期，可以在一定的时间内保持稳定并被 EPR 谱仪检测。5,5-二甲基-1-吡咯啉-N-氧化物（DMPO）是一种最常用的环硝基酮类自旋捕捉剂，

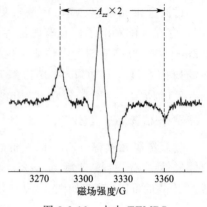

图 8-2-12　水中 TEMPO 自由基的低温 EPR 谱

它与 $O_2^{·-}$ 和 $OH^·$ 反应形成 DMPO-OO$^·$ 和 DMPO-OH$^·$ 加合物，每种加合物的 EPR 谱线都有其独特的超精细结构。

> **规范测试小贴士**
>
> 在使用电子顺磁共振波谱分析样品时，应注意以下两点：
> （1）解析谱线多或线形复杂的谱图时，尤其是谱图中同时含有两个及以上物种的谱线时，需要根据对被测样品的了解查阅相关文献，必要时还需要采用软件对谱图进行拟合。
> （2）分析谱图时，还需要考虑样品的形态（如固体粉末或溶液）、采集信号时的温度以及分子的运动状态，这些因素都会对谱线的形状和强度产生影响。

参考文献

[1] 裘祖文. 电子自旋共振波谱 [M]. 北京：科学出版社，1980.
[2] 苏吉虎，杜江峰. 电子顺磁共振波谱——原理与应用 [M]. 北京：科学出版社，2022.
[3] 马礼敦. 高等结构分析 [M]. 上海：复旦大学出版社，2002.

第三节　低场核磁共振波谱及成像分析

低场核磁也称为时域核磁，不同于传统高场核磁共振使用液氦冷却的线圈制造高强度磁场，低场核磁共振使用的磁体为永磁体，磁场强度一般在 0.05～0.5T。相较于高场核磁共振来说，低场核磁共振有如下特点：①设备的制作成本、使用和维护成本更低；②样品的普

适性更广,适用于液体和固体样品,无需氘代试剂;③测试时间更短,可用于原位监测动力学反应。低场核磁通过检测分子的弛豫时间分析分子的运动信息或分子与分子间的相互作用,广泛应用于石油勘探、医药材料、食品检测、纺织工业和高分子材料等领域,本节主要介绍低场核磁在化学方面的应用。

一、基础知识概述

自旋量子数不为零的原子核在磁场下产生能级分裂,当外加射频脉冲的频率等于原子核在该磁场下的拉莫尔频率时,射频能量与能级差一致,原子核发生能级跃迁,这个过程被称为核磁共振。低场核磁共振通过检测分子的弛豫时间得到分子的运动信息,核磁共振弛豫时间分为纵向弛豫时间(T_1)和横向弛豫时间(T_2)。原子核在磁场下发生核磁共振后,从撤去外加射频的时刻开始到原子核的磁矢量完全恢复到外加射频之前的状态为止,这一过程叫做弛豫过程。原子核的磁矢量(M_0)在外加磁场作用下保持竖直,当施加90°射频脉冲后,磁矢量偏转至xOy平面,即磁矢量在xOy平面分量达到最大,z方向分量减小为零。当撤掉90°射频脉冲后,磁矢量由xOy平面进动回旋到z方向[如图8-3-1(a)]。从z轴方向看,磁矢量在xOy平面的分量呈螺旋状减小[如图8-3-1(b)],随时间呈现指数衰减,利用式(8-3-1)对其衰减曲线进行拟合得到横向弛豫时间(T_2),即横向分量衰减为M_0的37%所用的时间为T_2[如图8-3-1(c)]。

$$M_{xOy}(t) = M_0 e^{-\frac{t}{T_2}} \tag{8-3-1}$$

同样,利用式(8-3-2)可对磁矢量在z方向的分量进行拟合得到纵向弛豫时间,即纵向分量恢复到M_0的63%所用的时间为T_1[如图8-3-1(c)]。

$$M_z(t) = M_0(1 - e^{-\frac{t}{T_1}}) \tag{8-3-2}$$

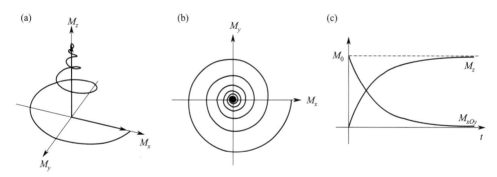

图8-3-1 (a)弛豫过程三维示意图;(b)弛豫过程xOy平面分量示意图;
(c)纵向分量M_z和横向分量M_{xOy}随时间变化示意图。

利用T_2可以判断分子运动能力,T_2与分子的运动能力呈正相关,即分子运动能力越强T_2越大。液体分子比固体分子的T_2大,分子量小或分子尺寸小的分子T_2更大,游离态分子比结合态分子的T_2大。

二、仪器结构与工作原理

低场核磁共振成像仪的基本组成元件包括:磁体单元、温控系统(包括低温模块和高温模块)、射频系统(包括射频单元和梯度单元)和计算机控制系统(如图8-3-2)。低场核磁脉冲常用的测试序列有 FID 序列（free induction decay）、IR 序列（inversion recovery）、CPMG 序列（Carr-Purcell-Meiboom-Gill）等，用于检测 T_1 或 T_2 谱。低场核磁共振也可检测二维谱，例如用 IR-CPMG 序列可检测 T_1-T_2 二维谱。

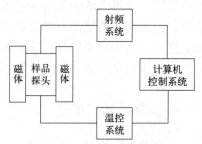

图 8-3-2　低场核磁共振成像仪的基本组成元件示意图

交联密度、湿法测比表面积、孔径分布及核磁成像的测试原理都是基于低场核磁对样品 T_2 的检测，通过弛豫过程中拟合高分子链的 T_2 或溶剂分子的 T_2 计算得到样品的交联密度、比表面积等。

（一）交联密度测试原理

交联密度通常用相邻两个交联点之间链段的平均分子量 M_c 表示，交联度越高，M_c 越小。根据 Gotlieb-Fedotov-Schneider 建立的模型，将高分子链交联后的链段分为三个部分：交联部分、悬链尾部分和自由链部分。由于各个部分链段的运动能力不同，交联部分、悬链尾部分和自由链部分运动能力依次增加，故可用双指数衰减拟合（XLD 模型）或三指数衰减拟合（XLD2 模型），具体公式如下。

XLD 模型的数学公式为：

$$M(t)=A\exp\left(-\frac{t}{T_2}-0.5qM_{rl}t^2\right)+B\exp\left(-\frac{t}{T'_2}\right)+A_0 \tag{8-3-3}$$

式中，第一项代表交联部分；A 为交联部分的信号占比；T_2 为交联部分链段的弛豫时间；q 为交联链段的各向异性率，可以用于计算 M_c；M_{rl} 为样品在玻璃态温度以下的残余偶极矩。第二项代表悬链尾部分；B 为悬链尾部分的信号占比；T'_2 为该部分链段的弛豫时间；A_0 没有物理意义，用于直流分量补偿。

由于橡胶中会存在少许自由链，所以 XLD2 模型增加了 C 项（自由链部分），具体公式如下：

$$M(t)=A\exp\left(-\frac{t}{T_2}-0.5qM_{rl}t^2\right)+B\exp\left(-\frac{t}{T'_2}\right)+C\exp\left(-\frac{t}{T''_2}\right)+A_0 \tag{8-3-4}$$

式中，前两项中的参数与 XLD 模型中的参数一致；C 为自由链部分的信号占比；T''_2 为自由链的弛豫时间。XLD 和 XLD2 模型适用于天然橡胶，得到的各向异性率 q 用于计算交联链段的平均分子质量 M_c，公式如下：

$$M_c=\frac{3C_\infty M_{ru}}{5N\sqrt{q}} \tag{8-3-5}$$

式中，N 为一个重复单元内的主链键数；C_∞ 为一个 kuhn 链段内的主键数量；M_{ru} 为重复单元的摩尔质量。

对于乙丙橡胶推荐使用式(8-3-6)双指数衰减拟合（XLD3 模型）和式(8-3-7)三指数衰减拟合（XLD4 模型），公式分别如下：

$$M(t)=A\exp\left(-\frac{t}{T_{2A}}\right)+B\exp\left(-\frac{t}{T_{2B}}\right)+A_0 \tag{8-3-6}$$

$$M(t)=A\exp\left(-\frac{t}{T_{2A}}\right)+B\exp\left(-\frac{t}{T_{2B}}\right)+C\exp\left(-\frac{t}{T_{2C}}\right)+A_0 \tag{8-3-7}$$

式中，A 项代表交联部分；B 项代表悬链尾部分；C 代表自由链部分。拟合得到的各部分链段的弛豫时间经过式(8-3-8) 和式(8-3-9) 计算得到 T_2^{pl}：

$$\frac{1}{T_2^{\mathrm{pl}}} = \sum_{i=A,B,C} \frac{f_i}{T_{2i}} \tag{8-3-8}$$

$$f_i = \frac{i}{A+B+C}(i=A,B,C) \tag{8-3-9}$$

进一步利用如下公式计算 M_c：

$$M_c = \frac{T_2^{\mathrm{pl}}}{aT_2^{\mathrm{rl}}} \cdot \frac{C_\infty M_{\mathrm{ru}}}{N} \tag{8-3-10}$$

式中，N，C_∞ 和 M_{ru} 的含义与式(8-3-5) 一致；a 为主链上两个相邻核自旋的链段轴与核间矢量的角度，为无量纲值（脂肪族主链的 a 接近 6.2）；T_2^{rl} 为刚性极限值，μs。

（二）湿法测比表面积原理

该方法的主要原理是利用溶剂在粒子表面吸附后弛豫时间下降进而计算溶液中悬浮粒子的比表面积，所以该方法要求粒子处于悬浮状态，与溶剂充分接触。溶液中的溶剂分子可分为吸附状态（bound）和自由状态（free），由于两种状态的溶剂分子处于快速交换的状态，测得的横向弛豫时间为二者的平均弛豫率 $R_{2\mathrm{av}}$，与两种溶剂分子的弛豫率关系如下。

$$R_{2\mathrm{av}} = P_{\mathrm{b}} R_{2\mathrm{b}} + P_{\mathrm{f}} R_{2\mathrm{f}} \tag{8-3-11}$$

式中，P_{b} 与 P_{f} 分别为吸附溶剂分子和自由溶剂分子在溶液中的占比（$P_{\mathrm{f}} = 1 - P_{\mathrm{b}}$），$R_{2\mathrm{b}}$ 与 $R_{2\mathrm{f}}$ 分别吸附分子和自由分子的弛豫率（弛豫率为弛豫时间的倒数）。所以，平均弛豫率又可以写为：

$$R_{2\mathrm{av}} = P_{\mathrm{b}} R_{2\mathrm{b}} + (1-P_{\mathrm{b}}) R_{2\mathrm{f}} = P_{\mathrm{b}}(R_{2\mathrm{b}} - R_{2\mathrm{f}}) + R_{2\mathrm{f}}$$
$$= \Psi_{\mathrm{p}} S L \rho_{\mathrm{p}} (R_{2\mathrm{b}} - R_{2\mathrm{f}}) + R_{2\mathrm{f}} \tag{8-3-12}$$

式中，Ψ_{p} 为悬浮粒子占溶液的体积分数；S 为粒子比表面积，m^2/g；L 为吸附溶剂层厚度；ρ_{p} 为粒子密度。定义一个常数，表面弛豫率 $K_{\mathrm{A}} = L\rho_{\mathrm{p}}(R_{2\mathrm{b}} - R_{2\mathrm{f}})$，$K_{\mathrm{A}}$ 与粒子种类和分散溶剂有关。根据式(8-3-12)，粒子的湿式比表面积可表示为：

$$S = (R_{2\mathrm{av}} - R_{2\mathrm{f}})/K_{\mathrm{A}} \Psi_{\mathrm{p}} \tag{8-3-13}$$

使用该方法测粒子的比表面积需要以下参数：纯溶剂的弛豫率、粒子的质量浓度和粒子密度。

（三）孔径分布检测原理

1. 常温测孔径分布

与检测比表面积原理类似，该方法要求孔内充满溶剂分子，如水分子。此时，溶剂分子总弛豫时间与体相弛豫时间（$T_{2\mathrm{B}}$）、表面弛豫时间（$T_{2\mathrm{S}}$）和扩散弛豫时间（$T_{2\mathrm{D}}$）有如下关系：

$$\frac{1}{T_2} = \frac{1}{T_{2\mathrm{B}}} + \frac{1}{T_{2\mathrm{S}}} + \frac{1}{T_{2\mathrm{D}}} = \frac{1}{T_{2\mathrm{B}}} + \frac{\rho_2 A}{V} + \frac{1}{T_{2\mathrm{D}}} \tag{8-3-14}$$

式中，ρ_2 为表面弛豫率；A 为孔的表面积；V 为孔的体积。在快扩散模型下，总弛豫时间仅与 $T_{2\mathrm{S}}$ 相关，公式可被简化为：

$$\frac{1}{T_2} \approx \frac{\rho_2 A}{V} = \rho_2 \frac{F}{r} \tag{8-3-15}$$

式中，F 为形状因子（平面、圆柱和球的 F 分别为 1、2、3）；r 为孔半径。

2. 冷冻法测孔径分布

不同大小孔径内的溶剂分子熔点（T_m）的下降与孔径大小（r）可由吉布斯-托马斯方程联系起来，具体公式如下：

$$\Delta T_m = T_m - T_m(r) = \frac{4\sigma T_m}{r \Delta H_f \rho} \tag{8-3-16}$$

式中，σ 为固液界面表面能；ΔH_f 为溶剂分子的体相熔融焓；ρ 为固体溶剂的密度。式（8-3-16）中与溶剂有关的参数可整合为一个参数 k，式（8-3-16）可简化为：

$$\Delta T_m = T_m - T_m(r) = \frac{k}{r} \tag{8-3-17}$$

对于特定溶剂，参数 k 为常数。k 值越大的溶剂，熔点的变化量越大，越易于核磁检测。通常认为低场核磁信号强度（I）与孔体积成正比，假设材料中的孔为圆柱形且不考虑表面层厚度时，可得到孔径分布与核磁信号强度随温度变化的关系：

$$\frac{dV}{dr} \propto \frac{dI}{dr} = \frac{dI}{dT} \cdot \frac{dT}{dr} = \frac{dI}{dT} \cdot \frac{k}{r^2} \tag{8-3-18}$$

通过对 I-T 曲线微分可得到孔径分布。

（四）低场核磁共振成像原理

基础知识部分讲到过核磁共振的原理是用射频脉冲将样品中的 ^1H 原子核的磁矢量由竖直状态激发到 90°方位上，此时样品内所有原子核磁矢量的相位和频率是一致的，所以无法分辨这些信号的空间位置来源。核磁共振成像则通过添加梯度场对不同空间位置的磁矢量进行选层编码、相位编码和频率编码，线圈接收信号后可以通过编码对信号进行空间定位，最后形成图像。

首先进行选层编码，使用射频脉冲时施加选片梯度场 G_z 可特定激发某个 z 方向高度的原子核产生磁共振，该层中原子核的磁矢量将被激发到 xOy 平面，撤掉脉冲后该平面内磁矢量以相同的相位和频率进动[图 8-3-3（a）]。接下来进行相位编码，对 y 轴方向施加梯度场 G_y，这使 y 轴方向的磁矢量相位发生改变，撤去 G_y 后不同相位的磁矢量得以保留[图 8-3-3（b）]。最后进行频率编码，对 x 方向施加梯度场 G_x，这使 x 轴方向的磁矢量频率发生改变[图 8-3-3（c）]。

经过选层编码、相位编码和频率编码后，每个空间位置的原子核磁矢量都具有不同的相位和频率，通过傅里叶变换后对信号进行空间定位，进而进行核磁共振成像。以上仅为基础的成像原理，实际应用中的脉冲序列更为复杂，需要考虑磁场不均等因素。

三、低场核磁共振成像仪测试操作规程

以苏州纽迈分析仪器股份有限公司的 VTMR20-010V-Ⅰ型低场核磁共振成像仪为例介绍仪器的操作流程，包括开机及校准操作、温控操作、横向弛豫时间和纵向弛豫时间的检测、交联密度的检测、粒子湿式比表面积的检测、氟含量检测、核磁成像。

（一）开机及校准操作

提前 5h 左右打开磁体温控单元（temperature control unit），确保测试前磁体温度稳定

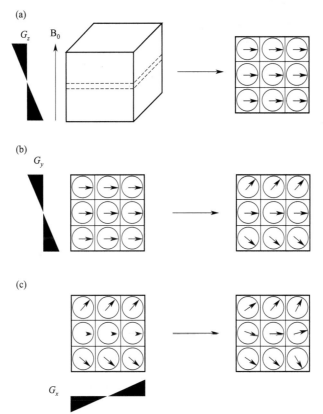

图 8-3-3　(a) 施加梯度场G_z进行选层编码；(b) 施加梯度场G_y进行相位编码；
(c) 施加梯度场G_x进行频率编码

在 35℃。依次打开电脑主机开关（power）、谱仪开关（spectrometer unit）、射频单元开关（radio frequency unit），打开左侧恒温水浴的循环水。

1. 利用标准样品校正中心频率和 90°脉宽

将标样装入核磁管，打开核磁共振分析软件，菜单栏点击数据采集里的参数设置，探头选择"VTMR20-010V-I-Q-10mm"，序列选择"Q-FID"。点击自动中心频率，完成后实部与虚部不再有交叉点。点击 90°脉宽，结束后出现一个波峰和一个波谷，说明脉宽范围合适。

2. 确定待测样品的前放挡位及等待时间

将标准样品取出，放入待测样品，点击单次采样，修改前放挡位使模最大值保持在 1000 左右。等待时间需要大于 5 倍 T_1，使磁矢量衰减完全，模最大值波动在 2%～3%之间即可。

（二）温控操作

本型号设备控温范围为-80～130℃，由于仅有一条气路，该设备仅能进行升温或降温实验，不能实现从低温到高温的连续控温。

1. 升温实验

打开温控柜第三格和第一格的开关，分别显示出环境温度和热电偶温度，按亮第三格中的"AIR ON LN OFF"按钮，将热电偶插入核磁管中，悬于样品上方。点击菜单栏的系统设置、温度控制。若只设定一个温度进行实验，则输入设定温度，点击设定，点击开始控温。若进行温度梯度的实验，则点击设置及功能菜单，点击温度计划。对温度计划进行命名和编辑温度梯度，下方选择测试的序列名称，点击保存计划并返回，回到上一界面后点击开始控温，再点击执行计划即可开始测试。实验完成后可在数据查询中批量反演并导出，关机时需等待温度降到室温后方可关闭温控柜开关。

2. 降温实验

本设备利用液氮降温，将管路与配置的液氮罐相连，依次打开温控柜第三格、第二格、第一格的开关，按亮第三格的"AIR OFF LN ON"按钮。第二格中"Heater Temp"应显示液氮温度，按亮"Running"按钮，调节"Power Meter"的加热功率，可以控制液氮罐中低温氮气进入气路的速度。软件中的操作与升温实验一致，做完实验后需将管路换回。

（三）横向弛豫时间和纵向弛豫时间的检测

1. 横向弛豫时间的检测

序列选择"Q-CPMG"，将校准操作（一）中调节好的前放挡位和等待时间填入。回波时间最小为0.06ms，横坐标的长度等于回波个数乘以回波时间，可根据样品衰减情况自行调整。采样前将样品名称填入右上角重命名中，点击累加采样开始测试。测试完成后点击反演，根据材料组分选择反演方法，多组分反演一般选择"SIRT"方法。

2. 纵向弛豫时间的检测

序列选择"Q-IR"，同样将校准操作（一）中调好的参数填入。修改反转时间个数和等待时间，点击设置反转时间列表，点击自动设置反转时间列表。其余操作与横向弛豫时间测试相同。

（四）交联密度的检测

打开交联密度分析测量软件，进行校准操作（一）中的操作。关闭参数设置窗口，点击测量中的橡胶测量，在橡胶模板中选择橡胶类别，可参考推荐的测量温度进行控温，序列名称选择交联密度，点击手动测量，结束后右下角直接显示当前拟合模型及拟合得出的参数（T_2及对应所占比例）和交联密度（XLD值）。若需要进行梯度温度测量，则点击自动测量，设置梯度升温及等待时间，点击启动控温，所有样品测完后可查看结果。

（五）粒子湿式比表面积的检测

打开颗粒表面特性分析测量软件，先进行校准操作（一）中的操作。关闭参数设置窗口，点击测量中的溶剂，填入任务名称，参数队列选择"Q-CPMG"，点击单样测试，测出溶剂的弛豫时间。关闭溶剂窗口后点击测量中的样品，样品名称填入任务名称，选择溶剂，将样品粒径、粒子质量浓度、溶剂密度和粒子密度填入，点击单样测量可直接得到湿式比表面积。若需要监控比表面积的动力学过程，点击系统设置中的采集计划，设置重复次数、计划间隔等参数后点击执行计划。

（六）氟含量检测

更换"VTMR20-010V-I-F-10mm"探头，打开橡胶氟含量测量软件。点击氟含量测量中的测量，标线选择最近日期，输入样品名称及质量，勾选中心频率校正，点击开始测量即可到氟含量，测三次取平均值。

（七）核磁成像操作

打开射频柜中梯度单元（gradient unit）开关，打开核磁共振成像软件，放入成像标准样品，依次点击下方"Auto O1""Auto Shimming""Auto RF Amplitude""Auto RF Pulse Width"的"Scan"键，依次进行中心频率校正、匀场、射频强度脉宽校正。校准完成后放入待测样品，点击左侧"Prescan"，预扫描结束后点击上侧菜单栏中"Scan setup"，可在"Location"选项中调节成像范围及角度，完成后点击左侧"Scout"。点击"Scan"进行成像，在"Image processing"中可查看成像结果，右键按住上下拖动可调节对比度，点击左侧"Save"进行保存。

四、数据处理及测试结果影响因素分析

（一）数据处理

横向弛豫时间和纵向弛豫时间的原始数据如图 8-3-4(a)、(b)所示，下一步需要利用数学模型对信号进行反演。首先是组分的选择，认为样品中存在几种运动状态的溶剂或高分子链段就选择相应的组分，若想观察各组分的分布情况则选择多组分。多组分中有两种反演方法，"SIRT"方法适用于大多数材料，"BRD"方法适用于多孔材料。原始数据为核磁信号强度随时间的变化，经过反演后得到不同弛豫时间的氢原子核磁信号强度[图 8-3-4(c)、(d)]，弛豫时间的峰面积占总峰面积的比例代表该组分浓度占比。

（二）结果影响因素分析

1. 样品质量对信号强度的影响

如果样品量过少可能会导致前放挡位为 3 时模最大值也不能达到 1000 左右的情况。解决方法如下，可以选择增加模拟增益或增加累加次数，但上述两种方法也会放大噪声的信号。若样品信号小于噪声信号三倍时，最根本的解决方法还是增加样品量。

2. 温度对弛豫时间和信号强度的影响

在不同温度下橡胶、弹性体或塑料高分子链的运动能力会有所区别，如果要区分交联链段和自由链段的弛豫时间，可以测一系列温度下的弛豫时间，找到合适的温度使链段具有一定的运动能力。若只在室温下进行测试，链段运动能力较弱，信号强度较低。

3. 样品参数对比表面积或交联密度的影响

由于仪器直接测得的参数为弛豫时间，所以需要经过经验公式计算得到比表面积或交联密度，这就需要测试人员输入关于样品的各类参数，例如颗粒尺寸、颗粒质量浓度、橡胶或弹性体的高分子物理化学参数等。必须利用其他测试手段或通过高分子手册查询得到真实可靠的样品参数，这样利用低场核磁软件计算的比表面积或交联密度才具有参考价值。

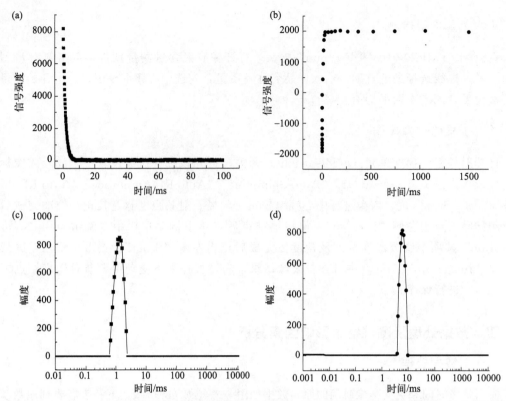

图 8-3-4　（a）CPMG 序列测得的横向弛豫时间原始数据；（b）IR 序列测得的纵向弛豫时间原始数据；
（c）反演后的横向弛豫时间分布；（d）反演后的纵向弛豫时间分布

五、应用实例解析

本节主要介绍低场核磁共振在化学方面的应用，包括水凝胶中自由水与结合水的检测、交联密度的检测、悬浮颗粒比表面积的检测。

（一）水凝胶中自由水与结合水的检测

水凝胶作为一类亲水三维网络材料在生物方面应用广泛，表征其溶胶-凝胶过程中水与聚合物间的相互作用及微观结构变化也非常重要，而低场核磁共振可以提供快速、无损检测，监测自由水与结合水在形成过程中的转换。利用低场核磁可以对水凝胶在不同条件下的成胶过程进行监控。在溶胶态，溶液中水分子运动能力较强，此时水分子为自由水状态，其弛豫时间与纯水中水分子运动能力接近。随着时间的增加或温度的改变等因素，溶胶逐渐转化为凝胶，在低场核磁中水分子弛豫时间逐渐减小，说明其在凝胶形成过程中运动受到限制。将水分子弛豫时间对应变量作图，可观测到 T_2 先快速下降后变化缓慢，两段直线的延长线可用来确定成胶点。

（二）交联密度的检测

交联密度是衡量橡胶和弹性体交联程度和网络结构的重要参数，也与其力学性能息息相关，目前表征交联密度的测试手段包括平衡溶胀法、单向拉伸法、动态热力学分析（DMA）法、核磁共振法等。王小英等人利用上述四种方法对聚乙二醇和硝酸酯增塑剂组成的黏合剂进行交联密度测试,并对四种方法进行了对比。对比四种方法,单向拉伸法和动态热力学分析法得到的交联密度较高且标准偏差较大,平衡溶胀法和核磁共振法的标准偏差均较小且结果趋势一致,但是平衡溶胀法耗时久,并且为有损测试,核磁共振法用时短且为无损测试。相比于其他几种方法,核磁共振法具有以下优点:精密度高、耗时短、重现性好、原位无损,并且可得到交联链、悬尾链和自由链的占比。

（三）悬浮颗粒比表面积的检测

核磁共振法适用于检测溶液中悬浮颗粒的湿式比表面积,该方法具有快速、便捷、原位、无损等优点。可从时间、浓度、温度等变量方面检测悬浮粒子的比表面积,若粒子逐渐聚集,其表面溶剂分子所占体积也会逐渐减少。在低场核磁共振中吸附分子的占比减小,可通过公式计算出粒子湿式比表面积的变化。气体吸附法（BET）也常用于检测比表面积,但在实际应用中（特别是溶液中）,由于粒子表面亲疏水性质不同,其在溶液中的比表面积可能发生变化,此时核磁共振法检测的比表面积更接近粒子在溶液中的真实情况。

规范测试小贴士

在测试过程中一定要使用对应的正确的脉冲序列,样品的信号强度需要大于三倍噪声,确保核磁信号的真实可信,使用适宜的拟合方法。在测试交联密度、比表面积等参数时需要如实输入高分子链的参数或悬浮粒子的参数确保计算得出的结果符合实际。由于低场核磁直接得到的数据为样品的弛豫时间,需要由各种经验公式换算得到其他物理参数。所以低场核磁需要配合其他测试手段进行辅证,尽量不要作为单一证据说明实验结果。

参考文献

[1] Voda A E. Low field NMR for analysis of rubbery polymers [J]. RWTH Aachen University, 2006.

[2] Heuert U, Knörgen M, Menge H, et al. New aspects of transversal 1 H-NMR relaxation in natural rubber vulcanizates [J]. Polym. Bull. 1996, 37: 489-496.

[3] Litvinov V M. EPDM/PP thermoplastic vulcanizates as studied by proton NMR relaxation: phase composition, molecular mobility, network structure in the rubbery phase, and network heterogeneity [J]. Macromolecules, 2006, 39 (25): 8727-8741.

[4] Fairhurst D, Cosgrove T, Prescott S W. Relaxation NMR as a tool to study the dispersion and formulation behavior of nanostructured carbon materials [J]. Magn. Reson. Chem. 2016, 54 (6): 521-526.

[5] Tian H, Wei C, Wei H, et al. Freezing and thawing characteristics of frozen soils: bound water content and hysteresis phenomenon [J]. Cold Reg. Sci. Technol, 2014, 103: 74-81.

[6] Strange J H, Rahman M, Smith E G. Characterization of porous solids by NMR [J]. Phys. Rev. Lett., 1993, 71 (21): 3589.

[7] 王中平, 工弢. 简述核磁共振冷冻测孔法的原理及应用 [J]. 材料导报, 2013, 27 (1): 129-133.

[8] Li Y, Li X, Chen C, et al. Sol-gel transition characterization of thermosensitive hydrogels based on water mobility variation provided by low field NMR [J]. J. Polym. Res., 2017, 24 (2): 25.

[9] 王小英, 赵敏, 张峰涛, 等. 高能黏合剂交联密度测试方法对比研究 [J]. 化学推进剂与高分子材料, 2023, 21 (01): 65-68.

[10] 王美娜, 张喜翠, 毛佳伟, 等. 低场核磁共振法快速测定石墨烯材料湿式比表面积 [J]. 四川化工, 2019, 22 (6): 33-36.

第九章 其他分析法

第一节 纳米红外分析法

纳米红外分析法是利用原子力显微镜-红外光谱联用系统（atomic force microscope based infrared，AFM-IR）对样品进行微区表征分析的方法，可以提供纳米水平化学分辨的能力。该方法使用 AFM 探针对样品局部位置红外吸收后产生的热膨胀信号进行检测，将传统光谱测试过程中对光信号的检测转变为对力信号的检测，从原理上突破了光学衍射极限，实现极高的空间分辨率。自纳米红外系统推出以来，随着行业的飞速发展，纳米红外系统已经从红外激光下入射的第一代仪器发展到现在红外激光上入射且包含共振增强功能的第三代仪器，在空间分辨率、化学成像以及材料成像等一系列功能方面都有着巨大的突破，目前第三代扫描纳米红外系统（NanoIR3）已具有 5nm 分辨率的极致性能。扫描纳米红外系统不仅拥有原子力显微镜的空间分辨率，还兼具了红外光谱的化学分析以及成像分析能力，在化学、生命科学和材料学领域有着广泛的应用，已成为样品的纳米级化学分析领域最重要工具之一。

本节重点阐述第三代扫描纳米红外系统相关内容，略去复杂的理论公式和推理，着重仪器操作与实际应用。

一、基础知识概述

原子力显微镜技术利用 AFM 探针与样品表面的相互作用来生成样品表面的图像。当 AFM 探针与样品表面进行接触时，样品表面原子与 AFM 探针尖端原子间会产生相互作用，AFM 探针悬臂会随着样品表面形貌高低而弯曲起伏。同时，AFM 激光器发射的激光光束聚焦在 AFM 探针悬臂末端，最终反射到四象限光电检测器上。当悬臂受力弯曲时，其表面的反射激光光束也会发生偏转，反射到检测器的光斑位置会随之偏移。经过一系列电子器件的计算反馈，最终记录下在样品垂直方向上的高度值，再结合 AFM 探针的水平位置，即可获得样品的三维表面形貌信息。原子力显微镜有多种工作模式，不同种模式下的工作原理也略有不同。目前最主要工作模式为接触模式（contact mode）与轻敲模式（tapping mode）。

（一）接触模式

接触模式是原子力显微镜最先采用的一种成像模式。该模式下，AFM 探针悬臂对微弱力十分敏感，当 AFM 探针针尖与样品表面进行轻接触时，针尖尖端原子与样品表面原子间产生极其微弱的斥力，进而引起 AFM 探针悬臂的弯曲形变，进一步导致由悬臂反射到四象限检测器的光斑位置发生变化，检测器将光斑位置信息转化成电信号，经控制系统的信号处理，最终反馈给压电陶瓷扫描器以控制 AFM 探针在 z 轴方向上的位移。扫描过程中，保持悬臂垂直方向（z 轴）弯曲的形变量不变，由此可以控制 AFM 探针和样品间相互作用力不发生变化，通过 AFM 探针在样品 xy 平面内的扫描，记录 AFM 探针在每一 xy 坐标处对应的 z 轴位移量，以此得出样品表面的三维形貌图像。

（二）轻敲模式

轻敲模式是原子力显微镜常用的成像技术。在此模式下，AFM 探针悬臂由末端的压电陶瓷元件驱动从而发生高频振动，这种振动同样导致悬臂反射的 AFM 激光在四象限检测器发生振动，由此可以测得悬臂的振幅。当 AFM 探针受到样品的作用力时，悬臂的振幅减小。当探针在样品表面沿水平方向扫描时，反馈系统通过控制样品与针尖的距离来控制悬臂的振幅不变（即维持 AFM 探针和样品的作用力不变），从而记录样品表面的形貌信息。轻敲模式下，振动的针尖敲击样品表面，与样品表面进行间接接触，减弱了 AFM 探针针尖对样品表面的侧向力，很大程度上避免了接触模式成像过程中 AFM 探针针尖划伤样品表面的缺点。因此，比较适合测试较为柔软的样品，例如生物样品。

二、仪器结构与工作原理

（一）纳米红外系统结构

纳米红外系统主要由 AFM 图片采集部分、IR 红外采集部分以及数据处理部分组成。AFM 图片采集部分负责扫描样品形貌，采集样品表面信息；IR 红外采集部分负责对特定区域进行红外吸收成像以及红外光谱的采集；数据处理部分负责对已经采集的样品数据进行分析处理。

（二）纳米红外系统工作原理

纳米红外系统是基于原子力显微镜（AFM）的红外光谱技术（AFM-IR）。AFM 探针扫描样品生成形貌图像，NanoIR3 使用一个可调的脉冲红外激光来激发样品中的分子。如图 9-1-1 所示，样品吸收红外激光的能量后，会快速升温产生局部热膨胀并被 AFM 悬臂感知。由样品热膨胀带来的悬臂振荡反应在四象限检测器上以产生波动的电信号，对该电信号进行快速傅里叶变换（FFT 变换）以提取振荡的振幅和频率。记录悬臂振荡的振幅，并将其作为激光器发射波长的函数，即可采集样品的局部

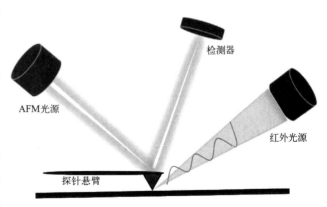

图 9-1-1 纳米红外原理示意图

红外吸收光谱，类似于使用 FT-IR 测得的标准透射红外光谱。由于 AFM 针尖的尺寸是纳米

尺度的，因此可以对样品进行纳米水平的红外吸收分析，从原理上突破了光学衍射极限。此外，红外光源也可以调谐到一个单一的波长，此时对样品进行 AFM 扫描，记录 AFM 探针高度和悬臂振幅对 xy 坐标的关系，即可同时绘制样品表面形貌和当前选定吸收波长的物质分布。

三、纳米红外系统操作规程

仪器操作流程以图 9-1-2 所示 NanoIR3 型号仪器为示例。

（一）前处理

1. 样品制备

将样品固定在圆形样品台上，保证样品表面平整干燥。

图 9-1-2　NanoIR3 型号仪器的实物图片

2. 仪器准备

一般情况下，仪器日常处于待机状态，包括原子力显微镜系统、锁相放大器、计算机等。正式测试之前，首先将冷凝循环水打开，稳定在 19℃ 左右，之后开启红外激光器进行预热，大约 5min。待仪器激光稳定后，打开测试软件，初始化系统，打开一个新文档，准备就绪后，可按照程序进行测试。

（二）接触模式操作流程图（图 9-1-3）

图 9-1-3　接触模式操作流程图

（三）轻敲模式操作流程图（图 9-1-4）

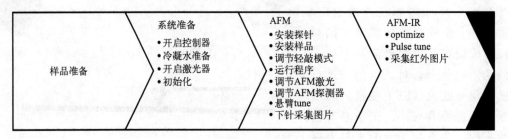

图 9-1-4　轻敲模式操作流程图

四、数据处理及测试结果影响因素分析

（一）数据处理

测试软件自带数据处理功能，除了一般情况下直接采集输出的样品表面高度图（height图）、相图（phase图）、红外吸收成像图以及红外光谱数据以外，对以上信息进行处理，还会得到样品 RMS 数据、RGB 颜色对比图片、3D View 图片等信息。

1. 对于直接采集的图片数据处理

一般情况下，普通测试可获得的样品信息有：样品表面高度图、相图、红外吸收成像图以及具体位置的红外光谱。高度图以及相图采集后，需要对其进行平滑，选中需要进行平滑的图片，顺序点击"Anlysis-Process-Flatten"对图片进行处理。得到平滑图片后，可通过改变对比度、调色盘、色温范围来调节图片清晰度。

2. RMS 数据处理

通过处理高度图，可分析出测试区域的 RMS 数值。具体操作如下：选中需要分析的高度图，顺序点击"Anlysis-Analyze-Histogram"，可获得该位置处的 RMS 数据。

3. Ratio 图输出

将在同一位置不同特征吸收峰波数下采集的红外光谱进行分析。顺序点击"Anlysis-Analyze-Calculate Image-Ratio"，选中两个波数下采集的红外光谱以及高度图，点击"continue"导出图片。注意，这种方法所使用的图片必须是未经过平面拟合的。

4. 3D View 图输出

顺序点击"Anlysis-Analyze-3D View"，如图 9-1-5 所示，将目标图片拖入项目栏中，两张图片，一张图绘制轮廓（通常使用高度图），另一张图绘制颜色（相图或者红外吸收成像图），点击"continue"，出现如图 9-1-6 所示的 3D 图片。

 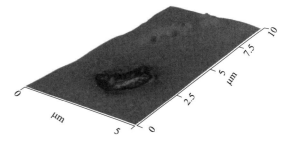

图 9-1-5　3D View 操作示意图　　　　　图 9-1-6　3D View 图片

5. RGB 处理

RGB 功能可以叠加两幅相同尺寸的图像，一幅选择高度图，另一幅选择相图或者红外吸收成像图，每幅图像可独立调节颜色。

（二）结果影响因素分析

1. 样品制备

样品的制备是纳米红外测试成功与否的重要因素，不同类型的样品制备方式也大有不

同。样品放置位置、制备方法以及样品厚度都对实验起到至关重要的作用。

(1) 样品放置位置

样品需要放置在一个圆形样品台上,且表面要保持平整,干净,没有灰尘、划痕、褶皱、指纹及其他影响样品测试的污染物。为了保持样品台干净整洁,延长仪器零部件使用寿命,建议将样品固定在金属圆片上,再将金属圆片放置在圆形样品台上。圆形样品台直径约为2cm,但并非所有区域都在测试范围内。样品的可测量面积是表面中心 6mm×8mm 的范围,所以样品所有想要测量的区域都必须在该范围内。如果样品测试区域在该范围之外,需要重新定位样品安装位置。

(2) 样品制备方法

固体样品可使用超薄切片机进行超薄切片,具体操作可参考透射电镜样品切片。再将样品薄片转移到基底上,玻璃片和硅片为最常使用的基底。为了使样品薄片更贴合基底,可在基底上放一滴水,然后将样品切片转移到水滴上并引导至水滴边缘,随着水滴的挥发,样品薄片会相对牢固地附着在基底上。对于一些比较软的固体样品,例如聚乙烯类样品,常温切片通常会破坏样品切面原始形貌,可使用低温冷冻切片,在确保原始形貌不被破坏的情况下进行制样。对于液体样品,可将样品悬涂在基底上,烘干处理后进行测试。不过,这种方法制作的样品,很难控制样品的厚度以及平整性。

(3) 样品厚度

纳米红外系统测试使用的样品不需要太厚,尤其仪器经过一系列发展从一代传统的激光下入射的 AFM-IR 系统到现在共振增强的 AFM-IR 系统,对样品厚度的要求也逐渐宽松。理想情况下,样品厚度应为 20~500nm。每种样品的最佳厚度各不相同。如果样品太薄,则膨胀太小,无法用原子力显微镜检测进行测量,这种情况通常在厚度小于 50nm 时开始出现。如果样品厚度小于 50nm,则可能需要在具有高导电性的平面基底(如金基底)上制备。金基底会提高红外的增强效果,使灵敏度提高 5 到 10 倍。如果样品太厚,样品中的热量散失太慢,随着热量在样品中扩散,空间分辨率就会降低。虽然可以测量较厚(几毫米)的样品,但如果样品厚度在微米级别,则空间分辨率和饱和效应都会降低,类似于透射傅里叶变换红外技术中厚样品的饱和效应。在复合或多层样品中,需要考虑的是顶层的厚度,因此 AFM-IR 可以测量载玻片或硅片上的聚合物薄膜。

(4) 样品粗糙度

样品越光滑,就越容易得到好的数据结果。通常情况下,粗糙度最好保持在 100nmRMS 以下。

2. 探针

探针的使用同样影响着实验的结果,主要是选择与安装两方面。

(1) 探针的选择

与传统 AFM 探针不同,AFM-IR 整个探针悬臂被安装在一个半圆金属片上,如图 9-1-7 所示。AFM-IR 探针的弹性系数是判断探针是否适合实验的关键因素。如果所选择的探针弹性系数较小,悬臂容易发生形变且对样品作用力较小,那么在获取样品表面形貌图时,不会对样品产生损坏。如果所选的探针弹性系数较大,悬臂发生形变就需要较大的作用力,在获取样品表面形貌图像时,就会破坏样品。适合使用的 AFM-IR 探针弹性系数范围为 0.2~10N/m。不同样品适合使用的探针也不同,Contact 针(弹性系数约为 0.2N/m)只能使用 Contact 模式,Tapping 针(弹性系数约为 3N/m)可使用两种模式进行测试。但是一般来说,使用 Contact 针相比于 Tapping 针可获得更好的信号。根据测试原理,通常情况下,

Contact 针适合较硬的样品,Tapping 针适合较软的样品。但是各类型样品的性质不能一概而论,所以在进行纳米红外测试时,样品并没有固定使用的探针类型,应该根据实验情况,尝试使用不同类型的探针,来获得更好的测试效果。

(2) 探针的安装

探针的安装与稳定同样影响着测试结果。AFM-IR 探针区别于普通的 AFM 探针,探针底部附着一个半圆金属片,安装时将半圆片放置在 AFM Head 的半圆凹槽中,如图 9-1-8 所示。确保探针在凹槽中位置正确且稳定。若安装时出现偏差,那么在测试时,就会出现一些影响样品测试的情况。例如:在测试图中出现划痕,或者激光信号无法聚焦。

图 9-1-7　AFM-IR 探针图片　　　　　图 9-1-8　AFM Head 探针安装位置图

3. 测试模式的选择

通常情况下,AFM-IR 测试使用 Contact 模式或 Tapping 模式。Contact 模式下探针与样品表面直接接触,下压力大,测试可能会破坏样品表面,但测试时信号较好;Tapping 模式间接地与样品表面接触,对样品的力较小,但是信号较弱。两种测试模式各有利弊。所以,根据样品特性,选择合适的测试模式是十分必要的。

4. 环境因素

环境因素同样影响着样品的测试结果。首先是温度,红外激光器运行时会产生热量,过高的能量以及过热的环境会对激光器产生损耗,在配备循环冷凝水保持低温的同时,环境温度也应该设置合适的温度,来确保仪器散热。同时,环境湿度、周围的震动以及磁场等因素都会影响仪器测试结果。即便仪器配备了悬浮台,极大程度上减少了震动带来的影响,但是在测试时,也应该确保周围没有震动以及磁场的影响。

5. 不可避免的位置漂移

与普通的 AFM 测试相同,AFM-IR 在测试时同样会受到样品漂移的影响。为了降低这种影响,建议提前 24h 制样,使样品更稳定地附着在样品台上。

6. 特征吸收峰的选择

不同于传统 FT-IR,AFM-IR 在采集光谱之前,需要对特征吸收峰进行优化,然后才能采集样品数据信息。所以,在测试纳米红外之前,建议对样品先进行普通 FT-IR 测试,对样品信息有大致判断,以便在测试时能准确判断特征吸收峰位置,节约测试时间。

7. 扫描速率

合适的扫描速率也是获得良好图片的关键因素。正常情况下,扫描速率为 1Hz,但对于扫描面积较大(大于 30μm)或者是样品较为粗糙的情况,使用较慢的扫描速率(如 0.5Hz)可能会获得更好的图像。

8. Setpoint 值

Setpoint 值反馈的是针尖与样品之间的作用力。Contact 模式下，数值越低，作用力越小。当设置的数值很低时，探针可能会远离样品表面，探针无法与样品表面保持稳定接触。而较高的 Setpoint 值（较大的作用力）可能会更容易损坏软质样品，呈现出污点，或使探针在硬质样品上变钝，导致细微的样品特征无法被探针分辨。Tapping 模式下，一般来说，数值越低，探针和样品之间的作用力会越大（即该作用力导致的悬臂振幅的衰减程度越大），理论上可以通过增大下压力来提高红外信号的强度，但同样会面临探针污染、样品破坏等问题。

9. PID 控制系统

与常规原子力显微镜测试类似，PID 控制系统负责调节 AFM 探针和样品间的相互作用，较高的 I Gain 以及 P Gain 数值有助于探针更好地跟踪样品表面特征，但过高的数值可能会使反馈过度敏感，并在高度数据上产生"反馈振荡"噪声。I Gain 和 P Gain 的典型值分别为 10 和 30，但理想值取决于样品类型和其他扫描参数。对于粗糙的样品可能需要较高的数值，而对于非常光滑的样本则需要较低的数值，因为在这种情况下减少噪音更为重要。在实际操作中，通常只需调整 I Gain 来优化图像，然后将 P Gain 设置为 I Gain 的 2~5 倍即可。

10. 红外激光能量的选择

在寻找脉冲速率来匹配接触共振频率时，红外激光能量的选择也很重要。如果共振峰在脉冲调谐中无法清晰分辨，则可通过增加能量来寻找。但是如果选择的能量过高，会产生较高的热量，当样品性质不稳定时，可能会破坏样品结构。

五、应用实例解析

（一）Contact 模式下材料形貌表征

以环氧树脂包埋的 PS-PMMA 材料为例，在 Contact 模式下，采集样品信息。由于是固体材料，使用超薄切片机制备的 100nm 左右的样品薄片，放置于透明的玻璃片上。图 9-1-9 所示为显微镜下的样品薄片信息。接着在合适的位置进行扫描后得到样品表面高度图，如图 9-1-10 所示。

图 9-1-9 显微镜下样品图

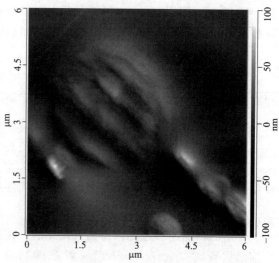

图 9-1-10 样品 $6\mu m \times 6\mu m$ 高度图

确定优化波数 1730cm^{-1}，打开红外激光器，设定激光能量百分比为 5.2%，Duty Cycle 设为 2.98%，Co-averages 设为 128，找到与接触共振频率一致的 Pulse Rate 数值 186kHz，Search Location 设置为 186kHz，Search Width 设为 50kHz。扫描速率设为 0.5Hz，x 和 y 方向的分辨率都是 128pts，扫描角度是 0°，I Gain 和 P Gain 分别是 10 和 20。得到该位置 1730cm^{-1} 下的红外吸收成像图，如图 9-1-11 所示。

根据图片右侧颜色标尺，图片颜色越亮的部分显示此处 1730cm^{-1} 的吸收越强。采集背景信息，之后在图 9-1-11 上不同相区进行红外光谱采集，得到谱图，如图 9-1-12 所示。

图 9-1-11　样品红外吸收成像图

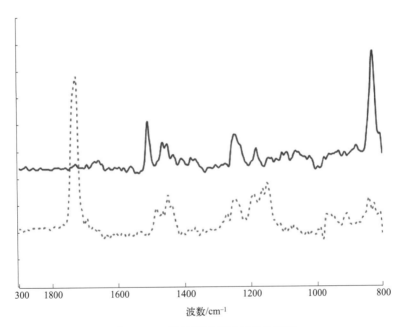

图 9-1-12　样品不同相区红外光谱图

（二）Tapping 模式下材料形貌表征

以聚合物复合材料为例，固体样品制备方式同样是由超薄切片机切片后，转移到硅片上。如图 9-1-13 所示，在进行大范围扫描后，找到合适的样品位置，采集 1μm×1μm 的样品表面相图。

确定优化波数 813cm^{-1}，打开红外激光器，因为 Tapping 模式下，探针与样品不直接接触，所以需要较大的激光能量百分比，设为 40.69%，Duty Cycle 设为 0.96%，Co-averages 设为 1，Pulse Rate 数值 320kHz。扫描速率设为 0.3Hz，x 方向分辨率是 256pts，y 方

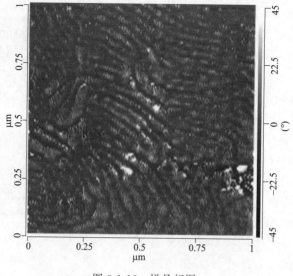

图 9-1-13 样品相图

向的分辨率是 128pts，扫描角度是 0°，Setpoint 设置为 6.51V，得到该位置 813cm^{-1} 下的红外吸收成像图，如图 9-1-14 所示。

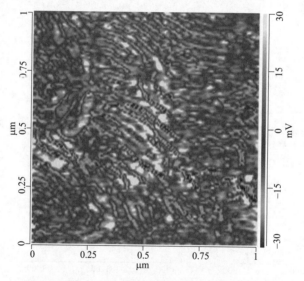

图 9-1-14 样品红外吸收成像图

根据图片右侧颜色标尺，图片颜色越亮的部分显示此处 813cm^{-1} 的吸收越强。分辨率在 20nm 左右。结合高度图可绘制 3D view 图片，如图 9-1-15 所示。

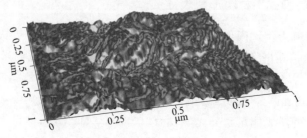

图 9-1-15 样品 3D 图

样品 3D 图更加地全面展示了样品的高度及红外吸收信息,纵向高低起伏表达了样品的厚度,颜色分布表达了样品在 813cm^{-1} 处的红外吸收信息。

规范测试小贴士

在使用纳米红外系统进行样品表征时,应严格遵守实验室纪律,恪守学术规范,坚守学术道德。在实验过程中需要注意以下几个方面,避免引起测试结果不准确或学术诚信问题。

(1) 切勿在实验过程中使用标准样品替代测试,混淆数据。

(2) 切勿在处理数据过程中过度修饰,造成良好数据结果的假象。

(3) 在对数据进行分析时,应基于科学事实以及实验结果,切勿对实验结果进行过度分析解读。

参考文献

[1] 黄承志,陈缵光,陈子林,等. 基础仪器分析 [M]. 北京:科学出版社,2017.
[2] 陈智栋,刘亚. 材料仪器分析 [M]. 北京:中国石油出版社,2016.

第二节 电化学分析

电化学分析法(electrochemical analysis)是材料表征方法的重要组成部分之一,它是根据溶液中物质的电化学性质及其变化规律,建立在电位、电导、电流和电量等电学量与被测物质某些量之间的计量关系的基础之上,对组分进行定性和定量的仪器分析方法,也称电分析化学法。传统的电化学分析主要研究物质的化学性质或化学反应与电的关系,而目前电化学分析则更关注研究带电界面上所发生的现象。电化学体系基本单元包括电极和电解质溶液,电极是与电解质溶液接触的电子导体或半导体,实施反应的场所,电解质溶液则是电极间电子、离子传递的媒介。

一、基础知识概述

电化学分析测量系统简称电化学工作站,是电化学研究和教学常用的测量设备。电化学工作站主要将恒电位仪、恒电流仪和电化学交流阻抗分析仪有机结合,既可以做三种基本功能的常规试验,也可以做基于这三种基本功能的程式化试验。

在试验中,既能检测电池电压、电流、容量等基本参数,又能检测体现电池反应机理的交流阻抗参数,从而完成对多种状态下电池参数的跟踪和分析。

二、仪器结构与工作原理

(一)电化学工作站基本结构

电化学工作站内部含有快速数字信号发生器、高速数据采集系统、电位电流信号滤波器、多级信号增益、iR 降补偿电路和恒电位仪/恒电流仪等。电化学工作站根据通道不同可分为单通道工作站和多通道工作站。

电化学工作站测试过程中通常由电化学池、电极、电解质、电位计、电流计等组成。电化学池是电化学工作站的核心部分，通常由两个电极和一个电解质组成。电极可以是金属电极、非金属电极或半导体电极，电解质可以是液态电解质或固态电解质。电位计是电化学工作站中用于测量电极电位的仪器，通常采用玻璃电极或参比电极。电流计是电化学工作站中用于测量电流的仪器。

（二）电化学工作站工作原理

电化学工作站的原理是利用电化学方法，通过电解反应或电化学合成等方式，对物质进行分析、合成和表征。它主要应用于电化学催化、电极材料表征、电化学传感、电池研究等领域。

电化学工作站是一种控制工作电极与参比电极之间电位差的电子仪器。其中，工作电极和参比电极都是电化学电解池里的组成部分。电化学工作站通过向辅助电极或对电极中注入电流来控制工作电极和参比电极两者间的电位差。在电化学测试过程中，信号发生器首先创建用户所需的信号形式（例如常数值、斜升、正弦波），然后将其发送至控制放大器。控制放大器将信号形式施加于电解池，通过调节信号的振幅以使其与用户的输入值相符。施加的信号可以是电压（恒电位模式）或电流（恒电流模式）。参比电极和工作电极间的电势差由电位计进行测量。此外，测得的电压信号被返送回控制放大器，并与期望电压值相比较。如果有误差，控制放大器的输出信号将做相应调整以抵消初始扰动。流经电解池的电流由电流电压转换器（I/E 转换器）测量。为此，电流信号将转换成电压信号，并且在几乎所有的电化学测试表征中，电化学工作站测量的都是流经工作电极和对电极之间的电流。电化学工作站中的控制变量是电位，测量变量是电流。在整体电化学测试过程中，既能检测电池电压、电流、容量等基本参数，又能检测体现电池反应机理的交流阻抗参数，从而完成对多种状态下电池参数的跟踪和分析。电化学工作站电路原理图见图 9-2-1。

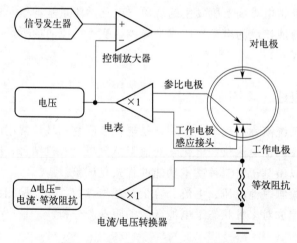

图 9-2-1　电化学工作站电路原理图

电化学工作站具有以下优点：

（1）灵敏度较高。因为电化学反应是按照法拉第定律进行的，即使是微量的物质变化也可以通过容易测定到的电流或者电压进行测定分析。

（2）准确度高，实时性好。如库仑分析法和电解分析法的准确度很高，前者特别适用于微量成分的测定，后者适用于高含量成分的测定。

（3）仪器设备调试和操作都较简单，可将一般难以测定的化学参数直接转变为容易测定的电参数加以测定。

三、电化学工作站测试操作规程

（一）三电极体系的选择

三电极体系是为了排除电极电势因极化电流而产生的较大误差而设计的。它在普通的两电极体系（工作电极与对电极）的基础上引入了用以稳定工作电极的参比电极。三电极体系含两个回路，一个回路由工作电极和参比电极组成，用来测试工作电极的电化学反应过程，另一个回路由工作电极和辅助电极组成，起传输电子形成回路的作用。

1. 工作电极

工作电极是指所研究的反应在该电极上发生。一般来讲，工作电极需要满足以下要求：

（1）所研究的电化学反应不会因电极自身所发生的反应而受到影响，并且能够在较大的电位区域中进行测定。

（2）电极必须不与溶剂或电解液组分发生反应。

（3）电极面积不宜太大，电极表面应均一平滑且能够通过简单的方法进行表面净化。

常见的"惰性"固体电极有玻碳、铂、金、银、铅、导电玻璃（FTO、ITO等），常用的液体电极有液态汞。采用固体电极时，为了保证实验的重现性，需注意建立合适的电极预处理步骤。

2. 辅助电极

辅助电极又称对电极，辅助电极和工作电极组成回路，使工作电极上电流畅通，以保证所研究的反应在工作电极上发生，但必须无任何方式限制电池观测的响应。由于工作电极发生氧化或还原反应时，辅助电极上可以安排为气体的析出反应或工作电极反应的逆反应，以使电解液组分不变，即辅助电极的性能一般不显著影响研究电极上的反应。因此在电化学研究中经常选用性质比较稳定的材料，比如铂或者石墨。（在需要长时间电化学实验的体系中选择石墨电极，因为选用Pt做对电极时，长时间的测试往往会使Pt溶解，工作电极在扫描的过程中会沉积Pt，从而可能会影响工作电极的活性）。同时为了减少辅助电极极化对工作电极的影响，辅助电极本身的电阻要小，并且不易极化，其面积通常要求大于工作电极。当工作电极的面积非常小时，极化电流引起的辅助电极的极化可以忽略不计，即辅助电极的电势在测量中始终稳定，此时辅助电极可以作为测量回路中的电势基准，即可作为参比电极。

3. 参比电极

参比电极是用于辅助测定工作电极电位的一种电极。参比电极应该具有已知且稳定的电化学电势；参比电极内的电解液不与电解池中的电解液或相关物质反应；电极电位的温度系数小；参比电极中的电解液离子渗透到溶液中不会影响工作电极的反应。

实验室常用的参比电极包括：饱和甘汞电极 SCE、Ag/AgCl 电极、可逆氢电极 RHE、Hg/HgO 电极、Hg/Hg_2SO_4 电极等。一般按照电解质 pH 对参比电极的使用进行划分。酸性条件下，可以选用 Hg/Hg_2SO_4 参比电极或饱和甘汞电极；中性条件下选用 Ag/AgCl 参比电极或饱和甘汞电极；碱性条件则可以选用 Hg/HgO 参比电极。

不同参比电极适用条件不同，主要和参比本身的电极反应有关。以 Ag/AgCl 电极为例，

Ag/AgCl（固）/KCl，内置溶液是 0.1mol/L 的 KCl 溶液。其电极反应为：

$$AgCl(固)+e^- \leftrightarrow Ag+Cl^- \quad (9-2-1)$$

根据能斯特方程可以对其标准平衡电极电势进行求解：

$$\Delta\varphi = \varphi^* + \frac{RT}{F}\ln[Cl^-] \quad (9-2-2)$$

我们就可以得到不同温度条件下的参比电极电势。但是电极反应平衡可逆是有条件的，在碱性条件下，长时间使用后容易发生以下反应：

$$Ag^+ + OH^- = AgOH \quad (9-2-3)$$
$$2AgOH = Ag_2O + H_2O \quad (9-2-4)$$

随着反应的进行，生成了氧化银沉淀，会观察到在电极底部的膜位置会发黑。这一现象会缩短 Ag/AgCl 电极的寿命；氧化银会堵住参比电极和电解液接触的膜，影响工作电极和参比电极回路的连通和导电性；同时，产生液接电势，进而影响参比电极电势的准确性。

（二）电解液的选择

根据相应实验选择合适电解液，当测量与被测体系组成或浓度不同时用盐桥。

盐桥作用：消除或减小液接电位；防止测量体系与被测体系的污染。

盐桥制备的注意事项：内阻小，合理选择桥内电解质溶液的浓度；盐桥内电解液阴阳离子电导尽可能相近，扩散系数相当（常用 KCl、NH_4NO_3），以消除液接电位；盐桥内溶液不能和测量、被测量体系发生相互作用；固定盐桥防止液体流动，采用 4% 的琼脂溶液固定。

（三）仪器操作规程

1. 开机

先开启电化学工作站电源，再开启电脑电源开关，计算机会自动连接到仪器。

2. 仪器检测

点击桌面上"CHI660E"图标开启软件，在"Setup"下拉菜单下选择"Hardware Test"进行仪器检测，全部显示"OK"代表仪器和软件通信畅通。

3. 测试步骤

① 方法选择：在"Electrochemical Techniques"菜单下选择所需要的电化学测试方法。

② 参数设置：常用测试参数包括 Init-起始电压、High E-最高电压、Low E-最低电压、Scan Rate-扫描速率、Sweep Segments-扫描圈数、Quiet Time-等待时间、High Frequency-最高频率、Low Frequency-最低频率。

③ 数据保存：在 CHI660E 软件"File"菜单下选择"Save As"进行测试数据保存。

四、应用实例解析

（一）铁氰化钾的循环伏安测试

1. 实验原理

铁氰化钾离子 $[Fe(CN)_6]^{3-}$ 与亚铁氰化钾离子 $[Fe(CN)_6]^{4-}$ 氧化还原电对的标准电极

电位为 0.36V (vs. NHE)。

$$[Fe(CN)_6]^{3-} + e^- \rightleftharpoons [Fe(CN)_6]^{4-} \quad \varphi^{\ominus} = 0.36V(vs.NHE) \quad (9\text{-}2\text{-}5)$$

在一定的扫描速率下，从初始电位（+0.6V）负向扫描到转折电位（−0.2V）期间，$[Fe(CN)_6]^{3-}$在工作电极表面得电子被还原生成$[Fe(CN)_6]^{4-}$，产生还原电流。从初始电位（−0.2V）正向扫描到转折电位（+0.6V）期间，$[Fe(CN)_6]^{4-}$在工作电极表面失去电子被氧化为$[Fe(CN)_6]^{3-}$，产生氧化电流。为了使液相传质过程只受到扩散的控制，应保持电解质溶液体系在静止的条件下进行电化学反应过程。

对于完全可逆的电极反应，其氧化和还原的峰电流可表示为：

$$I_p = 2.69 \times 10^5 n^{\frac{3}{2}} A D^{\frac{1}{2}} v^{\frac{1}{2}} c \quad (9\text{-}2\text{-}6)$$

式中，n 为电活性物质的电子转移数目；A 为电极面积；D 为电活性物质在电极表面的扩散系数；c 为电活性物质的浓度；v 为测试时的扫描速率；I_p 的大小与 $v^{\frac{1}{2}}$、C 等因素有关，对于动力学可逆的扩散控制的电极过程，I_p 与 $v^{\frac{1}{2}}$ 成正比，即 $I_p\text{-}v^{\frac{1}{2}}$ 为一条直线。

根据 Nernst 方程，在实验测定温度为 298K 时，计算得出 $\Delta\varphi = \varphi^* + \frac{RT}{F}\ln\frac{C_{Ox}}{C_{Red}}$，对于可逆体系，氧化峰电流（$I_{pa}$）与还原峰电流（$I_{pc}$）之比 $I_{pa}/I_{pc} \approx 1$，氧化峰电位（E_{pa}）与还原峰电位（E_{pc}）之差 $\Delta E_p = E_{pa} - E_{pc} \approx 0.059/n$。

如果电活性物质可逆性较差，则氧化峰与还原峰的高度就不同，对称性也较差 $\Delta E_p > 0.059/n$，I_{pa}/I_{pc} 的值偏离 1，甚至只有一个氧化或还原峰，电极过程即为不可逆过程，由此可以判断电极过程的可逆性和电流性质。

2. 实验步骤

（1）实验试剂及仪器

0.5mol/L 的 $K_3Fe(CN)_6$ 溶液、0.1mol/L 的 KCl 溶液、Al_2O_3 抛光粉（50nm）、麂皮抛光布、去离子水、乙醇；CHI660E 电化学工作站、玻碳电极、饱和甘汞电极、Pt 片辅助电极、电解池。

（2）工作电极的预处理

取少量 Al_2O_3 抛光粉于抛光布上，用去离子水润湿，垂直地将玻碳电极以 8 字打磨法进行抛光，直至呈镜面光滑后用去离子水和乙醇冲洗干净。

（3）三电极的组装

分别取 0.5mol/L 的 $K_3Fe(CN)_6$ 溶液和 0.1mol/L 的 KCl 溶液于电解池中，插入抛光好的玻碳电极、饱和甘汞电极和 Pt 片辅助电极。将三种电极分别与电化学工作站的测试线相连（工作电极—绿色夹头，参比电极—白色夹头，辅助电极—红色夹头）。

（4）循环伏安测试判断电极反应可逆性

打开 CHI660E 操作软件，首先测试开路电位（open circuit potential），选择循环伏安测试方法（cyclic voltammetry），输入测试参数为：最高电位 0.6V，最低电位 −0.2V，起始电位为测得的开路电位，扫描速率为 50mV/s，其他参数可使用仪器默认值。测试开始，操作界面逐渐显示出相应的循环伏安曲线。结束后记录相应的 E_{pa}、E_{pc}、I_{pa} 和 I_{pc}，判断电极反应可逆性。

（5）结果分析

由图9-2-2可知，$K_3Fe(CN)_6$ 在玻碳电极上发生氧化还原反应的氧化峰电位为 $E_{pa}=350mV$，氧化峰电流是 $I_{pa}=3.5\times10^{-4}A$；还原峰电位 E_{pc} 为 $230mV$，还原峰电流 I_{pc} 为 $4.5\times10^{-4}A$。峰电位差 ΔE_p 为 $120mV$，峰电流的比值为 $I_{pa}/I_{pc}=1.28$，接近1。由此可知，$K_3Fe(CN)_6$ 体系在中性水溶液中的电化学反应是一个较为可逆的过程。

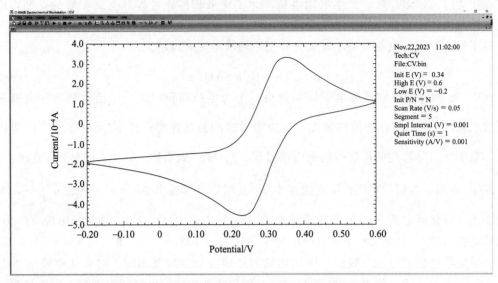

图 9-2-2　$K_3Fe(CN)_6$ 的循环伏安曲线图

（二）铁氰化钾的交流阻抗测试

1. 实验原理

电化学阻抗谱（electrochemical impedance spectroscopy，简称EIS）即通过测量阻抗随正弦波频率的变化，进而分析电极过程动力学、双电层和扩散行为等，研究电极材料、固体电解质、导电高分子以及腐蚀防护等机理。

将电化学系统看做是一个等效电路，这个等效电路是由电阻（R）、电容（C）和电感（L）等基本元件按串、并联等不同方式组合而成的。通过EIS测试，可以测定等效电路的构成以及各元件的阻值大小，利用这些元件的电化学含义，来深入分析电化学系统的结构和电极过程的性质等。

给黑箱（电化学系统）输入一个扰动函数 X，它就会输出一个响应信号 Y，描述扰动信号和响应信号之间的关系的函数，称之为传输函数。若系统内部结构是线性的稳定结构，则输出信号就是扰动信号的线性函数。如果 f 是角频率为 ω 的正弦波电流信号，g 则为角频率 ω 的正弦电势信号。此时将 g/f 称为系统的阻抗，用 Z 表示；而将 f/g 称为系统的导纳，用 Y 表示。阻抗和导纳统称为阻纳，用 G 表示。阻抗和导纳互为倒数关系，$Z=1/Y$。二者关系与电阻和电导相似。常用的电化学阻抗谱有两种，分别为Nyquist图和Bode图。Nyquist图中 Z'（实部）与 Z''（虚部）表现了电极表面的电子转移电阻（R_{ct}），其值与半圆部分的直径相同，并可用于描述电极与电解液之间界面的特性。Nyquist图由两部分组成，高频区的半圆形部分对应电子传输限制过程，低频区线性部分则对应于扩散限制过程。通过计算电极表面的电子转

移电阻 R_{ct}，可以对光催化、电催化等实验过程中的某些现象进行解释。

$$Z' = R_\Omega + \frac{\frac{\sigma}{\sqrt{\omega}} + R_{ct}}{(1+\sigma\sqrt{\omega}C_d)^2 + \omega^2 C_d^2 \left(\frac{\sigma}{\sqrt{\omega}} + R_{ct}\right)^2} \tag{9-2-7}$$

$$Z'' = \frac{\frac{\sigma}{\sqrt{\omega}}(1+\sigma\sqrt{\omega}C_d)^2 + \omega C_d\left(\frac{\sigma}{\sqrt{\omega}} + R_{ct}\right)^2}{(1+\sigma\sqrt{\omega}C_d)^2 + \omega^2 C_d^2\left(\frac{\sigma}{\sqrt{\omega}} + R_{ct}\right)^2} \tag{9-2-8}$$

当 ω 趋近于 0 时（低频区），Z' 和 Z'' 二者关系可简化为：

$$Z'' = Z' - R_\Omega - R_{ct} + 2\sigma^2 C_d \tag{9-2-9}$$

当 ω 趋近于无穷大时（高频区），由于变化的时间周期太短，以至于来不及发生物质转移过程，也就是 Warburg 阻抗（Z_w）的作用消失，对于该模型，Z' 和 Z'' 二者关系则可简化为：

$$\left(Z' - R_\Omega - \frac{R_{ct}}{2}\right)^2 + Z''^2 = \left(\frac{R_{ct}}{2}\right)^2 \tag{9-2-10}$$

基于以上两种趋势，可以对 EIS 图谱进行初步的分析：高频区为电荷转移电阻（charge-transfer）主导，呈现出一个半圆；低频区为物质转移（mass-transfer）扩散部分，呈现出一条直线。通过对不同材料或不同条件下进行 EIS 测试，可以对比相应的电荷转移难易程度以及物质扩散的快慢。

2. 实验步骤

（1）实验试剂及仪器

0.5mol/L 的 $K_3Fe(CN)_6$ 溶液、0.1mol/L 的 KCl 溶液、Al_2O_3 抛光粉（50nm）、麂皮抛光布、去离子水、乙醇；CHI660E 电化学工作站、玻碳电极、饱和甘汞电极、Pt 片辅助电极、电解池。

（2）工作电极的预处理

取少量 Al_2O_3 抛光粉于抛光布上，用去离子水润湿，垂直将玻碳电极以 8 字打磨法进行抛光，直至成镜面光滑后用去离子水和乙醇冲洗干净。

（3）三电极的组装

分别取 0.5mol/L 的 $K_3Fe(CN)_6$ 溶液和 0.1mol/L 的 KCl 溶液于电解池中，插入抛光好的玻碳电极、饱和甘汞电极和 Pt 片辅助电极。将三种电极分别与电化学工作站的测试线相连。

（4）铁氰化钾的交流阻抗测试

打开 CHI660E 操作软件，首先测试并记录开路电位（open circuit potential），选择 IMP-AC Impedance 法，输入测试参数为：起始电位为测得的开路电位，高频输入 100000Hz，低频输入 1Hz，振幅为 0.005V，其他参数为默认值。测试结束后显示出相应的 EIS 曲线。

（5）结果分析

从图 9-2-3 中可以看到，在高频区显示出一个半圆，该过程受电化学控制，圆心在 Z' 轴上的 $R_\Omega + R_{ct}/2$ 处，半径等于 $R_{ct}/2$。在低频区显示出一条直线，这是电极过程扩散控制的最鲜明的阻抗特征。

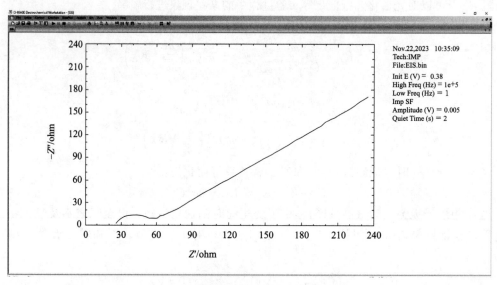

图 9-2-3 铁氰化钾的交流阻抗测试图

(三) α-Fe₂O₃ 的莫特肖特基测试

1. 实验原理

莫特-肖特基（Mott-Schottky）测试技术是指在同一频率下从初始电位到终止电位按照阶跃电位大小进行扫描的一项技术，扫描过程中交流信号会施加在每一段阶跃电位上。通过 Mott-Schottky 测试可以确定半导体的类型（n 型或 p 型）、载流子浓度以及平带电势，与紫外-可见漫反射光谱（UV-vis DRS）测试技术结合还可以计算出半导体的导带和价带位置（导带越负，还原能力越强，价带越正，氧化能力强），有利于后续的机理分析，判断反应是否能够进行。

当半导体电极与溶液接触时，在电极一侧会形成空间电荷层，使得半导体与溶液分别带相反的电荷，半导体的过剩电荷分布在空间电荷层内，通常情况下，在空间电荷层耗尽时，电极/电解液界面处的电荷分布可通过测试空间电荷层电容随电位的变化来确定。空间电荷层电容（C）与电位（E）可以用 Mott-Schottky 方程来进行描述。该方程可以用来描述半导体的空间电荷层微分电容 C 与半导体表面电势 E_{fb} 的关系。Mott-Schottky 方程为：

$$\frac{1}{C^2}=\frac{2}{\varepsilon\varepsilon_0 e N_D}\left(E-E_{fb}-\frac{k_B T}{e}\right) \qquad \text{n 型半导体} \qquad (9\text{-}2\text{-}11)$$

$$\frac{1}{C^2}=\frac{2}{\varepsilon\varepsilon_0 e N_A}\left(E-E_{fb}-\frac{k_B T}{e}\right) \qquad \text{p 型半导体} \qquad (9\text{-}2\text{-}12)$$

式中，E_{fb} 为平带电位；N_D 与 N_A 载流子浓度；ε 为相对介电常数；ε_0 为真空介电常数（8.85×10^{-12} F/m）；k_B 为玻尔兹曼常数（1.380649×10^{-23} J/K）；T 为绝对温度（$273.15+t$ K）；e 为单位电荷电量（1.6×10^{-19} C）。

在室温下 $\frac{k_B T}{e}$ 约为 0.026 V，可以忽略不计，所以在 $\frac{1}{C^2}$-E 图中，$\frac{1}{C^2}$ 对 E 的直线部分的延长线与电位 E 在横轴处相交于 E_{fb} 点，由此得到电极的平带电位。可以通过 Mott-Schottky 曲线直线部分斜率的正负值来确定半导体材料类型，一般斜率为正值是 n 型半导体；斜率为负值是 p 型半导体（根据测试经验，n 型半导体测得的平带电位比导带电位正 0.1～0.3V；p 型半导体测得的平带电位比导带电位负 0.1～0.3V），利用斜率值还可以推算出载流子浓度（N_D 或 N_A），从而有助于分析半导体的性能。

2. 实验步骤

(1) 实验试剂及仪器

0.5mol/L 的 Na_2SO_4 溶液、Nafion 溶液、α-Fe_2O_3 粉末、FTO 导电玻璃、去离子水、乙醇；CHI660E 电化学工作站、Pt 电极夹、Ag/AgCl 电极、Pt 片辅助电极、电解池。

(2) 工作电极的制备

将一定量待测 α-Fe_2O_3 粉末分散于一定比例的乙醇与去离子水混合液中，滴加少许 Nafion 溶液，超声分散均匀后，将一定量的浆料滴在 FTO 玻璃上，待其干燥后进行测试。

(3) 三电极的组装

以 0.5mol/L Na_2SO_4 为电解液，Ag/AgCl 为参比电极，铂片为对电极，将涂有 α-Fe_2O_3 的 FTO 玻璃夹在 Pt 电极上作为工作电极。

(4) Mott-Schottky 曲线测试

打开 CHI660E 操作软件，首先测试并记录开路电位（open circuit potential），选择 IMPE-Impedance-Potential 测试方法，输入测试参数为：起始电位输入记录的 OCP 值+0.5V，终止电位输入记录的 OCP 值-0.5V，扫描频率输入 1000Hz，其他参数为默认值即可。测试开始，操作界面逐渐显示出相应的阻抗-电压测试曲线。测试结束后，选择 Graphics→Graph Options→Data→1/(Cs * Cs)-E Mott-Schottky，会在测试界面处显示出对应的 Mott-Schottky 曲线和 E_{fb} 的值。

(5) 结果分析

如图 9-2-4 所示，根据 α-Fe_2O_3 的 Mott-Schottky 曲线图，通过计算可以得到 α-Fe_2O_3

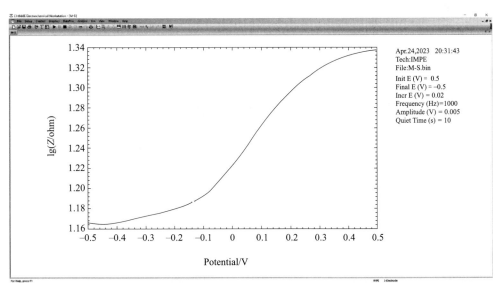

图 9-2-4　α-Fe_2O_3 的 Mott-Schottky 曲线图

的平带电位为 $-0.14V$（vs. Ag/AgCl），由于曲线斜率为正时对应 n 型半导体，因此可认为 α-Fe_2O_3 是一种 n 型半导体。查阅文献可得 α-Fe_2O_3 的相对介电常数 $\varepsilon=80$，因此可以计算出它的载流子浓度约为 $N_D=1.20\times10^{19}cm^{-3}$。

规范测试小贴士

（1）电化学工作站使用通电前，务必确认电源插座接地，保证用电安全。

（2）必须对玻碳电极进行清洁保证表面呈镜面效果。由于玻碳表面容易受到一些有机物金属化合物的污染，严重地影响测量（不出峰、出杂峰、不重现），所以测量前都必须作清洁处理。

（3）电化学测试时务必选择合适的测试方法，请勿在明知不正确的情况下故意使用不当的研究方法。数据处理时不要从无到有地编造添加数据，不要将真实数据中不符合自己预期结论的数据删掉，不要将自己无法解释的有效数据隐瞒。

参考文献

[1] 苏彬. 分析化学手册·4·电分析化学 [M]. 3 版. 北京：化学工业出版社，2016.
[2] 贾铮，戴长松，陈玲. 电化学测量方法 [M]. 北京：化学工业出版社，2006.
[3] Liu X R, Yuan Y F, Liu J, et al. Utilizing solar energy to improve the oxygen evolution reaction kinetics in zinc–air battery [J]. Nature communications. 2019, 10: 4767.

第三节 多孔材料气体吸附分析

多孔材料具有结构空旷和比表面积高等特点，因此广泛应用于吸附与分离、离子交换、催化、主客体化学等诸多领域。明确多孔材料的多孔性质（主要包括孔径分布、比表面积和孔容等），将有利于建立材料结构和性质之间的构效关系。本章主要围绕气体吸附仪器所涉及的基础知识、数据分析及应用实例分析等方面进行简要介绍。

一、基础知识概述

1. 吸附

吸附是指周围介质（液体或气体）中分子或离子在物质（主要固体）表面富集的现象。

2. 多孔材料

多孔材料是一类由相互贯通或封闭的孔洞而构成的具有网络结构的材料，孔洞的边界或表面由支柱或平板构成。

3. 多孔材料的类型

化学作为一门自然科学，其注重研究物质的组成、结构和性质等。依据材料组成，多孔材料主要包括：

（1）由硅铝酸盐构成的无机多孔材料。

（2）有机配体与金属中心（金属离子或者金属氧簇）通过配位键构筑的金属有机骨架化

合物（metal organic frameworks，MOFs）。

（3）有机基块在聚合反应下形成的利用共价键连接的多孔有机骨架材料（porous organic frameworks，POFs）。

此外，多孔材料的孔径大小是一个非常重要的参数。国际纯粹与应用化学联合会（international union of pure and applied chemistry，IUPAC）按照多孔材料的孔径大小将多孔材料分为三类：

（1）微孔材料（microporous materials），其孔径小于2nm。

（2）介孔材料（mesoporous materials），其孔径在2到50nm之间。

（3）大孔材料（macroporous），其孔径大于50nm。多孔材料的孔可以是单一的（微孔、介孔或者大孔中的一种），也可以是两种或者三种类型的孔。

4. 多孔材料的孔参数

对于多孔材料，测试表征的信息主要围绕它的孔展开。

（1）多孔材料的比表面积。表面是固体与周围环境相互作用的地方。多孔材料的表面积是将其展开形成的平面的面积大小，单位为 m^2。比表面积是单位质量的物质的表面积，相当于表面积的归一化参数，其单位为 m^2/g。

（2）多孔材料的孔径分布。多孔材料的孔径是指其孔隙的直径，孔径分布则为相应孔体积或面积随孔径变化的关系。

（3）多孔材料的孔容。单位质量的多孔材料所具有的孔容积，其单位为 cm^3/g。

5. 表征多孔材料的技术

表征多孔材料的孔参数的主要测试技术包括：

（1）电子显微技术。利用扫描电子显微镜或者透射电子显微镜直接观察多孔材料的内部结构，可以在微观层面确定多孔材料的孔径大小。这种测试范围有限，不能全面分析多孔材料的孔径信息。

（2）气体吸附法。以某些气体分子为探针，在特定温度下，多孔材料对于探针分子的吸附量随压力而变化，进而得到气体吸附等温线。利用气体吸附法表征多孔材料，适合孔径小于50nm的材料。

（3）压汞法。依靠外加压力使汞克服表面张力进入多孔材料的孔中，来测定它的孔径大小和分布。其可表征3nm以上的孔，特别是大孔材料。

（4）X-射线小角度散射法等。

6. 气体吸附等温线

气体吸附等温线中，横坐标代表压强值。如果在某些温度下，气体的饱和蒸气压与仪器测试时设定的最大压强相近（1.1bar左右），此时横坐标可以标记为相对压力——p/p_0 为压强 p 和饱和蒸气压力之比。例如，液氮下，氮气的饱和蒸气压为 $1.01\times10^5 Pa$，此时横坐标可以用 p/p_0（其值为 $10^{-6}\sim1.0$）。除此之外，横坐标应该标记为实测压强值，单位为 bar 或者 kPa；在气体吸附等温线中，纵坐标为多孔材料吸附气体量，单位为 cm^3/g 或 $mmol/g$。

7. 常见的气体吸附等温线的类型

不同类型的多孔材料呈现出多种多样的吸附曲线类型，IUPAC将其归结为六类，如图9-3-1所示。在实际测得的吸附曲线中，其可能更复杂。在这里不针对每一种吸附曲线做过多讲解，需要记住一些典型特征：

（1）微孔材料的吸附曲线比较典型，为Ⅰ型曲线。在低压区，吸附量快速上升直至达到饱和，随后吸附量基本不变。在 $p/p_0>0.9$ 时，吸附量可能略有增加。

（2）吸附曲线是弯向纵轴，还是弯向横轴。例如，Ⅰ型曲线弯向纵轴，Ⅲ型曲线弯向横轴。当曲线弯向横轴时，表示吸附剂和吸附质之间的相互作用弱。

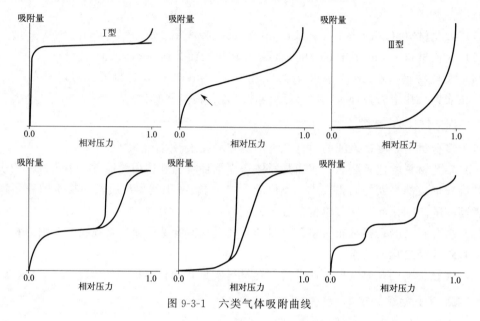

图 9-3-1　六类气体吸附曲线

8. 吸附剂吸附气体的过程

吸附剂（adsorbent）是具有吸附能力的物质。吸附质（adsorbate）是吸附在固体表面的气体或者液体。吸附剂吸附气体过程包括以下三个阶段，如图 9-3-2 所示：

（1）低压时（$p/p_0<0.01$），微孔填充，单层吸附。

（2）中压区，多层吸附。

（3）高压区，毛细管凝聚，全填充。

二、仪器结构与工作原理

1. 气体吸附分析仪工作原理

利用某些特定的气体分子作为探针，在特定温度下，多孔材料的整个表面吸附探针气体分子。利用吸附剂表面单层吸附的气体分子总数目乘以探针气体分子的截面积，即可得到多孔材料的比表面积。

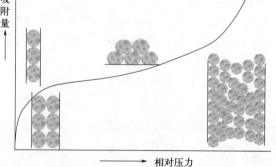

图 9-3-2　气体吸附的三个过程

2. 用于表征多孔材料的气体探针

多孔材料吸附气体是一种可逆的物理吸附。当测试温度为气体探针的沸点温度时，多孔材料对于气体的吸附与体系压力相关（吸附和脱附处于相平衡）。在表征多孔材料的孔参数时，可以使用的气体探针包括：氮气、氩气和二氧化碳，对应的测试温度为 77K（液氮）、

87K（液氮）和 195K（干冰）。

最常用的探针气体是氮气，一是高纯氮气易得；二是测试所需的液氮也相对易得；三是氮气与大多数多孔材料表面的相互作用较大。氮气是椭球形非极性分子，在具有不同极性表面的多孔材料中，其分子变形较大。在计算比表面积时，仪器软件中氮气的截面积为固定值，这导致计算得到的比表面积可能不够准确（实际操作时，也没办法考虑极性对氮气分子变形的影响）。

氩气作为探针气体，测试过程需要在液氩下进行。和氮气相比，氩气的价格高；此外，测试时所需液氩也更加昂贵。氩气是球形分子，在具有不同极性表面的多孔材料中，其分子变形相对较小。

二氧化碳作为探针气体，测试过程需要在干冰中进行。二氧化碳是线形分子，在表征具有超微孔的多孔材料时具有一定优势。

3. 计算多孔材料的比表面积

在气体吸附表征实验中，可以测量多孔材料在相对压力（p/p_0）下的气体吸附量（标准温度和压力下的体积）。根据这些数据可以绘制吸附等温线，这是利用气体吸附仪器直接测量得到的。比表面积、孔容和孔径分布等是基于该等温线计算得到的。

计算比表面积的关键是得到吸附剂表面单层吸附的气体分子总数目。

美国物理学家和化学家 Irving Langmuir 首先揭示了吸附本质，认为其为单分子层吸附理论，适合于仅有微孔的材料。

吸附剂在吸附气体时，不仅为单分子层吸附，同时会有多分子层吸附。1938 年，Stephen Brunaner、Paul Hugh Emmett 和 Edward Teller 这三位科学家提出了多分子层吸附理论，即 BET 理论。BET 理论适合大部分材料，是最常使用的比表面积分析法。

4. 计算多孔材料的孔径分布

计算多孔材料的孔径分布的方法很多，大多数计算模型是根据发明人的名字或计算方法的缩写而命名，例如 Horvath-Kawazoe（HK）、Barrett-Joyner-Halenda（BJH）、Density Function Theory（DFT）和 Nonlocal Density Functional Theory（NLDFT）等。每一种模型有对应的适用范围。HK 方法，适用于微孔的炭材料；BJH 方法，适用于介孔的二氧化硅材料；NLDFT 方法，适用于微孔和介孔材料。

需要说明的是，国产和国外多种品牌的气体吸附仪器在计算孔径分布时，所用的模型有较大差异。

三、气体吸附仪测试操作规程

1. 材料的活化或者前处理

合成的多孔材料中有大量的客体分子，在送样测试气体吸附之前，需要将样品进行活化。将客体分子从孔道中脱除的方法包括：真空煅烧、真空干燥、超临界二氧化碳处理等。具体使用哪些方法，还需根据多孔材料进行选择。例如，热稳定性的分子筛可以利用直接煅烧去除客体；MOFs 材料，可以先用低沸点溶剂（该溶剂不和 MOFs 反应）交换，之后真空干燥去除客体。在活化样品前，测试材料的热重曲线可以为样品提供活化处理温度依据。样品活化条件，既有经验性，也有探索性。具体利用哪些步骤和方法进行样品活化，需要结合实验室条件及以往经验。

2. 送样说明

在将样品送到气体吸附测试平台时,要说明样品进行微孔气体吸附还是介孔气体吸附。微孔气体吸附仪器的起始相对测试压力大约为 10^{-6},分析用时较长,可以分析样品的微孔部分孔径。介孔气体吸附仪器的起始相对测试压力大约为 10^{-3},分析用时较短,适用于表征介孔材料(如果想快速知道样品的比表面积,可以进行介孔气体吸附测试)。此外,在送样时需要标注脱气条件(特别是温度)。即使在送样前进行了严格的活化,多孔材料中还是会有一些客体分子。在进行气体吸附测试之前,还需要进行脱气处理。

脱气操作中,需要设定脱气温度和脱气时间。温度高分子扩散快,温度低分子扩散慢。如果样品具有良好的热稳定性,在送样时可以设定高脱气温度;如果样品热稳定性差,在送样时需要强调设定低脱气温度(此时,脱气时间需要相应加长)。在送样时,需要和测试人员对脱气条件进行必要说明。

3. 材料的气体吸附脱附等温线测试

气体吸附测试平台将根据送样要求测试材料的气体吸附-脱附等温线。

4. 气体吸附脱附等温线测试报告

测试之后,系统会形成测试报告文件,数据返给送样人。

四、数据处理

气体吸附测试之后,会形成一份 Excel、Txt 或者 PDF 格式的文件。由于是程序化的软件系统,汇总的各种数据报告可能有几十页,需要在文件中找到一些关键信息,主要包括:

(一)曲线报告

在曲线报告中有很多列,在作气体吸附和脱附图时,需要使用相对压力(relative pressure,p/p_0)和吸附量(quantity adsorbed,cm^3/g)这两列(图 9-3-3)。作图时,横轴为相对压力,而纵轴为吸附量。相对压力从 1.0×10^{-6} 左右开始逐渐增加到 0.988 左右(接近 1.0),这是吸附过程。随后,相对压力逐渐减小,这是气体脱附过程。将吸附过程中相对压力设置为 $X1$,此过程中吸附量设置为 $Y1$;将脱附过程中相对压力设置为 $X2$,此过程中吸附量设置为 $Y2$。这样就可以作图得到材料的气体吸附(一般用实心图形)和脱附曲线(一般用空心图形)。

(二)比表面积

计算多孔材料的比表面积的模型有 Langmuir 模型和 BET 模型等。Langmuir 模型适用于吸附曲线为 I 型的微孔材料。目前,计算比表面积时,最常使用 BET 模型,在这个报告中要注意 C 和 correlation coefficient 这两个参数(图 9-3-4)。C 是 BET 方程中一个常数,它是衡量吸附剂和吸附质之间相互作用程度的经验常数,必须为正值;correlation coefficient 是相关系数,其值需大于 0.99。

(三)孔径分布

计算多孔材料的孔径分布的方法有 HK、BJK、DFT 和 NLDFT 等,每种方法都有其适

Isotherm Tabular Report				
relative presure(p/p_0)	absolute pressure/mmHg	quantity adsorbed/(cm^3/g)	elapsed	saturation
			01:12	749.8804
1.84554E-06	0.00138512	5.645555071	01:34	750.5217
3.77942E-06	0.002836104	11.27417747	01:40	750.4059
6.44056E-06	0.004832956	16.95068268	01:44	750.3925
9.55872E-06	0.007172477	22.56674248	01:49	750.3593
1.38012E-05	0.010354811	28.17733352	01:53	750.2819
1.91011E-05	0.014330916	33.83762137	01:57	750.2636
2.61655E-05	0.019630432	39.44563305	02:01	750.2399
3.53697E-05	0.026535191	45.06324423	02:05	750.2241
4.75628E-05	0.035679638	50.66549476	02:10	750.1575
6.34266E-05	0.047570962	56.23412825	02:14	750.0157
8.4555E-05	0.063417263	61.77569594	02:20	750.0113
0.000111804	0.083852895	67.31600159	02:24	749.9973
0.000147338	0.110501185	72.79156363	02:29	749.984
0.000192889	0.144658446	78.2822664	02:34	749.9582
0.000249485	0.187092781	83.67663959	02:39	749.9168
0.924097609	693.7809448	571.1343265	07:31	750.7659
0.948537602	712.1772461	585.727094	07:35	750.816
0.958908128	719.9375	596.0237363	07:38	750.7888
0.969081916	727.6428223	609.8614994	07:42	750.8579
0.978538342	734.855896	627.7407251	07:46	750.973
0.987999527	742.0357666	655.6576537	07:52	751.0487
0.988441544	742.4412842	661.7176666	07:55	751.1231
0.970910268	729.3527832	644.6945643	07:59	751.2051
0.95274937	715.8299561	619.0738324	08:05	751.3308
0.900933621	676.9526367	581.0596873	08:10	751.3901
0.852695588	640.6948242	566.1999275	08:13	751.3758
0.790985214	594.3148804	555.6210301	08:16	751.3603
0.749810931	563.3795776	550.5388848	08:19	751.3622
0.699580792	525.680481	545.5974237	08:22	751.4221
0.649576863	488.1616516	540.9714572	08:24	751.5071

图 9-3-3 气体吸附数据的曲线报告

BET report	
BET surface area:	1,807.9781±70.1595 m^2/g
Slope:	0.05125 ± 0.00208 g/mmol
Y-intercept:	0.00271 ± 0.00020 g/mmol
C:	19.896241
QM:	18.53213 mmol/g
correlation coefficient:	0.9975270
molecular cross-sectional area:	0.1620 nm^2

relative pressure(p/p_0)	quantity adsorbed/(mmol/g)	$1/[Q(p_0/p-1)]$
0.06864347	11.99731856	0.006143263
0.077687559	12.48411701	0.006747076
0.086152824	13.02895569	0.007235796
0.098962503	14.24231676	0.007711647
0.127593766	15.81534646	0.009247663

图 9-3-4 气体吸附数据 BET 报告

用条件。HK 方法可以分析微孔碳材料的孔径分布；BJK 方法可以分析介孔的二氧化硅材料的孔径分布；NLDFT 方法可以分析材料微孔和介孔的孔径分布。

在利用 NLDFT 模型计算孔径分布中，有多列数据（图 9-3-5）。第一列为 pore width（孔宽），这是孔径分布图的横轴。纵轴可以是 pore volume 或者 surface area 相关的数据，具体包括 cumulative pore volume（累积孔容）、incremental pore volume（增量孔容）、cumulative surface area（累积比表面积）和 incremental surface area（增量比表面积）。

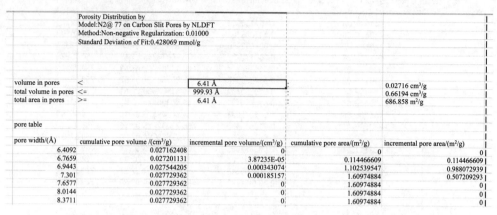

图 9-3-5　气体吸附数据计算的孔径分布（NLDFT 模型）

如图 9-3-6 所示，清晰地看出 pore width/incremental pore volume 和 pore width/cumulative pore volume 之间的区别。pore width/incremental pore volume 是增加孔容随孔径变化关系；pore width/cumulative pore volume 是累积孔容随孔径变化关系。cumulative pore volume 相当于将 incremental pore volume 进行积分。在对应孔径下，incremental pore volume 不为零，代表此处有孔。孔径分布是一个范围，当有峰明显存在时，说明此处孔径分布相对集中。将 pore width/incremental pore volume 图和 pore width/cumulative pore volume 图结合，可以准确地分析材料的孔径分布情况。

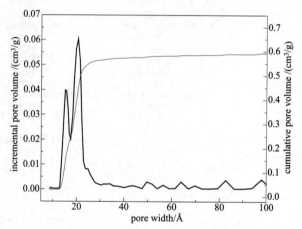

图 9-3-6　pore width/incremental pore volume 和 pore width/cumulative pore volume 的孔径分布图

此外，孔径分布还可以表达为 pore width 和 dV/dW 或 dV/dlgW 的形式（图 9-3-7）。dV/

dV/dW pore volume vs. pore width		dV/dlog(W) pore volume vs. pore width	
002-945 :COF-1		002-945 :COF-1	
pore width /Å	dV/dW pore volume/(cm³/g·Å)	pore width /Å	dV/dlgW pore volume/(cm³/g)
6.4092	0	6.4092	0
6.7659	0.000144734	6.7659	0.002223912
6.9443	0.001282279	6.9443	0.020756638
7.301	0.000519083	7.301	0.00871944
7.6577	0	7.6577	0
8.0144	0	8.0144	0
8.3711	0	8.3711	0
8.7278	0	8.7278	0
9.0845	0	9.0845	0
9.6195	0	9.6195	0
9.9762	0	9.9762	0
10.5113	0	10.5113	0
10.868	0.001270325	10.868	0.032032323
11.403	0.017364832	11.403	0.455604775

图 9-3-7　气体吸附数据中的 pore width 和 dV/dW 或 dV/dlgW 数据

dW 是纵坐标 incremental pore volume 进行微分操作，它的单位为 $cm^3/(g·Å)$；dV/dlg$W$ 与 dV/dW 的区别在于将 W 取对数之后再进行微分操作，它的单位为 cm^3/g。

$$dV/dlgW = 2.303W \, dV/dW$$

Pore width 与 incremental pore volume 图、pore width 与 dV/dW 图以及 pore width 与 dV/dlg$W$ 图在本质上都是相同的。在纵坐标上，由于形式不同，它们数值不同。pore width 与 incremental pore volume 图和 pore width 与 dV/dW 图，纵坐标值一般较小。在 dV/dlg$W$ 中，进行变换之后，纵坐标值较大，将孔径峰相对较小的位置进行放大。

（四）孔容

通常情况下，孔容大小是利用相对压力最大值点，计算得到。此外，NLDFT 模型也可以给出累加孔容。

（五）利用气体吸附仪软件进行数据分析和处理

在气体吸附测试时，仪器按照通用参数给出报告。为了将样品的多孔参数分析得更准确，需要利用软件进行数据处理和分析。不同厂家的气体吸附仪器软件系统不同（操作界面和计算孔径分布时模型等差异）。在此以麦克气体吸附仪器为例，简单介绍数据处理过程。

麦克气体吸附仪器测试有一组格式为"X.SMP"的文件，可以用仪器软件打开。在"open"操作中找到"X.SMP"文件，就打开相应文件，如图 9-3-8 所示。

图 9-3-8　气体吸附仪器软件打开"X.SMP"格式文件界面

打开吸附数据之后，通常是吸附-脱附曲线，在"Menus"中（下拉菜单）"Isotherm"部分为高亮。需要分析哪个数据，在"Menus"中进行选择。着重讲解几个重要数据分析过程，如图 9-3-9 所示。

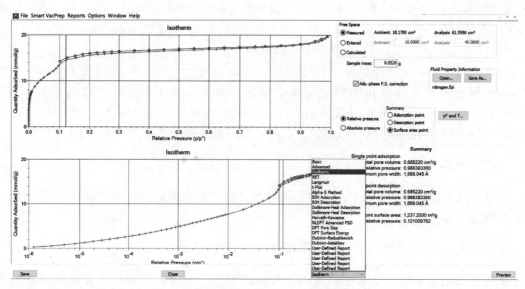

图 9-3-9　气体吸附仪器软件中相应的吸附-脱附曲线

1. Langmuir 比表面积

选择 Langmuir 菜单，这时出现计算 Langmuir 比表面积的界面。调动左上图中两条竖线，就可以选择计算 Langmuir 比表面积的取值范围。Langmuir 适用于微孔材料，计算时，p/p_0 取值范围为 $10^{-4} \sim 0.1$，取连续的五个点用于计算，且相关系数趋近于 1（大于 0.99），如图 9-3-10 所示。

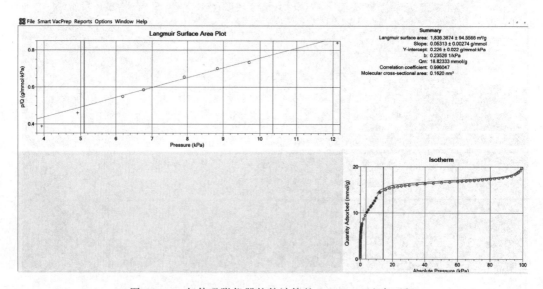

图 9-3-10　气体吸附仪器软件计算的 Langmuir 比表面积

2. BET 比表面积

选择 BET 菜单，这时出现计算 BET 比表面积的界面。左下方为 BET 计算辅助图，横坐标为相对压力，纵坐标为 $Q \times (1-p/p_0)$。随相对压力增加，$Q \times (1-p/p_0)$ 先逐渐增大，出现一个极大值后，又逐渐减小。$Q \times (1-p/p_0)$ 极大值对应的相对压力为计算

BET 的最大相对压力取点，包括此点之内再向相对压力减小方向取四个相对压力点，这五个点即为计算 BET 的取值点。此外，还需要检查相关系数（correlation coefficient）趋近于 1（大于 0.99）和 C 值（大于 0）。如果线性相关系数小（小于 0.99），这时需要删除偏差大的点，重新计算。如图 9-3-11 所示。

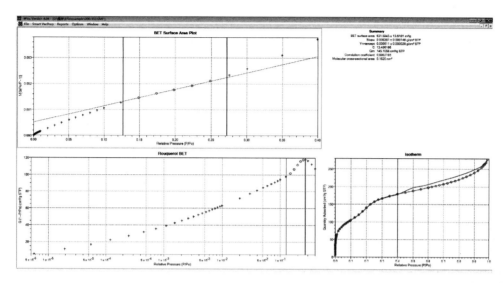

图 9-3-11　气体吸附仪器软件计算的 BET 比表面积

3. 孔径分布

选择 DFT 菜单，这时出现计算孔径分布的界面。在图 9-3-12 右上部，需要选择"Type"、"Geometry"和"Model"。"Type"是计算类型（DFT 或者 NLDFT 等）；"Geometry"是孔形状（Slit 或者 Cylinder 等）；"Model"是具体模型，包括吸附剂类型、孔类型及计算类型。在选择"Geometry"时，需要结合材料在理论上的孔形状。

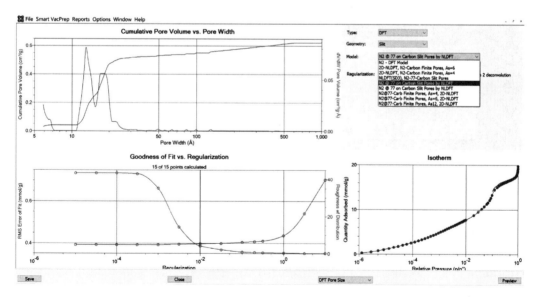

图 9-3-12　利用气体吸附仪器软件计算孔径分布

图 9-3-12 左下方为基于 15 个点的拟合计算参考，左侧纵坐标为 RMS error of fit，右侧纵坐标为 roughness of distribution。两条曲线 RMS error of fit 和 roughness of distribution 会逐渐变化相交在一起。当相交处恰好有点，图中竖线拉到相交处，此时为计算孔径分布的取值点；当相交处没有点，图中竖线拉到相交处前面或者后面的有点处，即为计算孔径分布的取值点。

4. 输出报告

在"Reports"菜单"Start Report"，找到并且打开对应的"X.SMP"文件，如图 9-3-13 所示。

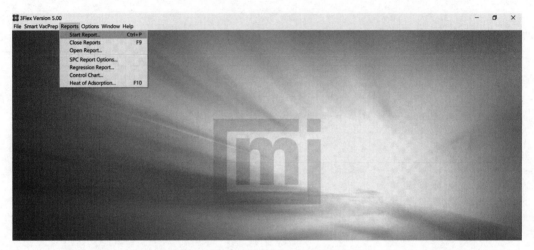

图 9-3-13　气体吸附仪器软件输出报告界面

在"Select Reports"中选择相应的数据报告（选择需要的报告），如图 9-3-14 所示。

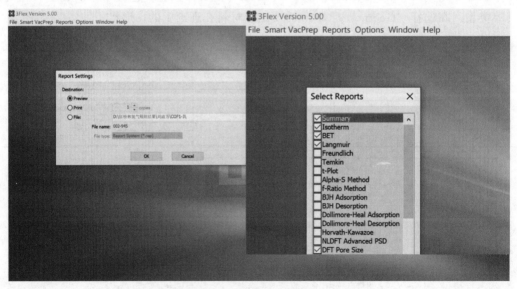

图 9-3-14　气体吸附仪器软件选择需要报告类型界面

在"File"菜单中选择输出路径，填写文件名称和选择文件格式，之后即可输出报告，如图 9-3-15 所示。

图 9-3-15　气体吸附仪器软件输出报告界面（包括输出路径、文件名称和文件格式）

五、应用实例解析

气体吸附分析仪可以用于测量粉体与颗粒材料的气体吸附和脱附等温线，进行计算得到材料的比表面积、孔径分布和孔体积。气体吸附分析仪包括微孔气体吸附分析仪和介孔气体吸附分析仪两种。材料利用哪种气体吸附仪器进行分析测试，需要根据实际需求而定。

此外，气体吸附分析仪还是研究多孔材料气体吸附和分离性能的关键仪器。测试多孔材料在 273K 和 298K 下的对应分离气体的吸附曲线，可以分析其相应的气体吸附和分离性能。目前，二氧化碳/氮气、乙烷/乙烯和乙炔/乙烯等气体的分离在多孔材料研究领域受到广泛的关注。

代表性的多孔材料有分子筛、MOFs 和 POFs 等，在此将简单介绍它们的活化过程及其氮气吸附和脱附曲线特征。

（一）分子筛的氮气吸附-脱附曲线

分子筛是一类经典的多孔材料，在气体吸附和分离、离子交换、石油催化裂解等领域广泛应用。分子筛是典型的微孔材料，其孔径一般小于 2nm。分子筛的比表面积在 300～2000m^2/g 范围内。在利用水热或者溶剂热合成分子筛时，孔道中填充有溶剂和模板剂。在进行气体吸附之前，需要将溶剂和模板剂去除。一般情况下，分子筛具有良好的热稳定性。在真空干燥下可以去除分子筛孔道中的溶剂；氮气或者空气条件下高温灼烧可以去除模板剂。

分子筛的氮气吸附和脱附曲线一般为典型的 I 型曲线，其特征为：在低压区下（p/p_0 小于 0.01），氮气吸附量快速上升并达到饱和。此外，粒径不同的分子筛，在相对压力较大时，它们的氮气吸附曲线差异较大，例如粒径为 400nm、70nm 和 10nm 的 Y 分子筛。

(1) 对于 Y-400（ⅲ），其氮气吸附在低压下快速上升，并达到饱和。

(2) 对于 Y-70（ⅱ），在低压下其氮气吸附快速上升。当 p/p_0 大于 0.1 时，氮气吸附量开始缓慢增加。当 p/p_0 大于 0.9 时，氮气吸附量快速增加（由 240cm^3/g 增至 490cm^3/g）。

(3) 对于 Y-10（ⅰ），在低压下其氮气吸附快速上升。当 p/p_0 大于 0.1 时，氮气吸附量开始缓慢增加［增幅比 Y-70（ⅱ）快］；当 p/p_0 大于 0.8 时，氮气吸附量急剧增加（由 260cm^3/g 增至 850cm^3/g）。

(4) 在低压下，Y-10（ⅰ）、和 Y-400（ⅲ）的氮气吸附曲线基本相同。

Y-10（i）、Y-70（ii）和 Y-400（iii）的氮气吸附曲线（p/p_0大于 0.1）差异很大，三者对应孔容分别为 1.27、0.63 和 $0.35cm^3/g$（差异很大）。在低压区，Y-10（i）、Y-70（ii）和 Y-400（iii）的氮气吸附主要为多孔材料的内部孔吸附行为。小尺寸的物质，容易堆聚而形成纳米尺寸的孔结构。Y-400（iii）由于尺寸大，难以堆聚形成纳米孔。Y-10（i）和 Y-70（ii）堆聚可以形成纳米孔结构，而且 Y-10（i）堆聚而形成的孔结构比 Y-70（ii）多。

（二） MOFs 材料的氮气吸附-脱附曲线

MOFs 材料具有开放的金属位点、可控的孔道和较高的比表面积。因此，MOFs 在气体储存和分离、传感、催化、能量转化和能量储存等领域受到广泛关注。1999 年，Omar M. Yaghi 教授等报告了 MOF-5，这是第一个三维的多孔配位聚合物。此后二十余年，世界范围内有很多课题组在 MOFs 领域开展研究工作，已经合成了几万种 MOFs 材料。MOFs 材料多数是在溶剂中合成的，在气体吸附送样之前，需要将溶剂去除。在合成 MOFs 材料时，如使用 N, N-二甲基甲酰胺等高沸点溶剂，在样品活化时，一般要进行甲醇等低沸点溶剂交换（一是溶剂沸点低，二是溶剂不和 MOFs 反应）。此外，在对样品进行真空干燥时，要参考其热稳定性。除真空干燥处理之外，还可以利用超临界二氧化碳进行样品活化。

以 JUC-101 为例简单地介绍其活化及氮气吸附和脱附曲线特征。合成 JUC-101 时使用的溶剂为高沸点的 N, N-二甲基甲酰胺和二甲基亚砜等溶剂。溶剂热反应得到含溶剂的 JUC-101 之后，需要将 JUC-101 活化。首先进行溶剂交换，分别利用干燥甲醇和干燥二氯甲烷浸泡 6h；然后在室温下真空干燥 2h，在 80℃下干燥 12h。JUC-101 的氮气吸附和脱附曲线是典型的 I 型曲线，特征为：在低压区下（p/p_0 小于 0.01），氮气吸附量快速上升并达到饱和。JUC-101 的 BET 比表面积为 $3742m^2/g$，而其 Langmuir 比表面积为 $4202m^2/g$。

在结构解析中可以清晰地判断 MOFs 的孔道结构。几万种 MOFs 材料，有些氮气吸附为 I 型曲线；有些为 IV 型曲线（孔径为介孔的 MOFs）；有些没有氮气吸附（MOFs 不稳定，骨架易坏）。

（三） POF 材料的氮气吸附-脱附曲线

在世界范围内有许多课题组在 POFs 方向开展研究，其中包括：固有微孔聚合物（polymers intrinsic microporosity，PIMs）、共价有机框架材料（covalent organic frameworks，COFs）、共轭微孔聚合物（conjugated microporous polymers，CMPs）、共价三嗪框架材料（covalent triazine frameworks，CTFs）和多孔芳香骨架材料（porous aromatic frameworks，PAFs）等。这类材料的氮气吸附曲线类型非常多，有些是 I 型曲线；有些在低压区吸附量上升较快，p/p_0 在 0.2 至 0.8 区域，吸附量随相对压力增加呈现线性增加。

（四） HOF 材料的氮气吸附-脱附曲线

HOF（hydrogen-bonded organic framework）型多孔材料是基于氢键连接而形成的一类新型多孔材料。Liu 等研究了为不同温度处理下的 JLU-SOF2 的氮气吸附和脱附曲线。在 100℃、200℃和 250℃处理样品时，所测氮气吸附和脱附曲线基本相同，为典型的 I 型曲线。当温度升高为 300℃和 350℃时，氮气吸附量降低很多，这表明材料结构已经发生变化。

气体吸附分析仪可以用于测量粉体与颗粒材料的气体吸附和脱附等温线，进行计算得到材料的比表面积、孔径分布和孔体积。气体吸附分析仪包括微孔气体吸附分析仪和介孔气体吸附分析仪两种。材料利用哪种气体吸附仪器进行分析测试，需要根据实际需求而定。此外，气体吸附分析仪还是研究多孔材料在气体吸附和分离性质的关键仪器。测试多孔材料在273K和298K下的对应分离气体的吸附曲线，可以分析其相应的气体吸附和分离性能。目前，二氧化碳/氮气、乙烷/乙烯和乙炔/乙烯等气体的分离在多孔材料研究领域受到广泛地关注。

简而言之，气体吸附分析仪是表征和研究多孔材料的重要仪器。气体吸附分析仪在压力传感精度、真空度和操作系统等方面的提升，将不断地优化仪器性能。在数据分析软件中，比表面积模型和总孔容的计算是成熟的。不同气体吸附分析仪厂家在孔径分布中所用模型不同，在孔径分布模型方面需要进一步优化和提升。

参考文献

[1] 任浩，朱广山. 有机多孔材料：合成策略与性质研究 [J]，化学学报，2015，73（06）：587-599.
[2] Awala H, Jean-Pierre G J P, Retoux R, et al. Template-free nanosized faujasite-type zeolites [J]. Nat. Mater. 2015, 14 (4): 447-451.
[3] Li H L, Mohamed E, O'Keeffe M, et al. Design and synthesis of an exceptionally stable and highly porous metal-organic framework [J]. Nature, 1999, 402, 276-279.
[4] Indra, Song, Paik U. Metal organic framework derived materials: progress and prospects for the energy conversion and storage [J]. Adv. Mater., 2018, 30, 1705146.
[5] Jia J T, Sun F X, Tsolmon B, et al. Highly porous and robust ionic MOFs with nia topology constructed by connecting an octahedral ligand and a trigonal prismatic metal cluster [J]. Chem. Commun., 2012, 48, 6010-6012.
[6] Feriante C H, Samik J, Evans A M. Rapid synthesis of high surface area imine-linked 2D covalent organic frameworks by avoiding pore collapse during isolation [J]. Adv. Mater., 2020, 32, 1905776.
[7] Zhou Y, Kan L, Eubank J F, et al. Self-assembly of two robust 3D supramolecular organic frameworks from a geometrically non-planar molecule for high gas selectivity performance [J]. Chem. Sci., 2019, 10, 6565-6571.
[8] Ren H, Zhu G S. Porous organic frameworks design, synthesis and their advanced applications [M]. Germany: Springer, 2015.
[9] Zhang S H, Taylor M K, Jiang L C, et al. Light hydrocarbon separations using porous organic framework materials [J]. Chem. Eur. J., 2020, 26, 3205-3221.

第四节　电子万能材料试验机力学分析

随着社会的发展，高分子材料已经成为现代工业和高新技术的重要基石，为了评价高分子材料的使用价值，研究高分子材料力学强度变化的宏观规律与微观机理，需要对高分子材料的力学性能进行研究。力学性能是描述材料性质的重要指标，是分子设计、工艺优选、材料性能评定的主要依据。材料的力学性能及表达材料力学性能的参数需要通过力学试验来测定。材料的应用场景不同，需要分析的力学性能不一样，试验方式不同，所使用的装置也不同。材料试验机是研究材料力学性能的重要设备。电子万能材料试验机是材料试验机中较为先进的一种类型，在研究高分子材料屈服、强度和破坏等方面具有重要意义。通过更换不同的装置，电子万能材料试验机可以方便地进行拉伸、压缩、弯曲、撕裂、剥离、搭接剪切、刺穿/顶破、摩擦等多种力学试验，并对材料在不同温度和介质环境下的力学性能进行研究，得到描述材料力学性能的参数。电子万能材料试验机有载荷测量范围宽、速度控制精度高、采样密度大等优点，被广泛应用于医疗、化工、电子、建筑、汽车、船舶、航空航天等各个行业。

本节内容重点阐述电子万能材料试验机在高分子材料力学性能研究方面的应用，着重介绍拉伸、压缩、三点弯曲等试验的仪器操作,以拉伸试验为例对应用实例进行讲解,并对其他外力作用方式作简单介绍。

一、基础知识概述

力学性能也称为机械性能,一般指材料在一定温度、湿度或其他介质(如:水、油、气体等)环境下承受外加载荷作用时表现出的力学特征,包括弹性、塑性、断裂等。图 9-4-1 展示了一些典型的外力作用方式。

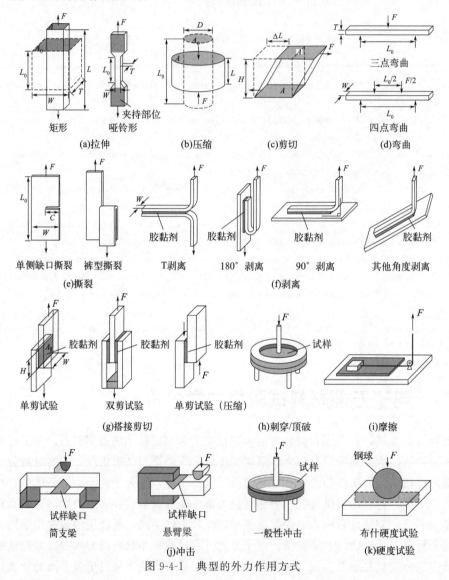

图 9-4-1 典型的外力作用方式

材料在外力作用下会发生形变,单位面积(A_0)上所受的作用力(F)定义为应力(σ),单位为 N/m^2 或 Pa;受力方向上长度变化量与原始长度的比值定义为应变(ε),单位为 mm/mm。材料受外力作用时表现的力学性质常用应力与应变的关系来描述,即应力-应变曲线(图 9-4-2)。由应力-应变曲线可以获得材料的力学性能参数,了解材料的力学特征。

以图 9-4-2(a) 为例，应力-应变曲线起始阶段（OA 段）是一段直线，应力与应变成正比，试样在此区间表现为胡克弹性行为，该段直线的斜率为弹性模量（又称杨氏模量，E，单位为 Pa），表示为：

$$E = \sigma/\varepsilon \tag{9-4-1}$$

此后，应力-应变曲线通常出现一个转折点 B，该点称为屈服点，此时的应力称为屈服应力（又称屈服强度，σ_b）。继续加载至试样断裂，断裂点 C 的应力称为断裂应力（又称强度，σ_c），应变称为断裂应变（ε_c）。对应力-应变曲线积分得试样韧性 τ（单位为 J/m^3），表示为：

$$\tau = \int_0^{\varepsilon_c} \sigma \, d\varepsilon \tag{9-4-2}$$

材料的弹性模量体现了它的刚性（刚或柔），断裂应力体现了它的强度（强或弱），断裂应变体现了它的韧性（韧或脆），材料在屈服之前发生断裂称为脆性断裂，在屈服之后发生断裂称为韧性断裂。因此，通过对应力-应变曲线综合分析可以把材料复杂的力学行为大致分为以下五类：①软而韧；②软而弱；③硬而脆；④硬而强；⑤强而韧（图 9-4-2）。

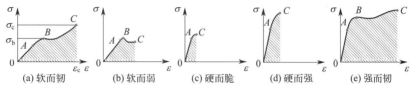

图 9-4-2　典型的应力-应变曲线

不同试验方法可以测得不同的力学性能参数（表 9-4-1）。拉伸、压缩、弯曲等试验均可以测得材料的弹性模量、强度、断裂应变等结果，但是不同试验方法所得的结果数值一般不一致，例如，聚合物材料的压缩模量的数值通常大于其拉伸模量的数值。力学性能参数的数值要在相同的试验模式、相似的试验条件下方能相互比较。

表 9-4-1　力学试验模式及常用的描述力学性能的参数

试验模式	力学参数
拉伸	拉伸模量、屈服应力、拉伸强度、断裂伸长率、韧性等
压缩	压缩模量、屈服应力、压缩强度、断裂应变、韧性等
弯曲	弯曲模量、屈服应力、弯曲强度、断裂应变、韧性等
撕裂	断裂能、断裂应变、撕裂强度等
剥离	剥离强度（最大峰值、平稳试验阶段平均值、5 个最大峰值平均值等）
搭接剪切	搭接剪切强度
刺穿/顶破	刺穿强度（最大载荷）、极限位移
摩擦	动摩擦力、动摩擦系数、静摩擦力、静摩擦系数等
加载-卸载循环试验	内耗、能量耗散效率、残余应变、疲劳寿命等
蠕变	总蠕变量、蠕变增量、蠕变应变、蠕变极限等
松弛	总松弛量、松弛时间、应力松弛活化能等

二、仪器结构与工作原理

电子万能材料试验机有单立柱和双立柱两种形式，与单立柱相比，双立柱万能材料试验机具有更高的刚性支撑结构，适合测试高强度试样，双立柱结构也更适合安装环境试验箱，但由于立柱遮挡，试样安装的灵活性不如单立柱仪器。单立柱和双立柱万能材料试验机的构成基本相同，主要有三部分，分别为：机械加载系统、数据采集系统、控制与数据记录和处理系统，其简单装置如图 9-4-3 所示。

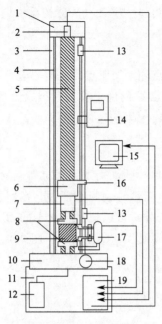 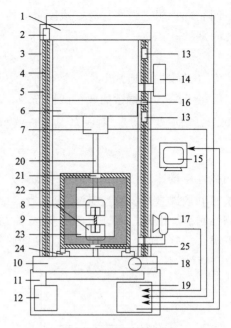

单立柱电子万能材料试验机　　　　双立柱电子万能材料试验机

图 9-4-3　电子万能材料试验机

1—顶部横梁；2—编码器；3—立柱；4—T 形槽；5—滚珠丝杠；6—中间横梁；7—载荷传感器；8—夹具（左：压盘；右：耐温夹具）；9—试样（左：压缩试样；右：拉伸试样）；10—底板横梁；11—底座；12—伺服电机；13—限位器；14—操作板（左：面板；右：手柄）；15—计算机；16—限位触发标记；17—引伸计 [左：接触式引伸计；右：非接触式（视频）引伸计]；18—紧急制动按钮；19—控制器；20—耐温延长杆；21—楔形块和隔热套；22—环境试验箱；23—带视窗的试验箱门；24—导轨；25—楔形块和保护套板

电子万能材料试验机工作时由伺服电机驱动滚珠丝杠旋转带动中间横梁上、下移动，试样通过夹具等工装固定在中间横梁与底板横梁之间，中间横梁移动对试样进行加载，载荷传感器、编码器、引伸计分别对加载过程中试样的力、位移和变形数据进行采集，通过控制器对数据进行处理，显示于计算机屏幕。试验完成后，试验人员可以对试验数据进行处理，并将试验结果数据保存到计算机硬盘中。

电子万能材料试验机的特点之一是载荷测量范围宽。与金属、陶瓷、混凝土等无机材料相比，高分子相关研究领域涉及的材料强度通常不高，载荷一般低于 20kN。选用 3 只载荷传感器可以覆盖 0.025～20000N 的载荷测量范围（表 9-4-2）。

表 9-4-2　载荷传感器载荷能力与载荷测量范围

载荷能力	20kN	100N	5N
范围	20～20000N	0.4～100N	0.025～5N

引伸计用于测量试样两点（标距）之间的线变形，直接测量并计算试样的应变（如延伸率）。与位移编码器相比，引伸计可以更准确地测量试样的真实变形情况。但是，接触式引伸计不适合测试薄、软、脆弱的试样，非接触式引伸计不适合测试小尺寸试样。

三、电子万能材料试验机测试操作规程

本小节以英斯特朗 68TM 系列电子万能材料试验机为例，对高分子领域常用的拉伸、

压缩、三点弯曲等力学试验模式的测试操作进行讲解。

（一）试样准备

试样应当材质均匀，无气泡、裂痕等缺陷。试样应当加工成规整形状，厚度（宽度、直径）均一，表面光洁，边缘无毛刺无缺口，试样的形状、尺寸可以参考相关标准，具体内容不在本节详述。试验前应测量试样尺寸，包括试样原长 L_0（又称标距）、截面宽度 W、厚度 T、直径 D 等（图9-4-1）。

拉伸、弯曲试样一般为长条状，横截面为矩形或圆形。使用位移编码器记录位移时，长条状试样的原长 L_0 为试样安装好以后上下夹具间距离。拉伸试验时也常常将试样制成哑铃形以增大夹持面积，减少滑移。哑铃形试样应当避免有尖锐的转角，试样过渡部分转弯处应当制成圆弧形。哑铃形试样平行部分的试验段长度 L_0 为标距，测出 L_0 及试样平行部分宽度 W 与厚度 T。

压缩试样一般为圆形横截面的短柱体，试样应平整无弯曲，上下表面应相互平行并垂直于侧面。

每个样品应至少准备5个试样。对于各向异性的材料，对不同各向异性方向应分别取样试验。

（二）仪器操作规程

（1）根据试验要求更换载荷传感器、工装等，检查所用装置是否完好。若使用气动夹具，需要打开空气压缩机，等待压缩空气压强和流量稳定。

（2）根据试样长度和工装情况设置限位器位置。

（3）开启电子万能材料试验机电源开关，等待仪器自检完成。电脑开机。

（4）双击电脑桌面测试软件"Bluehill Universal"。点击仪器操作板上"解锁"按钮，机架就绪。

（5）单击软件首页"测试"按钮，选择合适的试验方法，进入测试界面。

（6）测量试样尺寸，在测试界面"操作员输入框"输入试样尺寸，输入速率。

（7）检查夹具等工装，安装试样。

（8）调零载荷，调零位移。

（9）点击操作板上"解锁"按钮，系统转至警告模式，点击"开始"按钮开始试验。

（10）观察试验过程中试样变化及力-位移曲线变化情况。

（11）试验结束，软件自动计算出方法预设的力学参数数值并在结果窗口中给出。

（12）拆除试样，清理夹面及夹具表面的残余试样。

（13）一系列平行试样全部测试完毕后点击"结束样品"，命名并选择合适的存储路径。

（14）测完所有试样后使用光盘拷贝数据，依次关闭软件、仪器、电脑。

（15）将仪器复原并清理现场，填写使用记录本。

（三）试验方法编写

点击"Bluehill Universal"软件首页"方法"按钮进入方法界面，"编辑方法"模块可以浏览并修改之前的方法；"新方法"模块可以创建方法，在"方法模板列表"中选择恰当的方法模板,以拉伸方法为例,选择"拉伸方法",进入参数设置界面。

在参数设置界面中,依次设置:

(1) 点击"试样",设置试样的几何形状,如矩形,若试样尺寸一致则在此处输入试样的统一尺寸。

(2) 点击"测量",设置测量的物理量,默认选择时间、载荷、位移、应力、应变等。

(3) 点击"计算",设置软件自动计算的力学参数,如弹性模量、屈服、断裂等。注意:软件计算方式可能与测试结果事实不符,应注意甄别。

(4) 点击"测试控制",设置一个统一的测试速率;设置测试结束事件,默认为:测量率-力,灵敏度40%,对于大部分进行拉伸试验的试样,采用默认的测试结束事件即可;数据采集方案采用默认方式。

(5) 点击"控制台",设置功能键,依次为:位移调零、载荷调零、全部调零;设置测试界面实时显示的物理量,依次为:位移、载荷、应力、应变;设置气动夹具夹持力(若测试使用气动夹具)。

(6) 点击"工作区",点击"操作员输入",设置测试时需要输入的物理量,如:速率、试样尺寸等;"原始数据"处设置原始数据内容,默认包括:时间、位移、载荷,可添加应力、应变等。

(7) 点击"导出",设置导出文件方式及格式,导出频率选择"完成时",格式包括:测试软件原始数据、试验结果的 pdf 报告、原始数据的电子表格、计算结果的电子表格等。

(8) 点击"保存",保存试验方法,将方法保存到专用保存方法的文件夹;试验方法命名模板:试验人员姓名-某某方法-载荷传感器量程。

(四)注意事项

(1) 应当时刻注意试验人员的人身安全,小心夹手,注意飞屑危险,小心环境试验箱内的高温和低温,防止烫伤、冻伤。

(2) 如遇紧急情况,按下紧急制动按钮。危险排除后,顺时针旋转紧急制动按钮使其复位,按操作板"解锁"按钮恢复机架。

(3) 开始测试前,检查限位器位置。

(4) 编写压缩、三点弯曲、剪切、刺穿/顶破等向下运行试验的方法时,应设置至少三个测试结束事件,分别为测量率-力(灵敏度40%)、载荷最大值(载荷传感器满量程的90%)和位移最大值(试验最大行程的80%)等。

(5) 载荷传感器、夹具严禁磕碰、撞击或坠落,务必小心操作载荷传感器和传感器线缆,避免过度拧紧手动螺旋夹具。

(6) 仪器机身应当严格防水,进行水浴试验或低温试验时,应避免把水滴落到机身上。

(7) 仪器运转时,测试人员不得擅自离开。

四、测试结果影响因素分析

测试过程中的一些常见问题与结果影响因素总结于表 9-4-3 中,试验时应当注意这些问题并采取适当的应对措施。

表 9-4-3　测试常见问题和结果影响因素及相关应对方案

类型	常见问题或影响因素	应对方案
试样	试样有气泡	试样制备时应避免气泡
	溶剂未除尽	试样应彻底干燥或除尽溶剂
	溶剂挥发	避免水凝胶、油凝胶溶剂挥发
	样品的热稳定性	选择合适的试验温度
	试样尺寸不一致	试样尺寸应均匀、一致
工装(夹具等)	不平行、不同轴	正确安装和使用工装，避免跌落、撞击或磕碰
试样安装时	过量的预加载	试样安装时应自由下垂，无弯曲无受力
	试样滑移或脱板	使用合适的夹具、夹面，拉伸时使用哑铃形试样代替矩形试样
测试过程中	加载速率	研究加载速率对材料力学性质的影响
	数据采集方案	适当增加脆而强材料的数据采集密度
测试结束时	试样断裂模式失效	舍弃夹口处或夹持部位断裂的试样测试结果
测试环境	温度、湿度	环境温度、湿度控制在合适的范围

五、数据处理及应用实例解析

（一）拉伸、压缩、三点弯曲试验

拉伸、压缩、三点弯曲试验结果常常用应力-应变曲线表达，应力、应变计算公式如表 9-4-4 所示。

表 9-4-4　拉伸、压缩、三点弯曲试验的应力、应变计算公式

试验模式	应力 σ	应变 ε	备注
拉伸	F/A_0 (9-4-3)	$\Delta L/L_0=(L-L_0)/L_0$ (9-4-4)	其中, $A_0=W\times T$　(9-4-6)
压缩		$\Delta L/L_0=(L_0-L)/L_0$ (9-4-5)	应变也表示为: $\varepsilon(\%)=\Delta L/L_0\times 100\%$ (9-4-7)
三点弯曲	$3FL_0/2WH^2$ (9-4-8)	$6H\delta/L_0^2$ (9-4-9)	仅用于矩形截面试样的三点弯曲试验，δ 为试样着力处的位移(挠度)

图 9-4-4(a) 是一种聚酰亚胺塑料薄膜拉伸试验的力-位移曲线（即 F-ΔL 曲线），试样长度（L_0）、宽度（W）、厚度（T）分别为 50.0mm、12.0mm 和 0.4mm。由式(9-4-6) 可得试样横截面积，即受力面积 $A_0=4.8\text{mm}^2$。将以上数据代入式(9-4-3)、式(9-4-7)，可将该试样的力、位移结果换算为应力、应变结果，得到应力-应变曲线[图 9-4-4（b）]。与力-位移曲线相比，应力-应变曲线更加便于对比不同尺寸试样的力学性质。

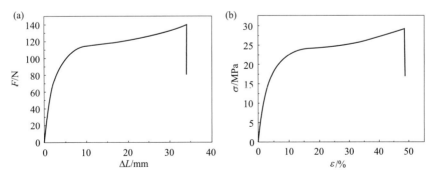

图 9-4-4　聚酰亚胺塑料薄膜拉伸试验的力-位移曲线（a）和应力-应变曲线（b）（拉伸速率 200mm/min）

（二）单侧缺口撕裂试验

分别对完好无缺口和有缺口的矩形试样进行拉伸试验，试验方法选择拉伸方法。经过试验，得到单侧缺口试样的断裂应变 ε_c，则断裂能 G_c（单位为 J/m^2）为：

$$G_c = 6W_c / \sqrt{\lambda_c} \tag{9-4-10}$$

其中，

$$\lambda_c = \varepsilon_c + 1 \tag{9-4-11}$$

$$W_c = \int_0^{\varepsilon_c} \sigma d\varepsilon \tag{9-4-12}$$

W_c 为无缺口试样应力-应变曲线中应变由 0 至 ε_c 段的曲线积分，单位为 J/m^3。断裂能常用来评价材料的抗撕裂能力，断裂能越大，材料的抗撕裂效果越好。

图 9-4-5 是一种聚氨酯脲弹性体完整试样拉伸试验和单侧缺口撕裂试验的应力-应变曲线。准备长 10.0mm、宽 5.0mm、厚 0.4mm 的矩形试样，使用刀片在试样长边中间位置垂直于长边切出一条长 1mm 的缺口，得到受损试样（图 9-4-1）。由受损试样的应力-应变曲线可知，受损试样可以耐受相当于原长 6.44 倍的应变。将断裂应变 $\varepsilon_c = 6.44\text{mm/mm}$ 带入式（9-4-11）、式（9-4-12）分别得 $\lambda_c = 7.44\text{mm/mm}$，$W_c = 38.98\text{MJ/m}^3$，带入式（9-4-10）得聚氨酯脲弹性体的断裂能为 85.7kJ/m^2。

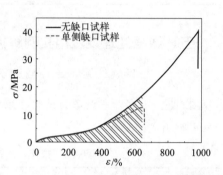

图 9-4-5　一种聚氨酯脲弹性体完整试样和单侧缺口试样的应力-应变曲线
（拉伸速率 3mm/min）

（三）加载-卸载循环试验

加载-卸载循环试验常被用来研究材料的弹性、疲劳性、疲劳极限、内耗和恢复。加载-卸载循环试验常用的外力加载模式有拉伸、压缩、三点弯曲等，试样制备、夹具选用和数据处理的基本方式根据所用的外力加载模式进行。

根据应变随时间变化情况的不同，加载-卸载循环试验分为三种基本类型，分别是固定应变的加载-卸载循环试验、不同应变的加载-卸载循环试验和包含休息的加载-卸载循环试验，每种试验中应变随时间变化情况如图 9-4-6(a)～(c) 所示。以拉伸试验模式下的加载-卸载循环试验为例，试验过程中，首先以恒定速率将试样拉伸到一定应变（ε_f），得到试样的加载曲线 [图 9-4-6(d)，曲线 1]，随后立即以同样的速率（回缩速率）返回初始位置，得到卸载曲线 [图 9-4-6(d)，曲线 2]，此为第一圈拉伸回缩循环。①若依此类推进行多次循环，每圈的拉伸和回缩速率、拉伸应变均分别与第一圈相同，即得到固定应变的加载-卸载循环试验的应力-应变曲线 [图 9-4-6(e)]，该试验过程称为固定应变的拉伸回缩循环试验；②若每圈的应变不同，应变随循环次数增加而增大，但每圈的拉伸和回缩速率仍与第一圈相同，即得到不同应变的拉伸回缩循环试验，又称步进拉伸回缩循环试验；③若每完成一圈拉伸回缩循环，试验返回至初始位置等待一段时间 Δt_i 后再进行下一圈拉伸回缩循环，下一圈的拉伸和回缩速率、拉伸应变均分别与第一圈相同，即得到包含休息的拉伸回缩循环试验。

在加载-卸载循环试验中，加载曲线、卸载曲线及横轴围成的闭合曲线区域称为滞后环

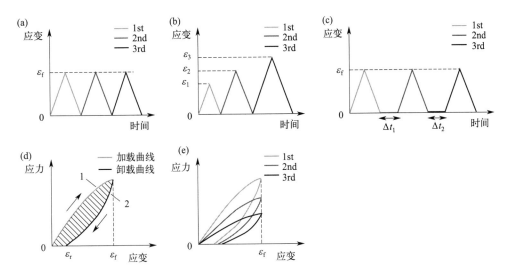

图 9-4-6　不同加载-卸载循环试验中应变随时间的变化情况

(a) 固定应变的加载-卸载循环试验；(b) 不同应变的加载-卸载循环试验；(c) 包含休息的加载-卸载循环试验。
(d) 加载-卸载曲线及滞后环（阴影部分）；(e) 固定应变的加载-卸载循环试验的应力-应变曲线

[图 9-4-6(d)]。滞后环面积反映材料在外力加载过程中耗散能量的情况，又称内耗，表示为 E_d，单位 J/m^3。滞后环面积越小，即卸载曲线与加载曲线重合得越好，说明材料越接近理想弹性体的弹性行为，材料的回弹性越好；滞后环面积越大即材料加载-卸载过程中耗散能量越大，说明材料经历外力加载过程时耗散能量的能力越强，内耗越高。

从加载-卸载循环试验结果可以计算得出材料的滞后 h，又称能量耗散效率，表示为：

$$h(\%) = E_d / W_{\text{loading}} \times 100\% = (W_{\text{loading}} - W_{\text{unloading}}) / W_{\text{loading}} \times 100\% \tag{9-4-13}$$

其中，W_{loading} 和 $W_{\text{unloading}}$ 分别为加载曲线和卸载曲线的曲线积分。滞后定量描述了材料的恢复性与能量耗散能力，滞后越小说明材料的回弹性越好；滞后越大即能量耗散效率越高，说明材料耗散能量的能力越强。

卸载曲线在横轴的截距称为残余应变（ε_r）。当完成一圈加载-卸载循环，试验返回至初始位置时，试样无法立即恢复到原始形状，仍然存在微小形变，这一现象在加载-卸载曲线中以残余应变形式呈现，残余应变越大，说明试样不能立即恢复的形变越多，试样的恢复性越差。

图 9-4-7 是一种低滞后水凝胶弹性体的固定应变的拉伸回缩循环试验的应力-应变曲线，拉伸应变为 100%，拉伸和回缩速率为 50mm/min。在进行加载-卸载循环试验时，为避免水凝胶水分蒸发，在水凝胶外涂凡士林并使用加湿器提高环境相对湿度至 90%。由图 9-4-7 可知，该弹性体不同拉伸回缩循环的应力-应变曲线形状均高度相似，并且所有加载曲线和卸载曲线均非常相似。第 1 圈拉伸回缩循环时该弹性体仅产生约 6.4% 的滞后，滞后非常低，说明该弹性体接

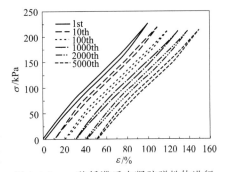

图 9-4-7　一种低滞后水凝胶弹性体进行 5000 圈不间断拉伸回缩循环试验时，循环 1、10、100、1000、2000、5000 圈时的应力-应变曲线。为展示清晰，每条应力-应变曲线依次延横轴向正方形平移 10% 坐标单位

近理想弹性体的回弹性质。经过 10 圈拉伸回缩循环后，滞后和残余应变基本未发生改变，继续增加拉伸回缩循环圈数，在最开始的 1000 圈内，滞后稍稍降低，残余应变稍有增加，1000 圈后滞后逐渐稳定在 5.6%，残余应变逐渐稳定在约 1.5%。经过 5000 次不间断的拉伸回缩循环试验后，水凝胶仍维持 94% 的机械强度。以上结果证明该水凝胶弹性体是非常好的低滞后材料，拥有良好的回弹性和耐疲劳性。

步进拉伸回缩循环试验常用来研究材料的韧性和耐损伤性。图 9-4-8(a) 是一种氢键交联弹性体的步进拉伸回缩循环试验的应力-应变曲线，拉伸和回缩速率为 50mm/min，图 9-4-8(b) 是滞后环面积随拉伸应变变化的情况。当弹性体的拉伸应变小于 200% 时，滞后环面积较小且随应变增大呈缓慢的线性增长趋势，说明该弹性体在小应变范围内主要发生弹性形变；当拉伸应变大于 200% 时，滞后环面积，即弹性体耗散的能量呈爆发式增长趋势，说明材料内部的能量耗散越来越活跃，这一特征有利于增加弹性体的韧性和耐损伤性。

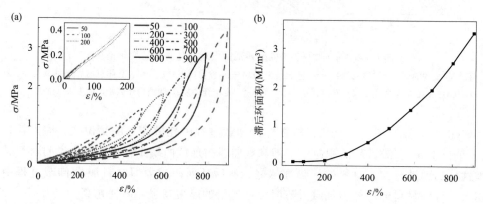

图 9-4-8　一种氢键交联弹性体进行步进拉伸回缩循环试验的应力-应变曲线
（a）和相应的滞后环面积与应变的关系（b），拉伸应变依次为 50%、100%、200%、300%、400%、500%、600%、700%、800% 和 900%

包含休息的拉伸回缩循环试验常用来研究材料力学性质的恢复。图 9-4-9 是一种氢键交联超分子材料的应力-应变曲线，拉伸应变为 300%，拉伸和回缩速率为 50mm/min。该材料进行 1 圈拉伸回缩循环后发生了明显的滞后，能量耗散效率 41.4%，耗散能量 4.02MJ/m^3，残余应变 21.0%，表明试样在受力过程中发生严重的能量耗散。在第 2 圈拉伸回缩循环试验后，试样产生了更加严重的残余应变（26.5%），并且第 2 圈加载曲线的形状与第 1 圈的严重偏离。当试样在初始位置等待 120min 后，再进行第 3 圈拉伸回缩循环试验时，加载-卸载曲线形状、耗材能量、能量耗散效率、弹性模量以及强度等均恢复至第 1 圈相应结果的 90% 以上，残余应变恢复为 22.4%，说明试样基本恢复到初始状态。以上结果说明，该超分子材料具有非常好的力学性质恢复能力，这一特征对于材料反复形变过程中的抗疲劳性质非常有益，可以显著提高材料受力时的可靠性。

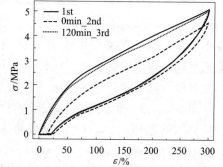

图 9-4-9　一种氢键交联超分子材料的循环拉伸应力-应变曲线。第 1、2 圈拉伸回缩循环之间试样无等待；第 2 圈拉伸回缩循环结束后，试验回到初始位置等待 120min 后进入第 3 圈拉伸回缩循环试验

规范测试小贴士

使用电子万能材料试验机进行材料力学试验时，个别试样常常得出异常高的应力-应变结果，试验人员应当对这类数据加以验证，进行多次重复性试验获得具有代表性的、准确的试验结果。采用个别试样的异常数据得出材料的力学指标属学术失范。

参考文献

[1] 张涛然，晁晓洁，郭丽红，等. 材料力学 [M]. 重庆：重庆大学出版社，2018.
[2] 黄剑峰，龙立焱. 材料力学实验指导 [M]. 重启：重庆大学出版社，2013.
[3] 钱波，胡青龙，王云珊，等. 材料力学实验教程 [M]. 北京：中国水利水电出版社，2019.
[4] 刘鸣放，刘胜新. 金属材料力学性能手册 [M]. 北京：机械工业出版社，2011.
[5] 刘凤岐，汤心颐. 高分子物理 [M]. 2版. 北京：高等教育出版社，2004.
[6] 何曼君，张红东，陈维孝，等. 高分子物理 [M]. 2版. 上海：复旦大学出版社，2007.
[7] Wang X H, Zhan S N, Lu Z Y, et al. Healable, recyclable, and mechanically tough polyurethane elastomers with exceptional damage tolerance [J]. Adv. Mater., 2020, 32: 2005759.
[8] Greensmith H W. Rupture of rubber. I. characteristic energy for tearing. J. Appl. Polym. Sci., 1963, 7: 993-1002.
[9] Guan T T, Wang X H, Zhu Y L, et al. Mechanically robust skin-like poly (urethane-urea) elastomers cross-linked with hydrogen-bond arrays and their application as high-performance ultrastretchable conductors. Macromolecules, 2022, 55: 5816-5825.
[10] Li Z, Zhu Y L, Niu W, et al. Healable and recyclable elastomers with record-high mechanical robustness, unprecedented crack tolerance, and superhigh elastic restorability. Adv. Mater., 2021, 33: 2101498.
[11] Li X, Wang Z L, Li W, et al. Superstrong water-based supramolecular adhesives derived from poly (vinyl alcohol) /poly (acrylic acid) complexes [J]. ACS Materials Lett., 2021, 3: 875-882.
[12] Li T, Li X, Yang J, et al. Healable ionic conductors with extremely low - hysteresis and high mechanical strength enabled by hydrophobic domain-locked reversible interactions [J]. Adv. Mater., 2023, 2307990.
[13] Wang D, Wang Z F, Ren S Y, et al. Molecular engineering of a colorless, extremely tough, superiorly self-recoverable, and healable poly (urethane-urea) elastomer for impact-resistant application [J]. Mater. Horiz., 2021, 8: 2238-2250.